食全酒美：
230 道日韩酒屋人气下酒菜，家中惬意的对酌时光

（韩）李美静　著
郑丹丹　译

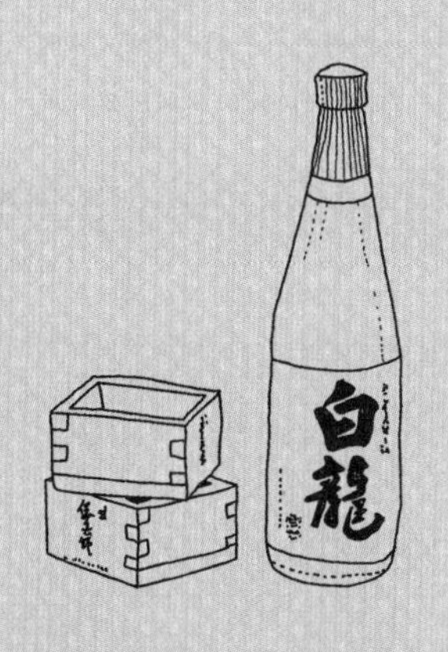

河南科学技术出版社
· 郑州 ·

作者简介

李美静，韩国料理研究家、斋饭研究家。烹饪工作室“Naturellenent”和“能吃饭的咖啡店”的经营者，以开发咖啡店菜肴为中心，运营一家咖啡店食品学校，同时策划企业烹饪课程。曾在印度甘地自然治疗中心研修，并修完北印度烹饪课程，历任东洋魔术料理学院院长、善才斋饭文化研究院首席研究员、饮食文化月刊 Cookand 的料理研究所长。利用冰箱里的普通食材，不超过五道工序便能够制作出美味可口的料理是她的拿手绝活，因为开发出许多简单易学的菜谱而知名。目前出版的料理书籍有《咖啡店食品学校》《都市妈妈的乡村餐桌》等。

如果您想获取更多简单易学的时尚家庭制作菜谱以及各种健康食品信息，请参考博客：http://blog.naver.com/poutian

译者简介

郑丹丹，狮子座 80 后妹子，韩国延世大学文学硕士。曾在吉林大学的校园里月夜踏雪而行，曾在韩国汉江边徜徉，也曾游历岭南，在羊城领事馆任事；现居中原，在大学教书育人。多年漫游中，著、译过多部作品。梦想能周游世界，纵情于天下美景；演一出电影，醉心于剧中悲喜。最喜欢的事情是静坐窗前，任思绪随风飘散，去品味这世界。

前言
Prologue

品一杯酒，如何？

心情愉悦时品一杯酒，情绪更加高涨；倍感压力时品一杯酒，压力能够得到缓解；人逢喜事品一杯酒，喜庆气氛更加浓郁；遇到不如意时品一杯酒，忧愁瞬间抛到九霄云外。人生中的一杯酒，饱含了万千重深意，更多的时候，它不仅仅只是一杯酒，而更像是我们的挚友，不是吗？

在清贫的大学时代，常常没有任何下酒菜，咕嘟咕嘟灌下的稠酒就能够填饱肚子；在工作结束后疲惫不堪的傍晚，一杯啤酒下肚，不仅解渴，而且浑身顿感轻松，其功效就如同疲劳缓解剂。每当尝试一款全新的菜肴时，总会搭配上红酒，哪怕只是一杯红酒，它也能够如同向导一般，令我们感受菜肴更原始的美味。在品味清酒、烧酒、洋酒的同时，由它们所引发的对于各个国家多彩文化的讨论令我们乐此不疲。

谈到酒，不可或缺的自然是下酒菜。配上美味的下酒菜，酒才能够喝得更加痛快淋漓：略带苦涩的烧酒配上添加了苦椒的爽口贝壳汤，稠酒配上色香味俱全的饼，啤酒配上需要暂时忘却减肥的酥酥脆脆的油炸土豆，清酒配上挤满了酱汁的炸肉饼，红酒则自然要配上芝士和新鲜水果。但人们常认为酒桌上的下酒菜对我们的健康有害无利，毕竟比起在家中饮酒，更多的时间我们还是会在外面的饭店饮酒，自然而然会出现暴饮暴食的现象，因此对我们的健康会造成一定损害。要说起既能避免暴饮暴食，又能品尝到健康下酒菜的地方，莫过于自己家了。

让离家在外的人归心似箭的自家下酒菜，配上一杯令人身心愉悦的酒，这种感觉怎么样？起初尝试制作 1~2 人份的，待到技术娴熟，就可以准备招待客人的多人份了。祝愿各位能够制作出让自己愉悦，也让家人、周围的人都一同感受到愉悦的下酒菜，让我们都能够变得更幸福。

李美静

我们家的下酒菜 100% 活学活用

制作下酒菜时可以使用匙子进行简便计量

计量用匙子▶成人用汤匙

计量用杯子▶纸杯

粉质原料

粉质原料 1 份，用匙子挖出满满一匙，将表面抹平整后的量

粉质原料 0.5 份，大半匙的量

粉质原料 0.3 份，约 1/3 匙的量

液体原料

液体原料 1 份，满满一匙的量

液体原料 0.5 份，大半匙的量

液体原料 0.3 份，约 1/3 匙的量

酱类原料

酱类原料 1 份，用匙子挖出满满一匙，将表面抹平整后的量

酱类原料 0.5 份，大半匙的量

酱类原料 0.3 份，约 1/3 匙的量

使用纸杯计量液体

1 杯，即填充满满一纸杯的量，将近 200mL

1/2 杯，略微超过纸杯中间部位的量，差不多 100mL

下酒菜的两种菜谱，让您在客人面前尽显高超手艺!

本书中介绍的菜谱包括 2 人份（或 4 人份）菜谱和让您备受称赞的待客用 8 人份（或 10 人份）菜谱，因此原料用量分两种进行标注。若未做这种区分，则是依照制作此道菜肴时的最佳口感所需用量来标注。

需要说明的是，用匙子计量的原料，均省略单位，直接以数字表示。如白糖 1，表示白糖 1 份（也就是 1 匙白糖）；盐 0.3，表示盐 0.3 份（也就是 1/3 匙盐）。

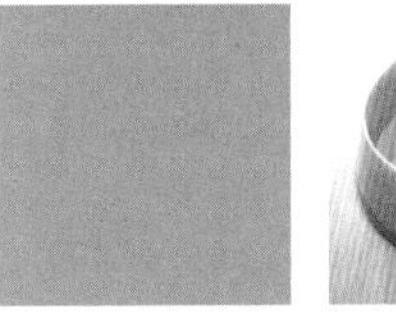

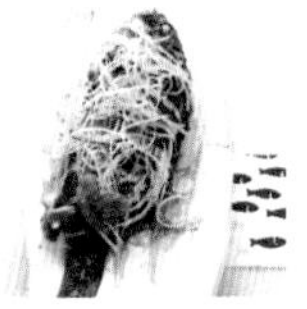

Contents 目录

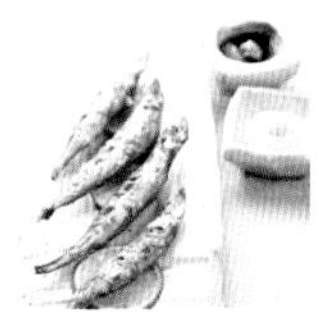

Sake 清酒

Sake Mini Diary

Makgeolli 稠酒

Makgeolli Mini Diary

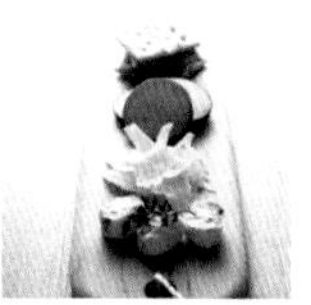

Wine 红酒

Wine Mini Diary

Beer 啤酒

Beer Mini Diary

Soju 烧酒

Soju Mini Diary

Liquor 洋酒

Liquor Mini Diary

醒酒食物

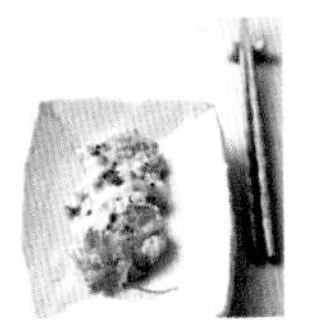

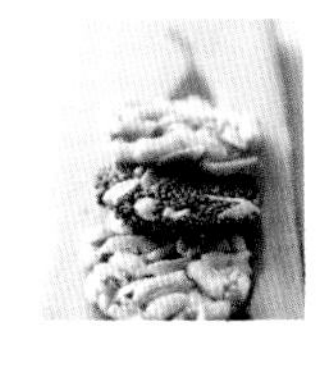
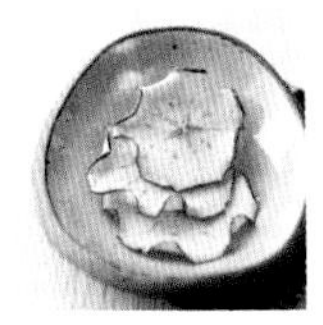

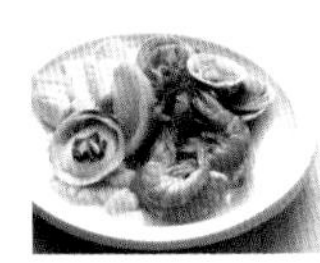

Special Part

药酒的绝配下酒菜

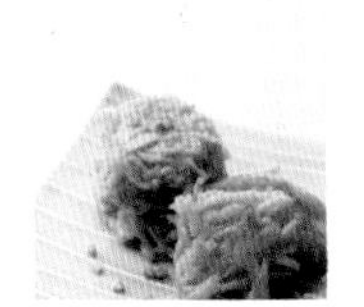

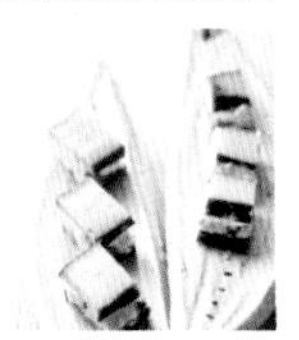

清酒

Sake

清酒是以大米和酒曲为原料，经发酵过滤后制成的日本特色酒。

巧用剩余清酒

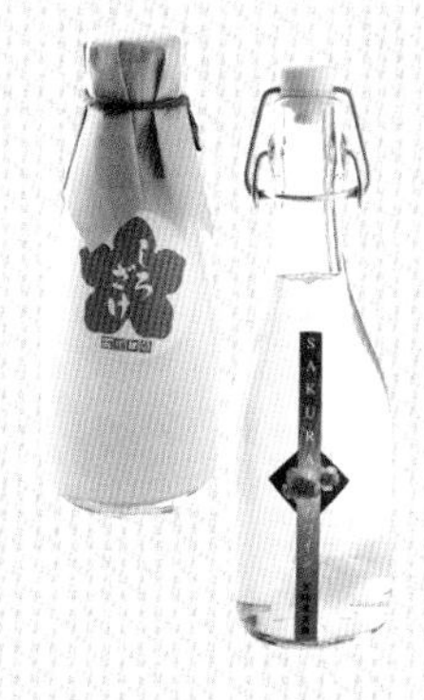

饮用剩余的清酒可以添加进料理中，制作出各式各样的菜肴，同样可以制作成料酒。如果想使清酒也具备与料酒一样的甜美口感与莹润光泽，可以将清酒煮沸去除部分酒精，再添加清酒总量3%~4%的白糖，煮出的液体就像市面上销售的料酒一样味道清甜。适用于炖或翻炒的料理，有助于增添光泽。在肉类或海鲜类料理中，用自制料酒浸泡，可以去除腥味，获得纯净的口感。清酒特别适用于海鲜料理，在焯海鲜时，不用水而用清酒，不仅能够保持海鲜的原味，而且能有效去除腥味。此外，在制作肉脯时，将清酒倒入喷雾器中，喷洒于肉脯上，能够大大提升肉脯的香醇口感。清酒不仅可以用于烹饪，还可用于清洗面部和沐浴，时下十分流行清酒沐浴法。清酒富含保温保湿的氨基酸、有机酸、甘油，且含有抗衰老成分，酒曲中含有能够防止黑色素沉淀的化学成分，可以起到预防黑痣、雀斑的作用。

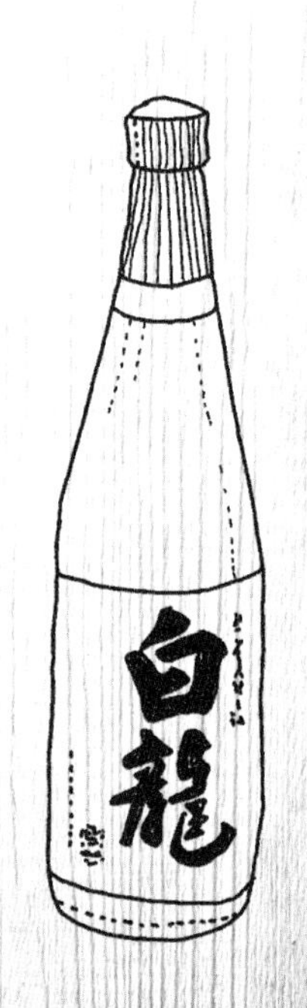

当神之甘露——红酒大众化之后，喜爱清酒的发烧友也随之增多。清酒作为日本的特色酒，与红酒相比，似乎在饮食搭配方面显得更加容易，但如若真正在家动手制作清酒下酒菜，不知不觉间又变得毫无自信。下面将为您介绍用容易购买到的食材制作出的清酒下酒菜。这里有为您精挑细选出的菜式以及适合待客用的各种经典菜单。

日式鸡蛋卷
蛤仔裙带菜
炸土豆
烤胡瓜鱼
烤鸡肉串
咖喱炒螃蟹
炸酱油章鱼
蒸石斑鱼
蒸豆腐猪肉
烤酱油年糕
炖茄子
水果丝猪里脊
御好烧
咖喱汤
牛蒡大酱汤
炸牡蛎与芝麻酱
豆腐与蘑菇酱
明太鱼排骨
竹盐莲藕
烤蛋黄酱马鲛鱼
萝卜块
荞麦面条蔬菜沙拉
腌萝卜羊栖菜
煮毛豆
豆浆蘑菇涮涮锅
山药大酱沙拉
玉米饼
炒裙带菜
五香酱肉

菜谱中的人气之选

日式鸡蛋卷

鸡蛋卷无论何时都是深受喜爱的大众料理。如果说加入切碎的大葱、煎得黄灿灿的鸡蛋卷是中式和韩式风格的话，添加了海带水、白糖、料酒，煎得温软、甜丝丝的鸡蛋卷则是日式风格。煎得厚厚的鸡蛋卷既可以做下酒菜，也可以在制作寿司时使用。

2 人份（20 分钟）

主原料 鸡蛋 3 个，海带水 1/4 杯，白糖 1，料酒 1，盐 0.3，食用油适量

浇汁原料 萝卜（磨碎）2，酱油 0.5

难易度 ★★★

8 人份

主原料 鸡蛋 10 个，海带水 1 杯，白糖 2，料酒 3，盐 1.5，食用油适量

浇汁原料 萝卜（磨碎）1/3 杯，酱油 2

海带水是将海带泡在凉水中煮过后再冷却而成的。添加白糖和料酒后味道会更加柔和，但火太大容易烧焦，应注意调整火候。

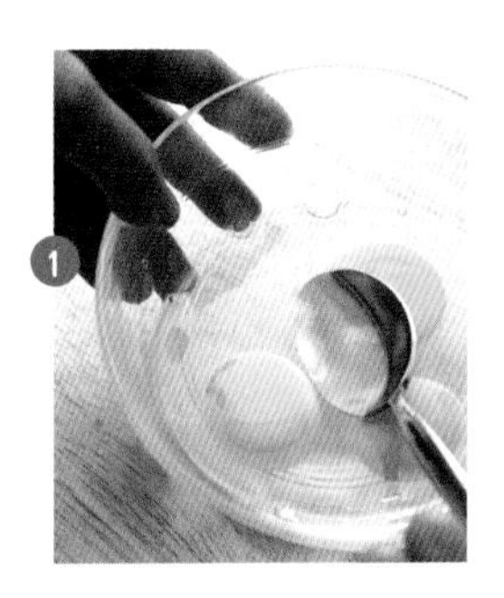

将 3 个鸡蛋搅拌均匀，用勺子除去系带，并用筛子过滤后，添加海带水 1/4 杯、白糖 1、料酒 1、盐 0.3。

在平底锅中倒入少许食用油，将❶缓缓倒入，小火煎熟后缓缓卷起。

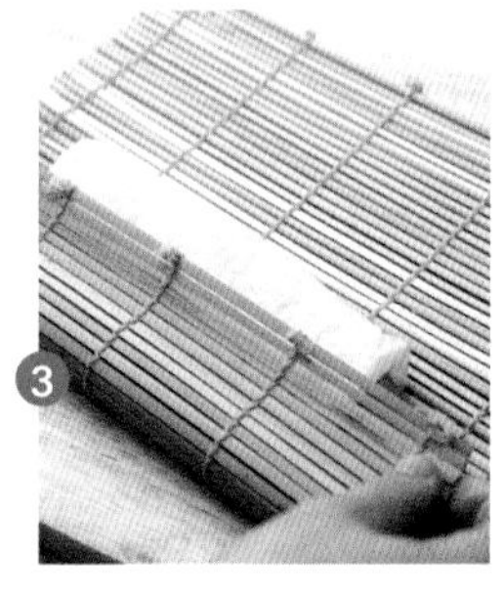

鸡蛋卷可以卷在寿司内，也可用碗等轻轻按压出造型，然后切成方便食用的大小。

在磨碎的萝卜 2 中添加酱油 0.5 并均匀搅拌，浇在鸡蛋卷上即可。

2 人份（20 分钟）

主原料 胡瓜鱼 10 条，盐少许

酱油调味料原料 酱油 2，芥末 0.3

蛋黄酱调味料原料 蛋黄酱 2，芥末 0.3

难易度 ★☆☆

8 人份

主原料 胡瓜鱼 40 条，盐少许

酱油调味料原料 酱油 1/4 杯，芥末 1

蛋黄酱调味料原料 蛋黄酱 1/4 杯，芥末 1

胡瓜鱼因为适合在冬天的江原道（位于朝鲜半岛中部东侧，以太白山脉为中心，分为岭东和岭西——译者注）地区凿冰垂钓而闻名。在非繁殖季节，也经常冷冻出售。将冷冻胡瓜鱼从冷冻室内取出后需要先解冻，用厨房毛巾将水擦拭干净后处理才不会有腥味。

格外简单却高雅的

在岭东尽头，锦江周边，您可以品尝到诸多乡土美味，其中具有代表性的就是圈圈鱼。只听名字，您可能想象不到究竟是何种食物，其实它就是在胡瓜鱼上撒上调味料，一圈圈转着烤熟食用的食物。在清酒酒家中必不可少的烤胡瓜鱼，我们在家也可以制作哦，即使不是在锦江里捕捉的也没关系。

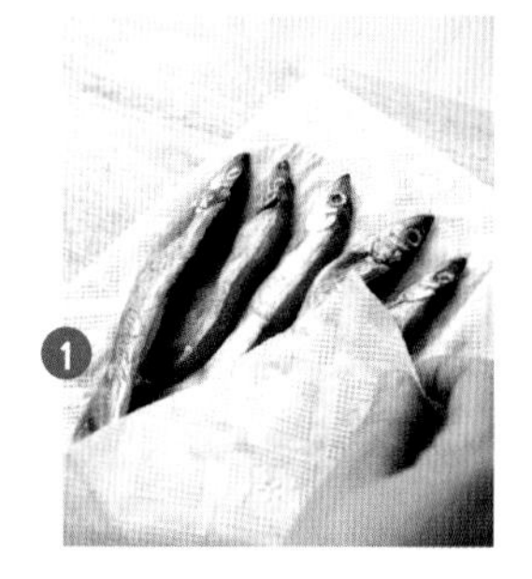

用厨房毛巾擦干胡瓜鱼身上的水后撒上少许盐。

将撒上盐的胡瓜鱼放置在烧烤箅子上，正反面烤至黄色后放进盘中。

将酱油 2、芥末 0.3 混合搅拌制成酱油调味料。

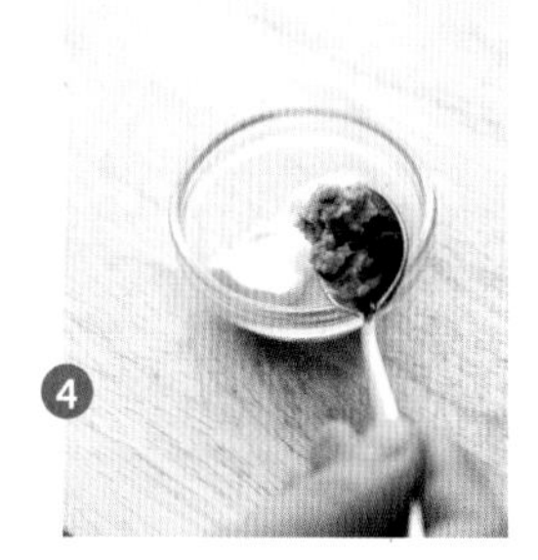

将蛋黄酱 2、芥末 0.3 混合搅拌制成蛋黄酱调味料，与酱油调味料一同搭配胡瓜鱼食用。

介于零食与下酒菜之间

炸土豆

2 人份（30 分钟）

原料 土豆 1 个，黄油 1，欧芹粉 0.3，盐少许，芝士卷 1 卷，莫扎瑞拉芝士 2，面粉 2，鸡蛋液（1/2 个鸡蛋的量），面包粉 1/4 杯，煎炸油适量

难易度 ★★★

8 人份

原料 土豆 4 个，黄油 4，欧芹粉 2，盐少许，芝士卷 4 卷，莫扎瑞拉芝士 1/2 杯，面粉 1/2 杯，鸡蛋液（2 个鸡蛋的量），面包粉 $1\frac{1}{2}$ 杯，煎炸油适量

炸丸子是一种将食材包裹上面粉、鸡蛋液、面包粉后油炸而成的料理，人们往往会对其中包裹着的食材无比好奇。您也可以用红薯、南瓜来替代土豆。

将土豆放进微波炉加热后，取出趁热将其捣碎，操作起来更加方便。

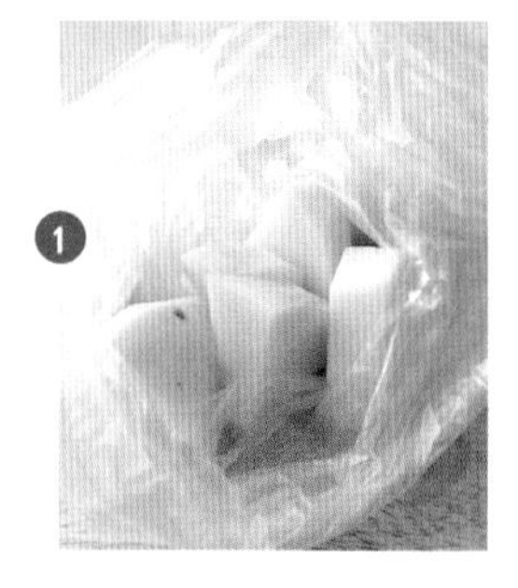

将 1 个土豆去皮后切成大块，装进保鲜袋并放在微波炉中加热 3 分钟左右。取出后用擀面杖将其碾碎，添加黄油 1、欧芹粉 0.3 和少许盐后搅拌。

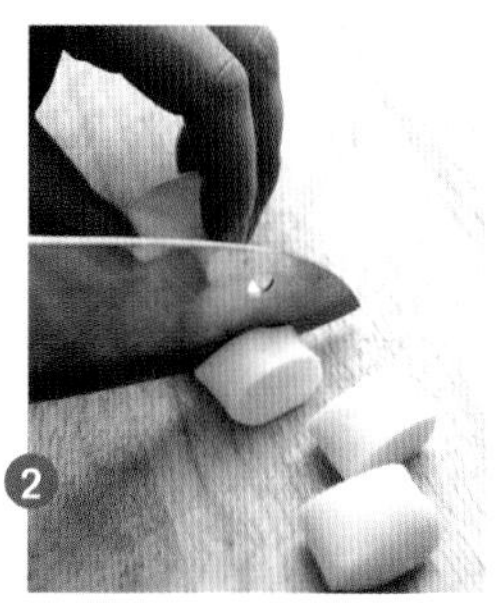

将芝士卷以 1cm 为间隔切开。

用勺子挖出一大勺土豆，添加芝士卷和适量莫扎瑞拉芝士后，捏成丸子或面饼状外形。

将❸依次裹上面粉、鸡蛋液及面包粉后放进 180℃煎炸油中炸至金黄。

吃起来上瘾的

蛤仔裙带菜

2人份（10分钟）

原料 蛤仔1袋，干裙带菜2，清酒1，蒜调味料0.5（或蒜泥0.3），盐少许

难易度 ★☆☆

8人份

原料 蛤仔3袋，干裙带菜1/3杯，清酒3，蒜调味料2（或蒜泥1.5），盐少许

蒜调味料是一种蒜香味浓厚、保持了蒜的原汁原味的调味品，在蒜中添加大葱、姜、海带、洋葱等加工而成，适合放在凉拌菜、炖菜、汤、酱汁等各色料理之中。闲暇时也可以将蒜捣碎后保存在冰箱冷冻室中待用，没有时间做蒜泥的话则可以选择蒜调味料。

这道菜不仅味道可口，而且吃到饱也不用担心会增加脂肪，可谓是绝美的下酒菜。具有代表性的减肥食物蛤仔以及裙带菜经过简单加工即可完成。与此同时，因为蛤仔也是很好的解酒食物，所以可以达到一举两得的效果。

将1袋蛤仔用水冲洗干净后浸泡在盐水中去污。

将干裙带菜2用凉水浸泡开后沥干水分。

在锅中添加蛤仔、裙带菜、清酒1后盖上盖子蒸大约2~3分钟。

添加蒜调味料0.5（或蒜泥0.3）和少许盐即可。

章鱼的另类制作妙招

炸酱油章鱼

2 人份（30 分钟）

主原料 章鱼 1/2 条，粗盐少许，小葱 2 根，油炸粉 1 杯，凉水 2/3 杯，散面粉少许，煎炸油适量

腌汁原料 酱油 1，料酒 2，姜汁少许

难易度 ★★☆

8 人份

主原料 章鱼 2 条，粗盐少许，小葱 5 根，油炸粉 3 杯，凉水 2 杯，散面粉少许，煎炸油适量

腌汁原料 酱油 3，料酒 1/4 杯，姜汁 1

章鱼富含牛磺酸，能够促进血液循环，防治动脉硬化及心脏病。章鱼适合煮过后蘸辣椒酱食用，或包裹在寿司中食用，也可以和萝卜一起熬制成爽口的汤。在热水中将萝卜焯一下食用更佳。

未用完的章鱼，可以用酱油、醋搭配黄瓜、裙带菜凉拌食用，用乌贼或短蛸代替章鱼也别有风味。

将 1/2 条章鱼取出内脏，将章鱼腿用粗盐仔细搓洗，整理后放进煮沸的水中焯一下，切成适宜食用的大小。

在盛放章鱼的碗中添加酱油 1、料酒 2、少许姜汁后均匀搅拌，将 2 根小葱切碎后待用。

在另一个碗中添加油炸粉 1 杯、凉水 2/3 杯，搅拌后添加进切好的小葱。

将章鱼涂抹上少许散面粉后，再裹上❸，放进 180℃ 的煎炸油中炸至焦脆即可。

2 人份（30 分钟）

主原料 石斑鱼（或鲷鱼）1 条，清酒适量，盐、胡椒粉少许，大葱、姜少许，热食用油 3

配料蔬菜 小葱（或大葱）1/4 把，红辣椒 1/2 个，香菜少许

调味料原料 蚝油 1，清酒 2，酱油 0.5，白糖 0.5，水 3

难易度 ★☆☆

8 人份

主原料 石斑鱼（或鲷鱼）2 条，清酒适量，盐、胡椒粉少许，大葱、姜少许，热食用油 1/4 杯

配料蔬菜 小葱（或大葱）1 把，红辣椒 1 个，香菜少许

调味料原料 蚝油 2，清酒 4，酱油 1.5，白糖 1，水 5

用牡蛎的原汁制成的蚝油近来越来越多地被用于炒肉或蔬菜料理当中。它不仅可以为食物锦上添花，也因为具有韩式料理中的酸辣味而备受欢迎。

优雅的海鲜下酒菜

蒸石斑鱼

蒸石斑鱼一上桌，不禁令人眼前一亮，浓郁的大葱香味锦上添花，给人带来嗅觉享受，从头至尾均可食用，带来一场味觉盛宴。此外，淋上热油时的“吱吱”声响，给人带来听觉刺激。这不愧是一款无与伦比、令人感官愉悦的料理。

1 将石斑鱼的鱼鳞去除，从鱼鳃处插进筷子并搅动，剔除鱼内脏，用清水将鱼清洗干净后去除掉水分。在鱼身上用刀割出深深的痕迹后添加清酒、盐、胡椒粉。

2 将切好的大葱、姜放置在鱼身上装饰，将整条鱼放进 140℃的蒸汽烤箱中加热 20 分钟左右，或者放进冒热气的蒸锅中加热。

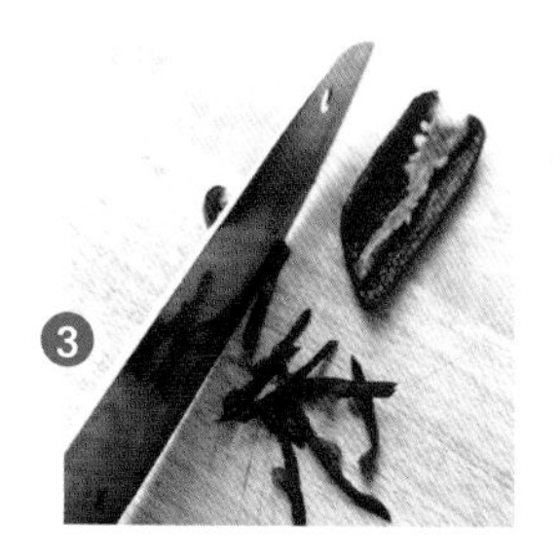

3 将 1/4 把小葱切成 4cm 的长段，1/2 个红辣椒切成细丝。将蚝油 1、清酒 2、酱油 0.5、白糖 0.5、水 3 搅拌后加热制成调味料。

4 将蒸熟的石斑鱼盛放在盘中，添加好配料蔬菜后，浇上加热至冒烟的食用油，再淋上调味料即可。

挑着吃的乐趣

烤鸡肉串

2人份（15分钟）

主原料 鸡腿2个，鸡胸肉1块，大葱1根

调味料原料 8人份调味料的1/4

难易度 ★☆☆

8人份

主原料 鸡腿8个，鸡胸肉4块，大葱4根

调味料原料 酱油1杯，料酒2/3杯，水1/4杯，洋葱1/4个，大葱1/2根，蒜2瓣，海带1张，白糖2~3

每次去烤串店都会发现厨师们忙得不亦乐乎，不仅要一直扇火，还要一直旋转着烤串。看到那忙碌的身影，根本没有勇气在家里效仿他们，自己制作烤串。没承想实际操作起来其实没那么困难。烤鸡肉串的绝美搭配有大葱、辣椒、培根、虾、银杏等，可根据个人喜好随意搭配。

如果刷的调味料过少，则烤串容易烤煳，所以应准备充足的调味料，即便备多了也可以保存好用于其他烧烤料理。

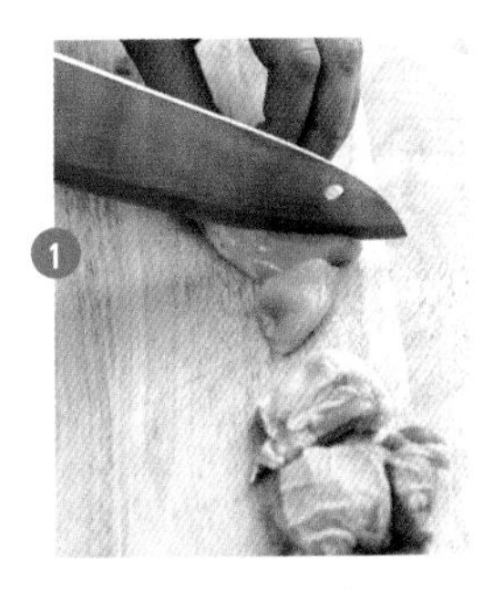

将鸡腿肉去骨后连皮切成适宜食用的大小，鸡胸肉也切割成适宜食用的大小。

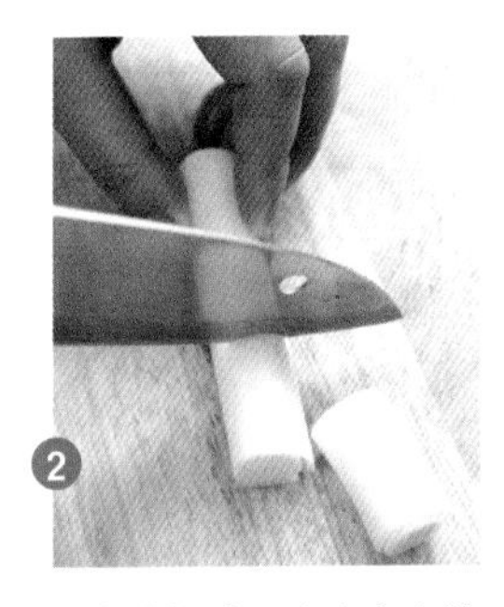

将大葱切成同鸡肉大小差不多的小段。

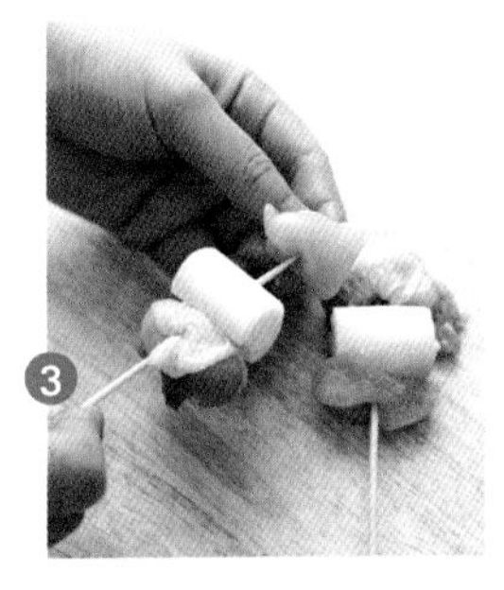

将鸡腿肉、鸡胸肉、大葱穿在木签上。

在锅中添加酱油、料酒、水、洋葱、大葱、蒜、海带后进行熬制，当汤汁的量减少了1/3后，添加白糖，调整好调味料的浓度进行熬制，将熬制好的调味料刷在烤串上烧烤即可。

没有价格负担的高品位菜肴

咖喱炒螃蟹

2 人份（50 分钟）

原料 螃蟹 1 只，水 1 杯，料酒 1，洋葱 1/4 个，菜椒 1/4 个，黄油 0.3，鲜奶油 1/4 杯，牛奶 1/2 杯，咖喱粉 2

难易度 ★★☆

8 人份

原料 螃蟹 4 只，水 $2\frac{1}{2}$ 杯，料酒 2，洋葱 1 个，菜椒 1 个，黄油 1，鲜奶油 1/2 杯，牛奶 1 杯，咖喱粉 5

这是一款东南亚地区的人们喜爱的菜肴。最初的咖喱炒螃蟹的制作使用了浓稠的咖喱和椰奶，但椰奶并不太符合亚洲人口味，并且不易购买，于是我们寻找到了替代品，那就是鲜奶油和牛奶！

蟹黄饱满的母蟹适合做汤，而公蟹适合炒着吃。

1 用刷子仔细清洗螃蟹，将蟹腿的夹子处用剪刀剪掉，去掉蟹壳后，将螃蟹四等分放入锅中，再在锅中添加水 1 杯、料酒 1，煮熟后捞出螃蟹，留下煮螃蟹水待用。

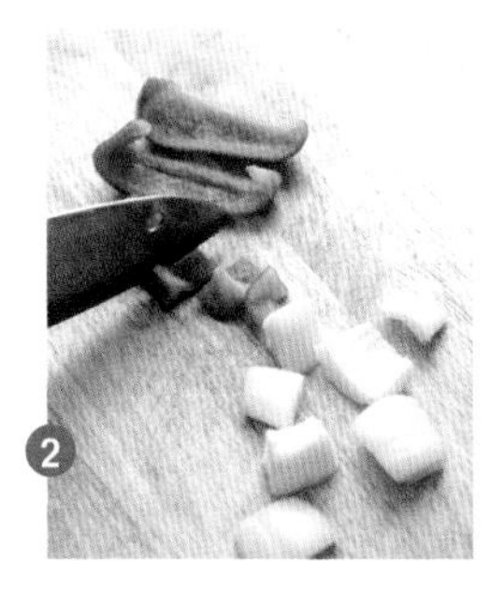

2 将洋葱 1/4 个、菜椒 1/4 个切成厚实的骰子的形状。

3 锅中添加黄油 0.3、洋葱、菜椒后翻炒片刻，随后添加进煮螃蟹水进行熬制。

4 将煮过的螃蟹放进锅中，添加鲜奶油 1/4 杯、牛奶 1/2 杯、咖喱粉 2 后均匀调制即可。

吊人胃口的别样下酒菜

炖茄子

2人份（20分钟）

主原料 茄子2个，苦椒1/2个，红辣椒1/2个，食用油3

调味料原料 水1杯，酱油2，料酒1，白糖0.3

难易度 ★☆☆

8人份

主原料 茄子6个，苦椒1个，红辣椒1个，食用油1/2杯

调味料原料 水2杯，酱油5，料酒3，白糖1

茄子是夏季餐桌上常见的蔬菜，却总是显得寡然无味。日本流行的是添加大量食用油后制作出的炖茄子，美味无比。在西方，人们炖肉汤时，常常将茄子放进肉汤内一同炖着吃，因为茄子能够充分吸油。

小贴士

在煎茄子或炒茄子时，要一边进行翻炒，一边添加食用油，这样才能够使茄子均匀吸油。

用削皮器削掉茄子外皮，将茄子切成适当大小，将1/2个苦椒，1/2个红辣椒微斜着切成适当大小。

在平底锅内均匀倒入食用油，将茄子煎至黄色。

在锅中添加水1杯、酱油2、料酒1、白糖0.3煮片刻后，加入茄子，待调味料完全渗透进茄子后再添加苦椒、红辣椒炖煮即可。

填饱肚子后喝一杯如何？

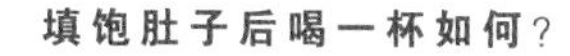

豆腐与蘑菇酱

2人份（20分钟）

主原料 豆腐（大块）1/2块，盐少许，食用油适量

蘑菇酱原料 平菇1/4袋，金针菇1/4袋，小葱1根，海带水1/2杯，白糖0.3，酱油1，蒜泥0.3，盐、姜汁少许，淀粉水1

难易度 ★☆☆

8人份

主原料 豆腐（大块）2块，盐少许，食用油适量

蘑菇酱原料 平菇1袋，金针菇1袋，小葱4根，海带水1½杯，白糖1，酱油3，蒜泥1，盐少许，姜汁0.5，淀粉水3

蘑菇如同海绵一般，在水中浸泡时间过长，会大量吸收水分，从而失去其特有的香气和味道，因此只需要在水中洗净并尽快捞出即可。

豆腐是饭桌上不可或缺的食物。价格低廉但营养丰富的豆腐对于我们是最可贵的存在。如果您已经厌烦了煎豆腐或炖豆腐汤，不妨来尝试一下这款能够带给您全新感受的豆腐与蘑菇酱吧。

将1/2块豆腐切成厚实的片后撒上盐，再均匀放入平底锅中，用油将豆腐两面都煎成黄色待用。

将1/4袋平菇、1/4袋金针菇、1根小葱整理干净，用水清洗后切成2cm长的小段。

在锅中添加海带水1/2杯、白糖0.3、酱油1、蒜泥0.3、少许盐和姜汁后煮片刻，随即添加蘑菇和小葱，再煮片刻后添加淀粉水1，煮至稍显黏稠即制成蘑菇酱。

将煎过的豆腐放进盘中，在豆腐上均匀撒上蘑菇酱即可。

可做凉菜，适合初学者

水果丝猪里脊

一提到猪肉恐怕众多喜爱五花肉的“五花肉一族”已经垂涎欲滴了。虽然不一定是大家特别钟爱的部位，但说起既清淡、热量又低，且即使凉着吃也无比鲜美这些特点，真没有能和里脊肉相媲美的了。切成圆形的里脊肉片还非常美观，是酒桌上的常客哦。

难易度

★★★

2 人份（40 分钟）

主原料 猪肉（里脊肉）300g，蒜 2 瓣，干辣椒 1 个，大葱 1/2 根，胡椒籽少许，梨 1/4 个，苹果 1/4 个，栗子 2 个，枣 2 个，姜、石耳蘑、松子少许 **调味料原料** 芥末 0.5，醋 1，白糖 1，盐少许，炼乳 1，梨汁 0.3

8 人份

主原料 猪肉（里脊肉）1000g，蒜 5 瓣，干辣椒 2 个，大葱 1 根，胡椒籽 0.3，梨 1/2 个，苹果 1 个，栗子 6 个，枣 8 个，姜、石耳蘑、松子少许 **调味料原料** 芥末 1.5，醋 3，白糖 3，盐 0.3，炼乳 3，梨汁 1.5

❶ 将 2 瓣蒜、1 个干辣椒、1/2 根大葱、胡椒籽放进锅内煮一段时间后，再将 300g 猪里脊肉放入锅内，待里脊肉煮熟变软后将其捞出并放进冰箱冷却，随后取出并切成薄片待用。

❷ 将 1/4 个梨、1/4 个苹果、2 个栗子、2 个枣切成丝待用。

❸ 将姜切成细丝在凉水中浸泡后取出，将石耳蘑在热水中浸泡后沥干水分，并切成丝待用。

❹ 将芥末 0.5、醋 1、白糖 1、盐少许、炼乳 1、梨汁 0.3 混合搅拌，将制成的调味料与❷和❸均匀搅拌。

❺ 将切成薄片的里脊肉在盘中摆好造型，将❹摆放在里脊肉上，撒上松子即可。

也可以使用牛腱子肉代替猪里脊肉，煮的时候用线捆绑住牛腱子肉更加方便操作。此外，牛腱子肉也可选择放进 200℃ 烤箱中烘烤 30 分钟来代替在水中煮熟。

妈妈与马鲛鱼，马鲛鱼与我

烤蛋黄酱马鲛鱼

2人份（30分钟）

原料 马鲛鱼1/2条，盐少许，小葱1根，红辣椒1/4个，蛋黄酱2

难易度 ★★☆

8人份

原料 马鲛鱼2条，盐1，小葱3根，红辣椒1个，蛋黄酱1/3杯

不少人认为在马鲛鱼上涂抹蛋黄酱很奇怪。但没有品尝就没有发言权。马鲛鱼的鲜嫩与蛋黄酱的浓香可谓绝妙的搭配，绝对可以称得上酒桌上的佳肴。先涂抹蛋黄酱会把马鲛鱼烤煳，在马鲛鱼适当烤熟后抹酱再烘烤最佳。

在准备马鲛鱼时，撒上少许盐，能够增加肉质的韧性。用厨房毛巾将水擦拭干净，马鲛鱼烘烤起来会更加方便，口味也更加鲜美。

将1/2条马鲛鱼去掉首尾及内脏，剔除鱼骨后切成5cm长的鱼段，撒上少许盐。

将1根小葱切成小段，并将1/4个红辣椒切成碎末。

将蛋黄酱2、小葱、红辣椒放在一起进行搅拌。

在烧烤箅子或烧烤架子上将马鲛鱼正反面进行烘烤后，涂抹上❸，再次进行正反面烘烤即可。

比佐饭小菜更精致

蒸豆腐猪肉

2 人份（30 分钟）

主原料 猪肉（切薄片）80g，姜料酒（或料酒）1，豆腐 1/4 块，白玉菇 1 束，切片南瓜 2 片，卷心菜 2 片，盐少许

调味料原料 酱油 2，醋 1，料酒 1，白糖 0.3，海带水 1，芝麻盐 1

难易度 ★☆☆

8 人份

主原料 猪肉（切薄片）300g，姜料酒（或料酒）3，豆腐 1 块，白玉菇 4 束，切片南瓜 1/2 个，卷心菜 8 片，盐少许

调味料原料 酱油 1/3 杯，醋 3，料酒 3，白糖 1，海带水 1/4 杯，芝麻盐 2

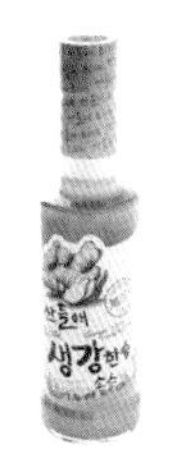

姜料酒是在大米发酵液中添加姜制成的韩式料理专用调味料。添加进海鲜或肉类食物中，可以去除腥味，提鲜增香，添加进炖、炒料理中，可以增添光泽。

这是在东京银座的一家黑猪肉料理店中品尝到的一道菜肴。是使用豆腐、蔬菜制作出的一道蒸菜，猪肉鲜美、蔬菜清淡。如果经常吃烤五花肉的您想换换口味，如果斟上一杯清酒的您想佐以实在、健康的食物，不妨记住这道蒸豆腐猪肉吧。

在 80g 切成薄片的猪肉上均匀撒上盐少许、姜料酒 1。

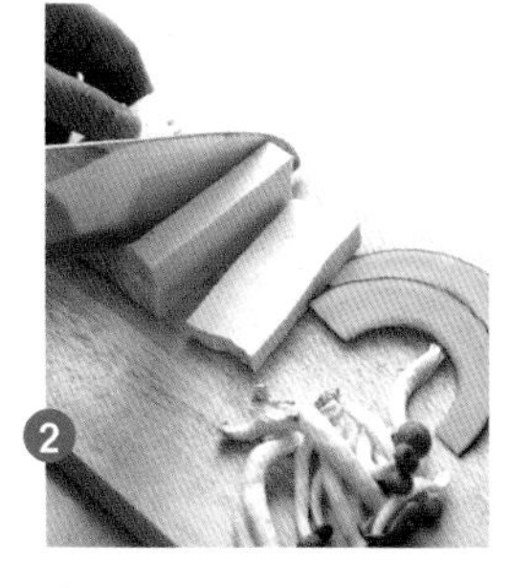

将 1/4 块豆腐切成 1cm 厚度的片状，将白玉菇一条一条分离开，准备好 2 片切片南瓜，将 2 片卷心菜用水焯一下并卷起来。

将酱油 2、醋 1、料酒 1、白糖 0.3、海带水 1、芝麻盐 1 混合搅拌，制成调味料。

将准备好的主原料整齐美观地摆放进蒸笼内，或放进蒸锅内蒸 5 分钟左右，用木签尝试扎一下蔬菜，当蔬菜变软后，则可将食材盛进碗中，并佐以调味料即可。

爽快地痛饮一杯

咖喱汤

2 人份（30 分钟）

原料 鸡腿 2 个，盐、胡椒粉少许，卷心菜 2 片，洋葱 1/4 个，黄灯笼辣椒、橘黄灯笼辣椒各 1/4 个，食用油（或黄油）适量，蒜泥 1，水 2 杯，咖喱粉 3

难易度 ★☆☆

8 人份

原料 鸡腿 8 个，盐、胡椒粉少许，卷心菜 6 片，洋葱 1 个，黄灯笼辣椒、橘黄灯笼辣椒各 1 个，食用油（或黄油）适量、蒜泥 3，水 7 杯，咖喱粉 1 袋

咖喱源自印度，是以姜黄为主料，另加多种香辛料配置而成的复合调味料，其味辛辣带甜。同样具有咖喱特别的香气，但根据添加的原料不同，咖喱的色泽可能变为红色，有时甚至可能变成蓝色。所以根据主人的偏好，咖喱的色泽和口味不尽相同。富有浓郁咖喱香味的咖喱汤不仅令人身心爽快，也能够使人胃口大增。

在熬制咖喱汤时主要使用的是马可尼（Makhani）咖喱，它比一般的咖喱粉末更易溶解于水中，口味更加香醇，可以根据个人口味选择黄色香浓的马可尼咖喱，也可选择红色麻辣口味的宾达拉（Vindaloo）咖喱。

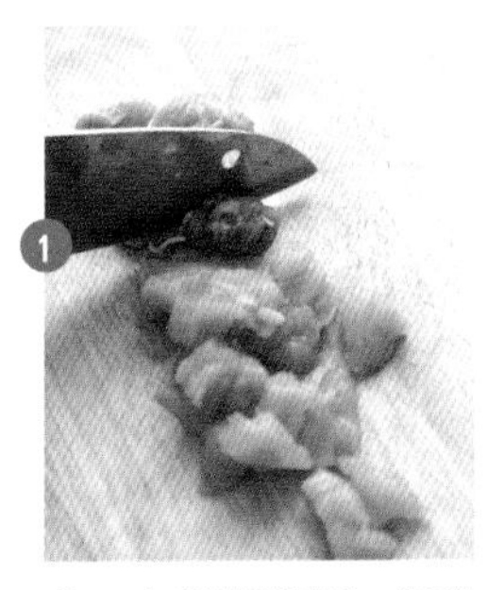

1. 将 2 个鸡腿剔骨后，把鸡肉切成便于食用的大小，撒上盐和胡椒粉。

2. 将 2 片卷心菜、1/4 个洋葱、1/4 个黄灯笼辣椒和 1/4 个橘黄灯笼辣椒切成便于食用的大小。

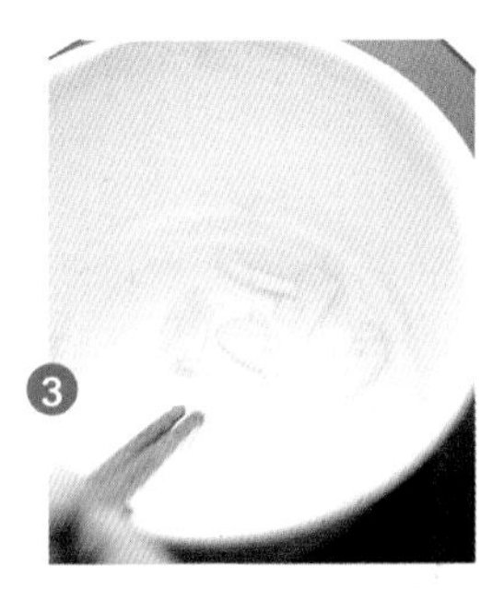

3. 在锅中均匀倒入食用油，先添加蒜泥 1 进行翻炒，待香味溢出时，添加鸡腿肉进行翻炒。鸡腿肉略微炒熟后添加卷心菜和洋葱，片刻后添加两种灯笼辣椒继续翻炒即可。

4. 将 2 杯水倒入锅内，添加咖喱粉 3，一边搅拌一边煮，待鸡腿肉煮熟后，适量添加盐、胡椒粉进行调味。

日本酒与中国菜的组合

五香酱肉

2人份（1小时）

原料 猪肉（腱子肉）300g，酱油3，白糖1，蒜3瓣，姜1/2个，大葱1/2根，八角1个，水2杯

难易度 ★★★

8人份

原料 猪肉（腱子肉）1000g，酱油1/2杯，白糖1/4杯，蒜6瓣，姜1个，大葱2根，八角2个，水5杯

去中餐馆，您会发现专门的凉菜菜单，其中最具代表性的凉菜要数用猪腱子肉制成的五香酱肉。路过中餐馆时，时常会闻到八角的香味，制作五香酱肉时，它可是必不可少的。那么接下来就向您介绍这道添加了八角的凉菜！

正如韩国的大蒜一样，中国的代表性香料要数有8个豆荚、形似星星的八角（Star Anise）了。在肉类料理中添加八角不仅可以去除腥味，也会增添特殊的香味。

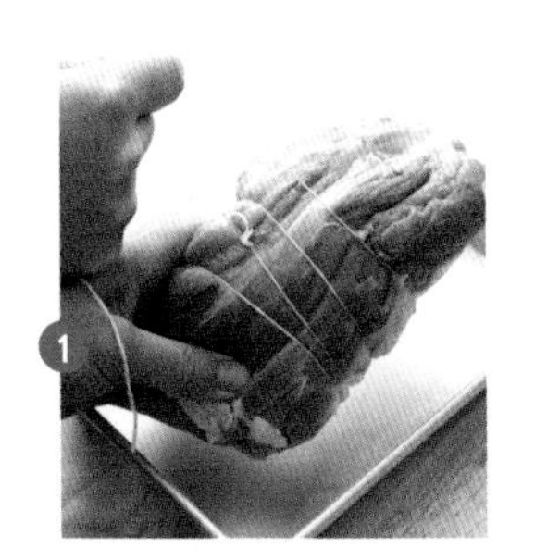

准备300g猪腱子肉，并用制作料理的专用绳子进行捆绑。

在锅内倒入2杯水，煮沸后放入猪腱子肉，改用小火炖30分钟左右。

待猪腱子肉炖至绵软时，添加酱油3、白糖1、蒜3瓣、姜1/2个、大葱1/2根、八角1个继续炖。

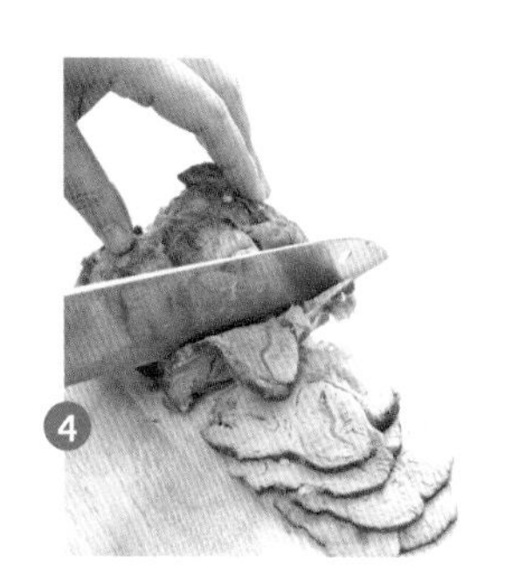

将炖好的猪腱子肉取出冷却后，切成薄片盛装在盘中即可。

消除肚子赘肉的减肥食物

豆浆蘑菇涮涮锅

涮涮锅是将肉和蔬菜切成薄片后，在肉汤里涮着吃的一种日本料理。此款涮涮锅没有使用肉汤，而用了豆浆。将豆浆加热煮沸后，用来涮蔬菜或肉吃，香醇的味道提升了食材的鲜香。在品尝猪肉涮涮锅时选用豆浆，有助于降低胆固醇。

白龍

难易度 ★★★

2人份(30分钟)

主原料 豆子(黄豆)1/4杯，松子2，水4杯(泡、煮豆子用)，各种蘑菇200g，白菜2片，大葱1/2根，水4杯(制作豆浆用)，盐少许 **蘸汁原料** 酱油1，调味汤1/2杯，料酒0.3，醋1.5，柠檬汁0.3，小葱粒1，萝卜汁1

8人份

主原料 豆子(黄豆)1杯，松子1/4杯，水10杯(泡、煮豆子用)，各种蘑菇600g，白菜10片，大葱2根，水8杯(制作豆浆用)，盐少许 **蘸汁原料** 酱油3，调味汤2杯，料酒1，醋4，柠檬汁1.5，小葱粒4，萝卜汁3

1 提前一天将1/4杯豆子清洗干净后用凉水进行浸泡。浸泡一天后将豆子倒入锅内，再倒入水，水没过豆子即可。煮到水沸腾后再煮约5分钟。将豆子捞出去掉外皮。

2 在搅拌机内添加煮过的豆子、松子2和2杯水后进行搅拌，搅拌完成后用筛网进行过滤，下方用容器盛接，过滤完成后，再向筛网倒2杯水，下方用容器进行盛接，制成豆浆。

3 整理各种蘑菇。杏鲍菇、双孢菇、香菇可切成适宜食用的大小，蚝蘑一支一支分好，金针菇的根蒂应切掉。

4 将2片白菜切成适宜食用的大小，将1/2根大葱微斜着进行切割，将切好的各种蔬菜整齐美观地摆放在盘中。

5 将酱油1、调味汤1/2杯、料酒0.3、醋1.5、柠檬汁0.3、小葱粒1、萝卜汁1混合搅拌，制成蘸汁。

6 在火锅专用锅中倒入豆浆，添加盐进行提味，煮沸后放入各种原料，待煮熟后即可捞出蘸汁食用。

蘑菇的种类可根据个人喜好选择，调味汤则是柴鱼干或海带经水煮后冷却制成的。

做法因人而异，口味变化多端

御好烧

无论是在哪个国家，似乎在困难时期产生新的料理已经不足为奇。御好烧就是这样产生于第二次世界大战后的日本的。使用分配得来的面粉，再加入价格低廉的卷心菜等蔬菜所制成的饼即是其原型。据说由于战争而失去丈夫的妇女们常常在街边卖御好烧来维持生计。近来，这道料理中已经出现了各式各样的全新搭配食材，如荞麦面、芝士、巧克力、泡菜等。其实美味的御好烧就是添加了自己喜好的食材的御好烧。

难易度

★★☆

2 人份（40 分钟）

主原料 卷心菜 2 片，培根 2 片，细香葱 2 根，面粉（或煎饼粉）1/2 杯，盐少许，水 1/2 杯，食用油适量，年糕汤专用年糕（或日本年糕 2 个）1/2 杯，鸡蛋 1 个，柴鱼干 2，欧芹粉 0.5

调味料原料 御好烧调味料 3，蛋黄酱 1

8 人份

主原料 卷心菜 8 片，培根 8 片，细香葱 6 根，面粉（或煎饼粉）2 杯，盐少许，水 2 杯，食用油适量，年糕汤专用年糕（或日本年糕 8 个）1 杯，鸡蛋 4 个，柴鱼干 1/2 杯，欧芹粉 2 **调味料原料** 御好烧调味料 1/2 杯，蛋黄酱 1/4 杯

1. 将 2 片卷心菜清洗干净后，沥干水分，切成细丝。

2. 将 2 片培根和 2 根细香葱切成 3cm 长的片和段。

3. 在 1/2 杯面粉内添加少许盐和 1/2 杯水均匀搅拌。

4. 在烧热的锅内倒入食用油，晃动均匀，将面粉浆如同制作薄煎饼一样倒入锅内并平铺，进行煎制即可。

5. 在面粉浆上方依次添加卷心菜、培根、年糕、细香葱、鸡蛋之后用小火煎制，在食材都熟透之前，再次平铺一层更薄的面粉浆。

6. 将❺进行翻转后，涂抹御好烧调味料 3 和蛋黄酱 1，随后撒上柴鱼干 2 和欧芹粉 0.5。

1. 御好烧调味料是在伍斯特调味料（Worcester Sauce）中添加水果或蔬菜制作而成的专用调味料，大多产自日本。如果进口超市买不到，可以将西红柿酱和伍斯特调味料按照 3:1 的比例调和制成。

2. 卷心菜可以选用沙拉专用卷心菜，避免嚼不烂，影响口感，更能为香醇的御好烧锦上添花。

比排骨更美味的明太鱼料理

明太鱼排骨

2 人份（30 分钟）

主原料 明太鱼 1 条，糯米粉 1/4 杯，面粉少许，香油 1，食用油适量

调味料原料 酱油 2，白糖 0.3，糖稀 1，料酒 1，蒜泥 1，胡椒粉少许

难易度 ★★☆

8 人份

主原料 明太鱼 4 条，糯米粉 1 杯，面粉少许，香油 3，食用油适量

调味料原料 酱油 1/3 杯，白糖 1.5，糖稀 3，料酒 3，蒜泥 3，胡椒粉少许

明太鱼富含蛋白质，常被用来制作明太鱼汤等解酒的食物。饮酒时搭配明太鱼料理如何呢？美味的明太鱼排骨毫不逊色于真正的排骨。但制作这道料理时，并不需要明太鱼头部，所以您可以将明太鱼头部保存下来，便于以后炖汤时使用。

将香油和食用油混合后涂抹在明太鱼上，烘烤起来不容易煳，且香油特有的浓郁香味可以使料理增色不少。

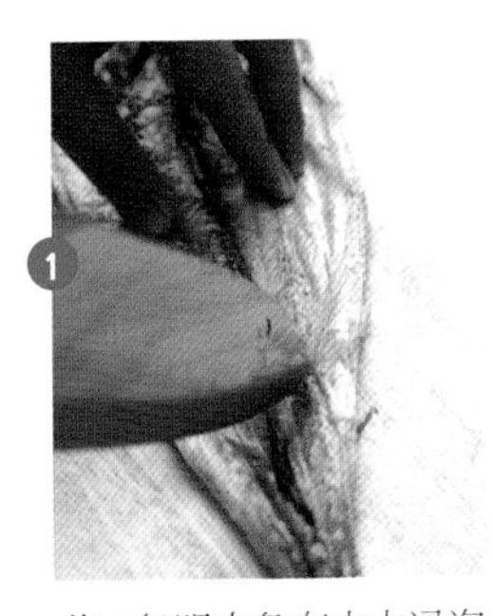

将 1 条明太鱼在水中浸泡后用手挤掉水分，切成适宜食用的大小，并在皮上划出刀口。

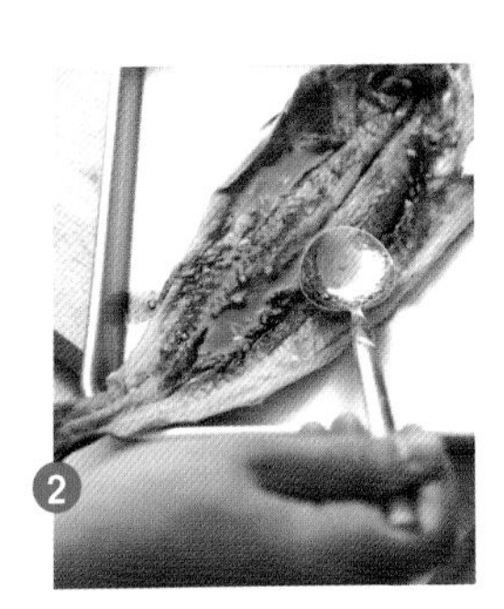

将酱油 2、白糖 0.3、糖稀 1、料酒 1、蒜泥 1、胡椒粉少许混合搅拌，制成调味料，并涂抹渗透进明太鱼中。

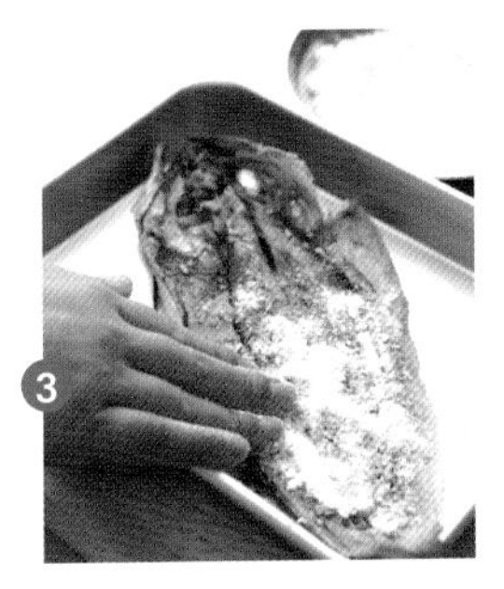

将 1/4 杯糯米粉和少许面粉进行搅拌后，用力按压，使之粘在明太鱼上。

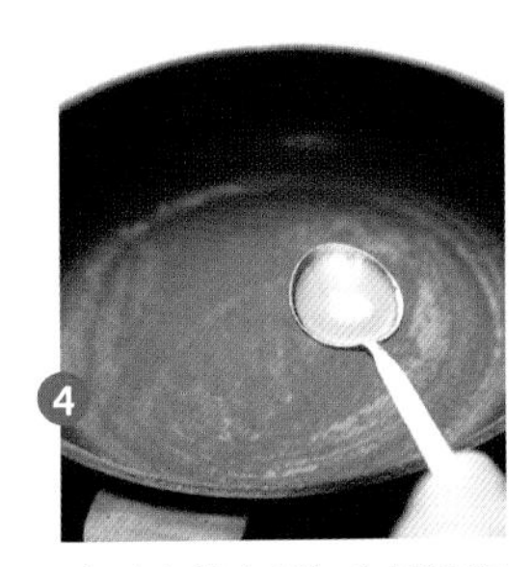

在平底锅内倒入食用油和香油，将明太鱼放进锅内，煎至正反面都呈现黄色。

解闷零食再也不需要花生

烤酱油年糕

原料

2人份（10分钟）

主原料 条糕2条，食用油适量，海苔1张

调味料原料 酱油2，料酒0.5，糖稀0.5，香油1

难易度 ★☆☆

8人份

主原料 条糕8条，食用油适量，海苔3张

调味料原料 酱油1/4杯，料酒2，糖稀2，香油3

条糕即条形年糕，蘸着糖稀吃甜美无比，配酱油品尝，更是别有一番风味，令人不知不觉间胃口大开。如果酒桌上能有一个小小的火炉，就更像儿时在奶奶家烤年糕和红薯，把条糕烤得金黄，然后美美地享用的情景。

宜选择类似制作寿司时使用的较厚的海苔，这样烘烤后不会嚼不烂。

将2条较硬的条糕浸泡在水中片刻，待年糕变软后沥干水分，切成6cm长的段。

将酱油2、料酒0.5、糖稀0.5、香油1混合搅拌后，均匀搅拌进年糕中。

在平底锅内倒入食用油，将用调味料搅拌过的年糕放入锅内，烤至金黄。

将海苔截成3cm长的条状，卷在烤过的条糕外侧即可。

与清酒的甘醇口味大战

山药大酱沙拉

去日本料理店，您会看到厨师们在钢板上将山药磨碎，配上蛋黄后制作料理。蛋黄中丰富的胆固醇搭配富含食物纤维的山药，能够有效促进蛋白质的消化吸收，从营养学角度来看，这是一道无与伦比的营养料理。不如就选用不经常吃的山药来做一道下酒菜吧。

2人份（30分钟）

主原料 山药1/2根，芝麻叶4片，枣2个

调味料原料 大酱1，清酒2，白糖0.3，醋0.5

难易度 ★☆☆

8人份

主原料 山药2根，芝麻叶10片，枣5个

调味料原料 大酱3，清酒1/4杯，白糖1，醋2

山药可能会引起过敏，所以在去除表皮时，应佩戴橡胶手套或一次性手套。

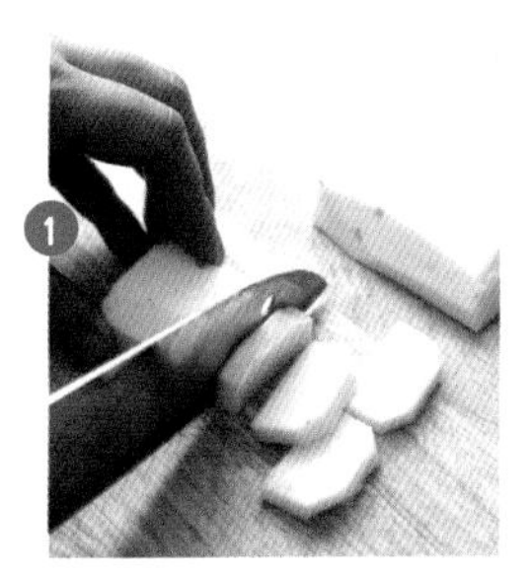

将1/2根山药去除表皮，切成4cm长的段后，再切成适宜食用的大小。

将4片芝麻叶和2个枣切成丝状待用。

将大酱1、清酒2、白糖0.3、醋0.5混合搅拌，制作调味料。

在盘中整齐摆放山药后，在上方覆盖切成丝的芝麻叶和枣，最后浇上调味料即可。

原料

2人份（30分钟）

原料 牛蒡1/4支，萝卜（2cm长）1/2块，苦椒1/2个，猪肉（切细丝）1/3杯，盐、胡椒粉少许，金枪鱼原汁3杯，大酱2

难易度 ★☆☆

8人份

原料 牛蒡1/2支，萝卜（2cm长）2块，苦椒2个，猪肉（切细丝）$1\frac{1}{2}$杯，盐、胡椒粉少许，金枪鱼原汁8杯，大酱1/3杯

小贴士

金枪鱼原汁是在酿造时添加金枪鱼提取液、海带、香菇、甘草等制成的一种酱油。适宜用于浓汤、清汤、炖炒类料理中。也可以在4杯水中，放入10cm×10cm大小的海带，煮至沸腾后，添加1杯柴鱼干，略煮片刻后，将柴鱼干捞出，将汤汁过滤后使用。

为酒鬼们进补的料理

牛蒡大酱汤

家家户户的大酱汤恐怕味道不尽相同。有的在汤中添加蘑菇，有的则会添加牛肉、贝壳、鳀鱼等，妈妈们都有自己的特色大酱汤秘诀。日本的妈妈们在煮大酱汤时，常常会添加牛蒡、猪肉、萝卜、胡萝卜等多种多样的原料。

1 用刀背将1/4支牛蒡的外皮刮掉，将牛蒡切成薄片，将1/2块萝卜切成扁平片，将1/2个苦椒微斜着进行切割。

2 在1/3杯猪肉内添加少量盐和少量胡椒粉进行调味。

3 在锅中倒入3杯金枪鱼原汁，煮片刻后添加大酱2，再过片刻后添加牛蒡、猪肉、萝卜继续煮。

4 待牛蒡和萝卜煮软后，添加苦椒，稍后添加余下的盐和胡椒粉进行调味即成。

荞麦面条蔬菜沙拉

荞麦面条是使用荞麦面制作而成的面条，日本人对荞麦面条的喜爱毫不逊色于对于拉面的钟情。荞麦多生长在寒冷、海拔较高的地区，韩国的咸镜道、平安道、江原道多有栽培，所以使用荞麦制成的名扬在外的传统美食多产生于这几个地区。荞麦中富含能够分解酒精的胆碱，具有预防脂肪肝的效用。此外，萝卜能够消除荞麦中含有的毒素，所以在食用荞麦时请一定添加萝卜。

难易度
★☆☆

2 人份（30 分钟）

主原料 荞麦面条 50g，圣女果 6 个，洋葱 1/4 个，嫩蔬菜 1/4 包 **调味料原料** 醋 1，酱油 1，香醋（Balsamic Vinegar）1，白糖 0.5，萝卜汁 1，蒜泥 1，盐少许，橄榄油 2

8 人份

主原料 荞麦面条 200g，圣女果 30 个，洋葱 1 个，嫩蔬菜 1 袋 **调味料原料** 醋 1/3 杯，酱油 3，香醋 3，白糖 1/4 杯，萝卜汁 4，蒜泥 3，盐少许，橄榄油 1/4 杯

1 将 50g 荞麦面条在沸水中煮 4~5 分钟，捞出后用凉水过滤掉一些淀粉成分，再沥干水分。

2 将 6 个圣女果去除根蒂后分别四等分。

3 将 1/4 个洋葱切好后浸泡在凉水中片刻，然后沥干水分。

4 用水将 1/4 包嫩蔬菜冲洗干净后沥干水分。

5 将醋 1、酱油 1、香醋 1、白糖 0.5、萝卜汁 1、蒜泥 1、少许盐、橄榄油 2 混合搅拌，制成调味料，放进冰箱冷藏。

6 在碗中盛放荞麦面条、圣女果、洋葱、嫩蔬菜后，浇上冷藏后的调味料。

香醋是葡萄酒经熟成后酿成的醋，小火熬制变稠后，产生香甜的味道，适宜用作沙拉等的调味料。熬制后的香醋在市面上以 Balsamic Cream 或 Balsamic Reduction 的名字销售。

迷惑卡萨诺瓦的牡蛎料理

炸牡蛎与芝麻酱

牡蛎富含多种营养成分，所以又被称为“海洋牛奶”。据说“声名远扬”的花花公子卡萨诺瓦一天要吃四次才罢休，所以无论是东方还是西方，牡蛎都位居具有某种情色意味的食物代名词之首。在西方，名称中不含英文字母R的月份，也就是5月到8月，人们不吃牡蛎。原因是这几个月份中牡蛎有毒性，会导致食物中毒。

难易度

★★☆

2人份（35分钟）

主原料 牡蛎300g，盐少许，切成大颗粒的欧芹1，面粉1/4杯，鸡蛋液（1/2个鸡蛋的量），面包粉1杯，卷心菜丝、柠檬汁少许，煎炸油适量 **芝麻酱原料** 伍斯特调味料1/4杯，磨碎的芝麻1/4杯，西红柿酱1，白糖0.5，酱油0.5，料酒0.5

8人份

主原料 牡蛎1000g，盐少许，切成大颗粒的欧芹3，面粉1/2杯，鸡蛋液（2个鸡蛋的量），面包粉2 1/2杯，卷心菜丝、柠檬汁少许，煎炸油适量 **芝麻酱原料** 伍斯特调味料1/2杯，磨碎的芝麻1/2杯，西红柿酱2，白糖1，酱油1，料酒1

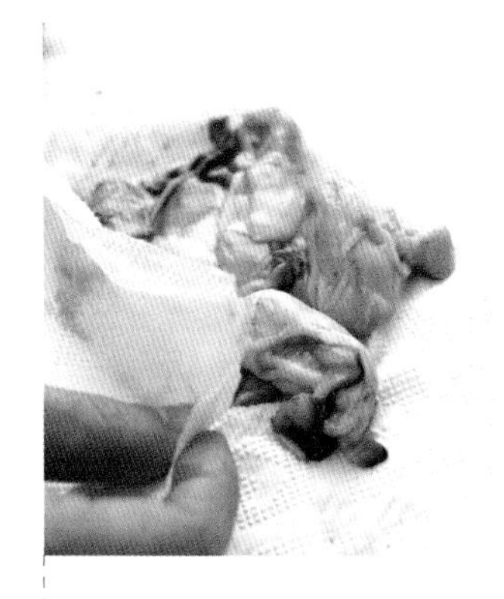

1 将300g牡蛎用盐水洗干净，放在过滤网上，用厨房毛巾将水分去除干净。

2 将欧芹1用水洗干净后，将水分彻底挤掉，与1/2杯面包粉混合并进行搅拌。

3 在一部分牡蛎上裹上1/4杯面粉、鸡蛋液后，在外层包裹上1/2杯面包粉。

4 剩余的牡蛎包裹上混合有欧芹的面包粉。

5 在170℃煎炸油中将牡蛎炸至金黄后，同切好的卷心菜丝一同盛装在盘中。

6 将伍斯特调味料1/4杯、磨碎的芝麻1/4杯、西红柿酱1、白糖0.5、酱油0.5、料酒0.5混合搅拌，制成芝麻酱，与柠檬汁一起，作为调味料。

油炸用的牡蛎，大的比小的更合适，也可以将两三个小的合在一起油炸。

咔嚓咔嚓，越嚼越香

竹盐莲藕

接下来的Service Menu(酒吧、餐厅提供的限量免费小菜，超量后自费)就要为您介绍品味清酒时可以搭配享用的一系列美味可口的小食喽。

莲藕常被人们炖着吃。其实，要想保持莲藕特有的清香和美味，可以将其炒过后，撒上少许盐来进行调味。

Service Menu 1

2人份(20分钟)

原料 莲藕(5~6cm长)1/3根，白芝麻油2，竹盐少许

难易度 ★☆☆

8人份

原料 莲藕(20cm长)1根，白芝麻油4，食用油2，竹盐少许

小贴士 莲藕的量较多时，将白芝麻油和食用油混合使用，味道更好。白芝麻油4，食用油2即可。

将1/3根莲藕用清水洗干净。

用削皮器将莲藕外皮清理干净后，切成厚0.3cm的莲藕片。

在平底锅中倒入白芝麻油2，并将莲藕下锅均匀翻炒。

将少许竹盐撒在炒好的莲藕上调味后，盛装在盘中即可。

简单家常

煮毛豆

由于制作过程非常简单，几乎不能称其为料理。但它确实能让你即使在深夜喝酒，也不需要担心会长胖。在日本的酒家，不停地剥着毛豆吃得津津有味的人们，在结账时会发现，毛豆的总价格往往高于酒的价格了。可如果您在家制作的话，就不用担心高昂的下酒菜费用了。

Service Menu 2

2人份（15分钟）

原料 毛豆2杯，盐少许

难易度 ★☆☆

8人份

原料 毛豆6杯，盐少许

小贴士 毛豆可以放在盐水里煮熟后剥壳食用，也可以先剥出来冷冻保存，随取随用，放在饭中搭配，或磨碎后制作毛豆汤。

1 在锅中倒入充足的水，待水煮沸后添加少许盐，片刻后添加2杯毛豆，再煮10分钟即可。

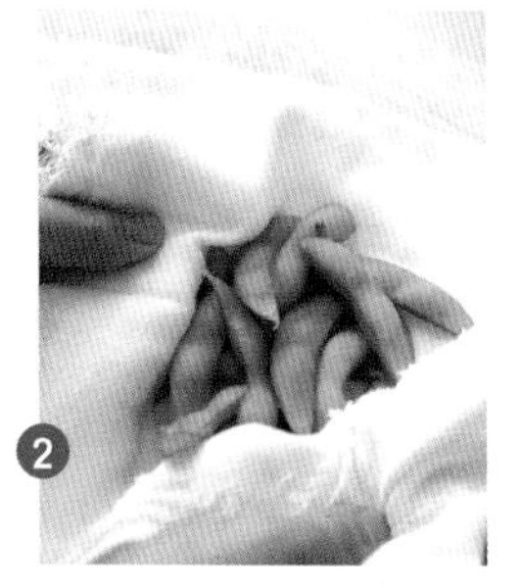

2 待毛豆煮熟后，用干抹布或厨房毛巾沥干水分，盛装在盘中即可。

海盐

海盐是利用风和阳光，使海水蒸发后提炼出的盐，富含矿物质，能够为料理带来清爽、香醇的口味。海盐是粗盐的统称，常用于腌制白菜、萝卜等。近来，市面上开始销售方便食用的精细海盐了。

色香味俱全的补药料理

萝卜块

萝卜有助于消化，因此常被当作天然助消化药。在享用海鲜或肉类时佐以萝卜料理，能够为您消除消化不良的困扰。

8人份（20分钟）

主原料 萝卜1/2个，水2杯，白糖2，盐1，醋3，红辣椒1/2个，嫩蔬菜、豆苗少许

绿茶汤汁原料 绿茶包1个，温水1杯，姜汁0.5，盐、白糖、醋少许

难易度 ★★☆

将1/2个萝卜切成边长2cm的萝卜块后，再将其表面切出横纵刀痕，但不要彻底切断。

将水2杯、白糖2、盐1、醋3混合搅拌，制成甜醋汁，浇在萝卜块上，将切出刀痕的一面朝下放置，使甜醋汁充分渗透进萝卜块内。

将绿茶包浸泡在1杯温水中2分钟，添加姜汁0.5、少许盐、白糖、醋，制成酸酸甜甜的绿茶汤汁。

将1/2个红辣椒切丝后，连同嫩蔬菜、豆苗一同用清水洗干净，将腌制过的萝卜取出，在萝卜上摆放红辣椒、嫩蔬菜、豆苗，浇上绿茶汤汁即可。

为突然待客的情况而准备

玉米饼

如果碰巧在没有去采购的日子，突然需要准备酒菜待客，我往往会端上玉米罐头或冷冻保存的玉米。玉米可以用搅拌机打碎后做成玉米饼。咬起来筋道，吃起来香甜，可谓一道令人拍案叫绝的下酒小食。

Service Menu 4

2 人份（20 分钟）

原料 玉米 1 杯，油炸粉 1/2 杯，水 1/2 杯，盐少许，食用油适量

难易度 ★☆☆

8 人份

原料 玉米 4 杯，油炸粉 1 杯，水 1 杯，盐少许，食用油适量

小贴士 玉米属于甜味食品，容易烧焦，所以应选择小火制作，避免其焦煳。

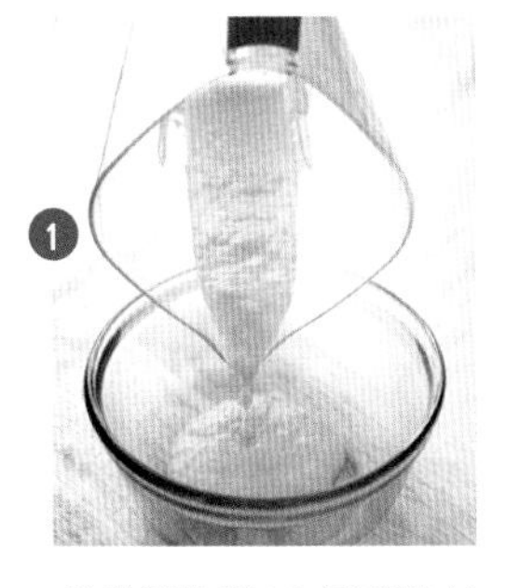

用搅拌机将 1/2 杯玉米充分搅碎。

在碗中添加 1/2 杯油炸粉、1/2 杯水、搅碎后的玉米，进行充分搅拌。

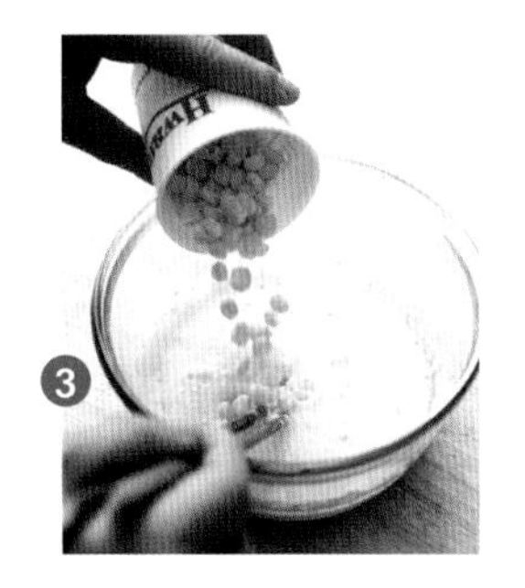

在搅拌后的粉浆中添加剩余的 1/2 杯玉米，并添加少许盐提味。

在平底锅中倒入充足的食用油，将粉浆一勺勺添加进锅中，煎成圆形的玉米饼。

炒裙带菜

裙带菜是适宜产妇食用的食物。富含食物纤维的裙带菜对于消除便秘、降低血压以及预防肥胖均有功效。特别是在食用肉类及海鲜时配以裙带菜，可谓锦上添花。

Service Menu 5

2人份（10分钟）

原料 干裙带菜1把，食用油适量，白糖3，芝麻1

难易度 ★☆☆

8人份

原料 干裙带菜3把，食用油适量，白糖1/4杯，芝麻3

小贴士 炒裙带菜时，食用油温度过高会将菜炒煳，所以应使用中火。裙带菜本身具有咸味，所以不用另外添加盐。

1 将1把干裙带菜用剪刀剪成小段。

2 在锅中倒入足够的食用油，待油热后，将干裙带菜下锅，像煎菜一样，将干裙带菜炒至焦脆，趁热均匀撒上白糖3和芝麻1。

别出心裁的菜单

腌萝卜羊栖菜

Service Menu 6

2人份（10分钟）

主原料 萝卜（4cm长）1/2块，羊栖菜50g，盐少许

调味料原料 辣椒粉1，醋2，白糖1.5，葱花0.5，蒜泥0.3，芝麻盐少许

难易度 ★★☆

8人份

主原料 萝卜（4cm长）2块，羊栖菜200g，盐少许

调味料原料 辣椒粉4，醋1/3杯，白糖1/4杯，葱花2，蒜泥1.5，芝麻盐少许

小贴士 切萝卜时，切出的丝要均匀，这样才能均匀调味。

人们都说秋天的萝卜强于人参。清爽的萝卜配以羊栖菜，百吃不厌，咸淡适宜。如果您想要练习切菜功力，建议您可以多做这道菜，不仅能提高您的酒力，还能帮助您夯实做菜的手艺。

将1/2块萝卜切成细丝。

将50g羊栖菜放在凉水中浸泡后取出，在沸水中焯一下取出，沥干水分。

在萝卜上撒上少许盐，略微腌制后沥干水分。添加辣椒粉1，均匀凉拌。

在萝卜丝中添加醋2、白糖1.5、葱花0.5、蒜泥0.3、芝麻盐少许后均匀搅拌，添加羊栖菜后再次均匀搅拌。

韩日酒家比拼

日本代表——Hitoariki Kura

广岛与神户的滩区、京都的伏见区并列为日本的三大酿酒区。倒不是因为这三个地方的酒味超群，而是因为大部分历史悠久的酿酒厂都聚集在这里。

广岛出产的酒正是因为味道清冽甘醇而深受日本酒迷们的钟爱。在广岛市内就有一家很多酒迷们常光顾的小酒馆，这就是 Hitoariki Kura。在这里可以品尝到广岛地区众多有名的酒，而且还配有下酒菜，这些菜以从广岛附近海域捕来的鳗鱼、牡蛎、海鳗、鲷鱼等新鲜海产品以及该地区栽种的蔬菜、产出的猪肉等为原料制作而成。这些下酒菜在尽量保持原料天然风味的基础上，采用独特的料理方法，美味无比。特别是优质的待客服务，更深深吸引了酒迷们，令他们不约而同地高喊："都去广岛吧！"

- **店名** Hitoariki Kura
- **地址** 日本广岛
- **电话** 082-246-1680
- **营业时间** 17:30~ 次日 01:00
- **特色** 主营广岛酒及料理，特色菜濑户内海大拼盘套餐 8 种下酒菜及甜点，规定时间内畅饮自助酒类 574 日元（约合 34 元人民币）

韩日酒家比拼

韩国代表——海盗船长

想喝香辣的汤，再配上烧酒或民俗酒的时候，我就会走进这家店。担任潜水教练的店主直接入海捕获新鲜的海产，做成下酒菜后供客人们品尝，就如同将刚在大海中捕获的海鲜直接在船上煮来吃一样。新鲜的海产不用过多繁杂的操作程序，活蹦乱跳时下锅煮着吃，成了海盗船长的一大特色火锅料理。配以厚实海带的阳春面可以免费无限添加，可能因为有海带，令人产生仿佛是从海中将阳春面打捞上来煮着吃一样的错觉。辣味火锅中配以店主直接捕获或选购的章鱼，使得酒味更加深沉厚重。

- **店名** 海盗船长
- **地址** 首尔西桥洞
- **电话** 082-246-1680
- **营业时间** 17:00~ 次日 03:00
- **特色** 主营新鲜海产品下酒菜，特色菜章鱼火锅 3 万韩元（约合 170 元人民币）

稠酒

Makgeolli

稠酒是韩国特有酒类的一种。酒色较黏稠浑浊，味道苦涩。

一角已经凹陷的白铜酒壶中，盛装着爷爷钟爱的白色稠酒。但人们都认为它是乡下人才喝的酒，抑或认为是十分土气的酒，于是都慢慢疏远了它。谁知近来，人们又重新爱上了稠酒。可能时至今日，人们终于明白，稠酒正是那种虽不奢华，却带有淳朴、静谧气质的酒的缘故吧。让我们期待着稠酒能够像红酒、威士忌抑或啤酒一样，成为世界人民喜爱的酒，同时来准备一桌与它惺惺相惜的下酒菜吧。

凉拌橡子冻
豆腐与韭菜泡菜
三色饼
海鲜饼
年糕排骨
炖鱿鱼明太鱼
炖小青菜五花肉
烤鸡肉蘑菇
土豆辣椒酱汤
炖带皮栗子
炖油豆腐口袋
炒干凉粉
炸大酱香菇
蒸鲽鱼
炖牛肉鱿鱼
杏鲍菇猪肉卷
小米萝卜块
蒸半干明太鱼
苹果萝卜泡菜丁
炒茄子
香草青花鱼
西葫芦小饺子
牡蛎土豆饼
水芹菜洋葱
脆嫩豆腐
四季凉拌生鱼片
韭菜杂菜
夹心洋葱泡菜

稠酒的老朋友

凉拌橡子冻

妈妈从夏末到秋初，每次登山都带回来一包包沿途捡来的橡子。剥去橡子外皮，将其磨碎，待淀粉沉淀后晾干就能得到橡子粉。将橡子粉妥善保存，当没有胃口或有客人造访时，就可以制作橡子饭、凉拌橡子冻、橡子饼等，能够体验到柔软鲜嫩、略带苦涩的另一番美味。

2人份（20分钟）

主原料 橡子冻1/2块，黄瓜1/4根，洋葱1/6个，芝麻叶5片，红辣椒、苦椒各1/4个，海苔粉1，芝麻少许

调味料原料 酱油2，辣椒粉2，糖稀1，白糖0.5，醋1，蒜调味料（或蒜泥）0.5，香油1

难易度 ★☆☆

8人份

主原料 橡子冻2块，黄瓜1根，洋葱1个，芝麻叶20片，红辣椒、苦椒各1个，海苔粉1/2杯，芝麻1

调味料原料 酱油1/3杯，辣椒粉1/4杯，糖稀3，白糖2，醋1/4杯，蒜调味料（或蒜泥）2，香油3

切橡子冻时，选用刀锋呈波纹状的刀，这样既利于调味料的入味，也方便用筷子夹着食用。

将1/2块橡子冻切成较厚的片。

将1/4根黄瓜倾斜着切片，将1/6个洋葱切丝、5片芝麻叶切成两半后再切丝、红辣椒和苦椒各1/4个切丝。

将酱油2、辣椒粉2、糖稀1、白糖0.5、醋1、蒜调味料（或蒜泥）0.5、香油1混合搅拌，制成调味料。

在碗中添加黄瓜、洋葱、橡子冻、海苔粉后，倒入调味料搅拌，再添加芝麻叶、红辣椒、苦椒搅拌，最后均匀撒上芝麻即可。

8 人份（1 小时）

主原料 豆腐（大块）2 块，盐少许，韭菜 1 把，鳀鱼酱汁 1/4 杯，辣椒粉 1/4 杯，白糖少许，黑芝麻少许

面粉糊原料 水 1/2 杯，面粉 0.5

难易度 ★★☆

豆腐、韭菜、稠酒三骑士

豆腐与韭菜泡菜

黄豆容易引起一些人消化不良，但黄豆制成的豆腐对大部分人来说都是易于消化的食物。无论是蒸熟的肉豆腐还是金灿灿的煎豆腐，添加上辣椒酱，佐以炒得红嫩的猪肉，都是绝佳美味。春天，您不妨将营养丰富的韭菜和豆腐一同端上餐桌。

将 2 块豆腐切成较厚的块状，在撒过盐的沸水中焯一下并捞出。择掉韭菜的黄叶，将韭菜整理整齐并抓住一端，在清水下冲洗干净，清洗后沥干水分。

将韭菜放进 1/4 杯鳀鱼酱汁中腌制 10 分钟左右，中途翻转一次后再腌制，使酱汁均匀渗透。

在锅中倒入 1/2 杯水，添加面粉 0.5，边煮边搅拌，煮好并冷却后添加 1/4 杯辣椒粉、少许白糖，待辣椒粉均匀散开即可。

将❷中的韭菜捞出，放进❸中腌制，并将❷中的鳀鱼酱汁也混合倒进锅中，轻轻翻转韭菜后，将每 7~8 根韭菜捆绑成长条状，捞出放入碗中，撒上黑芝麻后佐以豆腐即可食用。

酒桌上开出灿烂的鲜花

三色饼

比起双数来说，韩国人更钟爱单数。在准备食物时，往往不是两样，而是三样或五样，玩石头剪刀布时，依照惯例也是三局为定。自然而然做饼时也就要三色饼了。您不妨将黄、红、绿三色饼端上餐桌，一显高超手艺。在众人的啧啧称赞中，美酒自会一杯杯下肚。

难易度

★★☆

2人份（20分钟）

包馅用原料 芝麻叶4片，红辣椒2个 **馅料原料** 豆腐（小块）1/2块，洋葱1/8个，胡萝卜少许，小葱2根，牛肉（馅状）200g **调味料原料** 蒜泥0.5，酱油、芝麻盐各0.3，盐、胡椒粉少许 **煎饼原料** 鸡蛋1个，盐、散面粉少许，食用油适量

8人份

包馅用原料 芝麻叶16片，红辣椒8个 **馅料原料** 豆腐（大块）1块，洋葱1/2个，胡萝卜少许，小葱10根，牛肉（馅状）800g **调味料原料** 蒜泥2，酱油、芝麻盐各1，盐1，胡椒粉少许 **煎饼原料** 鸡蛋3个，盐、散面粉少许，食用油适量

肉丸饼准备程序 ❶将1/2块豆腐切碎后装进布袋中，挤出水分，将1/8个洋葱、少许胡萝卜切碎，将2根小葱切碎。❷首先将蒜泥0.5，酱油、芝麻盐各0.3，盐和胡椒粉少许搅拌制成调味料，随后添加豆腐、洋葱、胡萝卜、小葱进行搅拌，最后添加进200g馅状牛肉中搅拌均匀备用。❸将1个鸡蛋打匀后添加盐，再搅拌制成鸡蛋液备用。

肉丸饼

❶ 将准备好的肉丸饼原料捏成圆形，均匀裹上散面粉后，再涂抹上鸡蛋液。

❷ 锅热后，均匀倒入食用油，将正反面煎成金黄即可。

芝麻叶饼

❶ 将4片芝麻叶清洗干净，去除根蒂，如果叶片过大，可以切成两半。

❷ 在芝麻叶中填放进准备好的肉丸饼原料后对折，裹上散面粉和鸡蛋液，锅热后倒入食用油，将芝麻叶饼煎至黄色即可。

辣椒饼

❶ 将2个红辣椒去掉根蒂，切半去籽后，在辣椒内部撒上散面粉，填充进准备好的肉丸饼原料，再裹上散面粉和鸡蛋液。

❷ 锅热后倒入食用油，将辣椒饼煎至黄色即可。

大方气派

海鲜饼

最初因东莱饼而出名的海鲜饼，据说产生于东莱地区，是一种添加了足量海鲜的饼。这款美食中海鲜丰富，味道奇美。在锅中倒入足量食用油后煎炸出的海鲜饼酥酥脆脆，更加美味。

原料

2 人份（30 分钟）

主原料 小葱 100g，苦椒、红辣椒各 1/2 个，鱿鱼 1/4 条，贝壳肉 50g，油炸粉 1 杯，水 1 杯，食用油适量

蘸汁原料 酱油 2，醋 1，白糖 0.3

难易度 ★★☆

8 人份

主原料 小葱 500g，苦椒、红辣椒各 2 个，鱿鱼 1 条，贝壳肉 200g，油炸粉 3 杯，水 3 杯，食用油适量

蘸汁原料 酱油 1/3 杯，醋 3，白糖 1

小贴士

当海鲜饼朝向锅底的一面基本全熟之后再翻转，这样做出来的海鲜饼不仅外形美观，而且味道鲜美。

1 将 100g 小葱清洗干净，切成两半，将 1/2 个苦椒、1/2 个红辣椒去除根蒂后，斜着切丝。

2 将 1/4 条鱿鱼去除外皮后切成细长状，将 50g 贝壳肉在淡盐水中浸泡摇晃清洗后，用筛子捞出。

3 在 1 杯油炸粉中添加 1 杯水后进行搅拌，在倒入食用油的锅中，将搅拌好的油炸粉糊摊开，上面整齐地摆放上小葱后，再放上鱿鱼、贝壳肉、苦椒、红辣椒，煎至黄色即可。

4 将酱油 2、醋 1、白糖 0.3 混合搅拌，制成蘸汁，佐以海鲜饼食用。

原料

2 人份（30 分钟）

主原料 鸡肉（里脊肉）4 块，盐、胡椒粉少许，杏鲍菇 1 个，嫩蔬菜适量

鸡肉调味料原料 酱油 1，蚝油 0.5，糖稀 0.5，料酒 0.5，蒜泥 0.3

嫩蔬菜调味料原料 咸辣调味料（或金枪鱼原汁）1，白糖 1，醋 1.5，辣椒粉 0.5，香油 1，芝麻盐 1

难易度 ★★☆

8 人份

主原料 鸡肉（里脊肉）20 块，盐、胡椒粉少许，杏鲍菇 4 个，嫩蔬菜（大片）1 袋

鸡肉调味料原料 酱油 3，蚝油 1.5，糖稀 1.5，料酒 2，蒜泥 1

嫩蔬菜调味料原料 咸辣调味料（或金枪鱼原汁）4，白糖 4，醋 5，辣椒粉 2，香油 3，芝麻盐 3

小贴士

咸辣调味料是将金枪鱼原汁或玉筋鱼原汁的味道制作得更加温纯的一种调味料。味道鲜美，适合在做汤时用于提味，或添加在腌菜当中。

保养因酒受损的身体

烤鸡肉蘑菇

人们认为食用肉类会容易长胖，但如果搭配蔬菜一起食用，则可以消除这一担心。特别是鸡肉，与其他肉类相比，脂肪和胆固醇含量低，而蛋白质含量丰富，是您的健康之选。

1. 为了使 4 块鸡里脊肉的肉质变得松软，用刀背进行敲打，并撒上盐和胡椒粉，预先入味。
2. 将 1 个杏鲍菇切成片。
3. 将酱油 1、蚝油 0.5、糖稀 0.5、料酒 0.5、蒜泥 0.3 混合搅拌，涂抹在鸡肉上，将鸡肉烤 10 分钟左右，杏鲍菇不涂抹任何调味料，直接轻微烤制即可。
4. 将咸辣调味料 1、白糖 1、醋 1.5、辣椒粉 0.5、香油 1、芝麻盐 1 混合调匀后，加入嫩蔬菜中搅拌，随后佐以鸡肉和杏鲍菇食用即可。

从此与平凡的烤五花肉告别

炖小青菜五花肉

韩国人钟爱五花肉，外国人来到韩国不约而同地将烤五花肉选为最难以忘怀的佳肴。用生菜包着烤至金黄的五花肉，绝对是魅力无穷的美味。但晚上常吃烤五花肉还是会有损健康的。来尝试一下炖得绵软的五花肉搭配小青菜或白菜吧。

难易度

★★☆

2人份（1小时）

主原料 五花肉（肉块）300g，小青菜4棵，盐少许 **调味料原料** 酱油1/4杯，料酒1/2杯，水2杯，胡椒籽0.3，干辣椒1个，蒜2瓣，姜少许

8人份

主原料 五花肉（肉块）1.2kg，小青菜15棵，盐少许 **调味料原料** 酱油2/3杯，料酒1½杯，水4杯，胡椒籽1，干辣椒3个，蒜6瓣，姜1块

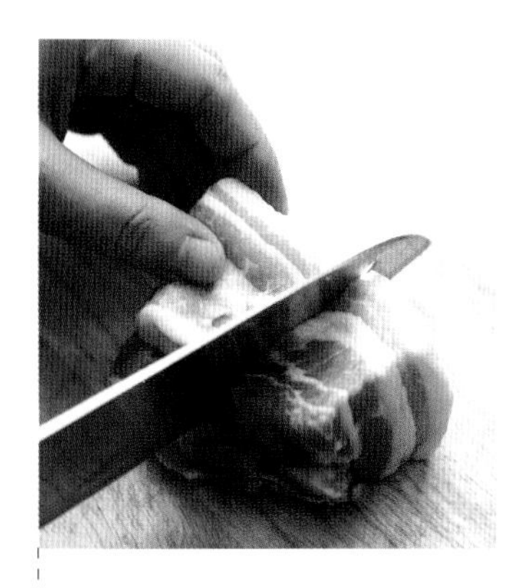

1 将300g五花肉切分成2~3块。

2 在沸水中加盐，将4棵小青菜焯一下捞出，用凉水冲洗。

3 在煮过小青菜的热水中放入肉块，煮10分钟左右捞出。

4 在锅内放入酱油1/4杯、料酒1/2杯、水2杯、胡椒籽0.3、干辣椒1个、蒜2瓣、姜少许，待水沸腾后再次放入煮过的肉块，小火炖肉。

5 待肉熟透后捞出，切成薄片。

6 剩余的汤汁冷却后使用筛子进行过滤，去除汤中残留的固体和油脂。在盘中盛放肉片和小青菜，将过滤后的汤汁加热后浇在肉片和小青菜上即可。

小贴士

也可以用猪脖子肉代替五花肉。

年糕排骨

有一家主营年糕排骨的店非常出名。这家店将排骨肉切得十分厚实，仿佛大力水手粗壮的双臂，不免有些令人担心会不会太厚。正是这样的排骨肉用调味料腌入味后，放在烧热的铁板上煎过，再端上桌来供客人们享用，美味无比。这家店里的年糕排骨给了我灵感，从而有了这道菜。杏鲍菇在这里充当了“骨头”的角色。不妨将肉块切粗一些，虽然煎时有些费力，但咀嚼起来更有味道。

难易度
★★☆

2人份（30分钟）

主原料 牛肉（排骨肉）200g，梨汁2，松子1，杏鲍菇2个，淀粉少许 **调味料原料** 酱油2，白糖1，葱花1，蒜泥0.5，香油0.5，芝麻盐0.5，胡椒粉少许

8人份

主原料 牛肉（排骨肉）800g，梨汁1/2杯，松子1，杏鲍菇6个，淀粉少许 **调味料原料** 酱油1/3杯，白糖3，葱花4，蒜泥2，香油2，芝麻盐2，胡椒粉少许

1. 将200g牛肉切碎后，添加梨汁2。

2. 将松子1去壳后放在厨房毛巾上，切碎。

3. 将酱油2、白糖1、葱花1、蒜泥0.5、香油0.5、芝麻盐0.5、胡椒粉少许混合搅拌，制成调味料后加入牛肉中，持续搅拌直至肉产生韧性。

4. 将2个杏鲍菇切片后，正反面裹上淀粉。

5. 将拌入调味料的牛肉粘贴在杏鲍菇两侧，放进冰箱冷却片刻。

6. 在锅中煎牛排骨肉的过程中撒上切好的松子即可。

在切好的牛肉中混合进松子、核桃仁或南瓜子会更加美味。

祭祀剩余食物大拼盘

炖鱿鱼明太鱼

这是使用祭祀或扫墓后剩余的原料制作的菜肴。明太鱼是解酒佳肴，鱿鱼富含分解胆固醇的牛磺酸，具有缓解疲劳的功效，二者的相遇造就了这道绝妙的下酒菜。如有剩余，还可以搭配米饭食用。

难易度
★★☆

2人份（30分钟）

主原料 明太鱼1条，鱿鱼1条，萝卜（2cm长）1块，胡萝卜1/6个，苦椒、红辣椒各1/2个，水2杯，香油1 **调味料原料** 酱油3，白糖1.5，香油1，葱花2，蒜泥1，料酒1，胡椒粉少许

8人份

主原料 明太鱼3条，鱿鱼4条，萝卜1/2个，胡萝卜1/2个，苦椒、红辣椒各2个，水5杯，香油3 **调味料原料** 酱油2/3杯，白糖1/3杯，香油3，葱花1/2杯，蒜泥1/4杯，料酒1/4杯，胡椒粉少许

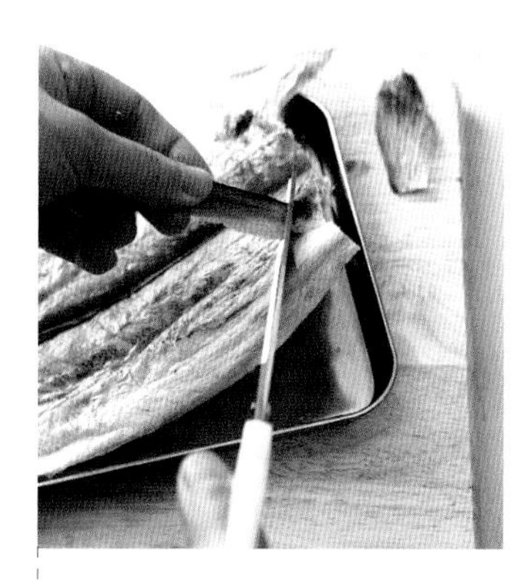

1 将1条明太鱼在水中浸泡至变软，在鱼皮一侧划出刀口，去掉鱼头和鱼鳍后切成方便食用的大小。

2 将1条鱿鱼的内脏和外皮去除后，划出刀口，并切成方便食用的大小。

3 将1块萝卜切成1cm厚的圆片后，再四等分。

4 将1/6个胡萝卜切成相同厚度的圆柱后，再二等分，将1/2个苦椒、1/2个红辣椒斜着切开。

5 将酱油3、白糖1.5、香油1、葱花2、蒜泥1、料酒1、胡椒粉少许混合搅拌，制成调味料。

6 在锅中放进萝卜、明太鱼、鱿鱼、胡萝卜、2杯水以及调味料，炖到快熟时，再放进苦椒、红辣椒，一边缓缓加汤一边炖，最后添加香油1即可。

在准备明太鱼时，为了使其肉质软嫩，将带皮的一侧朝下，浸泡在水中，变软后擦去水分，并切出刀口。

炸大酱香菇

2人份（30分钟）

原料 干香菇10个，大酱1，料酒1，淀粉1/3杯，煎炸油适量

难易度 ★☆☆

8人份

原料 干香菇40个，大酱3，料酒3，淀粉1 1/3杯，煎炸油适量

香菇和大酱适宜搭配食用。香菇用大酱调味后油炸，大酱的醇香更能凸显香菇的美味。当用温水或凉水浸泡过香菇后，一定要沥干水分。浸泡过香菇的水可以代替肉汤，用于煮大酱汤。

鲜香菇水分较多，油炸后没有酥酥脆脆的口感，故建议使用干香菇。

将10个干香菇浸泡在温水中，去除根蒂后取出，大的香菇可以切成两半。

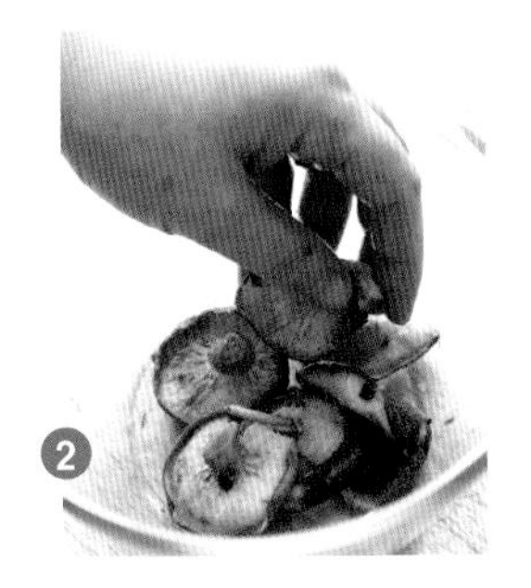

在碗中添加大酱1、料酒1，混合均匀后添加香菇，搅拌均匀。

在搅拌后的香菇中添加1/3杯淀粉，使香菇均匀地裹上淀粉。

将香菇放入180℃的煎炸油，炸至酥脆即可。

稠酒的绝配

土豆辣椒酱汤

2 人份（30 分钟）

原料 土豆 1 个，金枪鱼罐头 1 罐，香菇 2 个，豆腐（小块）1/2 块，苦椒、红辣椒各 1/2 个，大葱 1/2 根，香油少许，水 $2\frac{1}{2}$ 杯，辣椒酱 2，盐、胡椒粉少许

难易度 ★☆☆

8 人份

原料 土豆 6 个，金枪鱼罐头 3 罐，香菇 6 个，豆腐（大块）1 块，苦椒、红辣椒各 2 个，大葱 2 根，香油少许，水 7 杯，辣椒酱 1/3 杯，盐、胡椒粉少许

学生时期和朋友们去 MT（Membership Training 的缩写，是韩国大学生中非常流行的一种集体旅行活动——译者注）时，这是一道永恒的下酒菜。即使不太熟悉制作方法，添加土豆和金枪鱼后熬制出的辣椒酱大酱汤，也给彻夜畅谈的我和朋友们留下了许多美好回忆。和挚友们共享酒席时，不如献上这道土豆辣椒酱汤吧。

如果喜欢辣味，可以适量减少辣椒酱的量，增加胡椒粉的量。

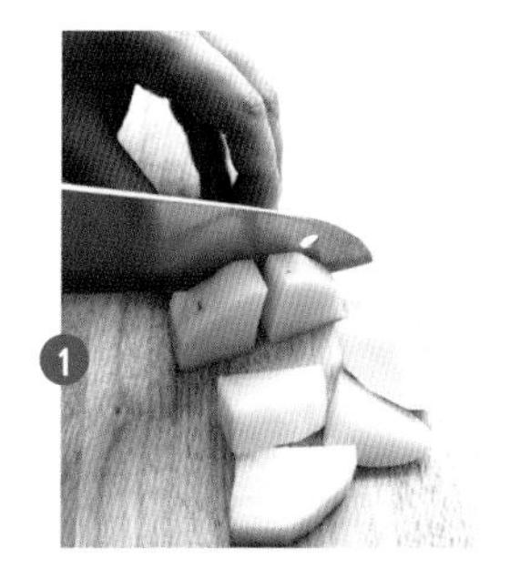

将 1 个土豆去皮后切成方便食用的大小，用筛子过滤金枪鱼罐头，去除油脂。

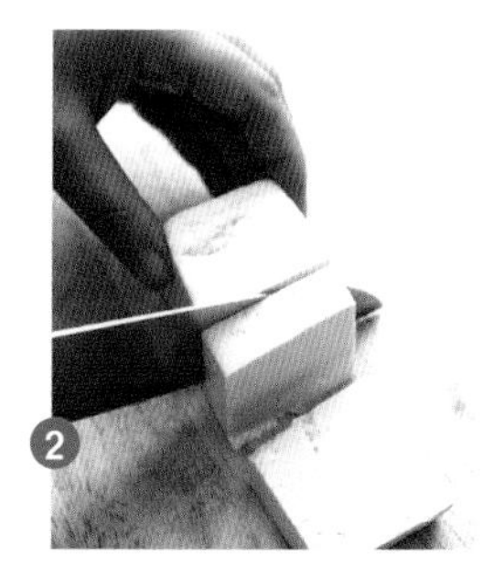

将 2 个香菇去除根蒂后三到四等分切开，将 1/2 块豆腐切成方便食用的大小，将 1/2 个苦椒、1/2 个红辣椒和 1/2 根大葱斜着切开。

在石锅或普通锅中倒入少许香油，待锅热后添加土豆，适当翻炒后，倒入 $2\frac{1}{2}$ 杯水，并添加辣椒酱 2，将辣椒酱化开，煮至沸腾。

添加金枪鱼罐头后，改用中火煮，待土豆熟透后，添加香菇、豆腐、苦椒、红辣椒、大葱，再改用小火炖片刻后，添加盐和胡椒粉进行调味即可。

蒸半干明太鱼

2 人份（40 分钟）

主原料 半干明太鱼 1 条，柄海鞘 50g，盐少许，豆芽 200g，水芹菜 50g，苦椒、红辣椒各 1/2 个，大葱 1/2 根，蛤仔 1/2 袋，淀粉水 2，芝麻、香油各 0.5

调味料原料 生抽 1.5，辣椒粉 2，金枪鱼原汁 0.5，清酒 1.5，白糖 1，蒜泥 1，胡椒粉少许

难易度 ★★☆

8 人份

主原料 半干明太鱼 3 条，柄海鞘 200g，盐少许，豆芽 800g，水芹菜 200g，苦椒、红辣椒各 2 个，大葱 2 根，蛤仔 2 袋，淀粉水 1/4 杯，芝麻、香油各 0.5

调味料原料 生抽 1/4 杯，辣椒粉 1/3 杯，金枪鱼原汁 2，清酒 1/4 杯，白糖 2，蒜泥 3，胡椒粉少许

鲜活的明太鱼叫生太，冷冻的叫冻太，此外还有半干的明太鱼，全干的明太鱼（又称北鱼），以及明太鱼鱼苗。柔软的半干明太鱼配以脆脆的豆芽即可制成营养百分百的下酒菜。春季配以蛤仔，冬季配以红蛤，汤汁会更加鲜美。

如果没有金枪鱼原汁，可以在 4 杯水中放进 10cm × 10cm 的海带，煮沸后添加一杯鲣鱼干，稍煮片刻后关火，将鲣鱼干过滤去除后即可使用。

将 1 条半干明太鱼的内脏和鱼鳍去除后，切成 4cm 长的块状，将 50g 柄海鞘用盐水清洗干净后，用木签在其尾部轻戳一下。

将 200g 豆芽的头部和尾部去除，将 50g 水芹菜的叶子去除后切成适当大小，将 1/2 个苦椒、1/2 个红辣椒、1/2 根大葱倾斜着切好待用。

将生抽 1.5、辣椒粉 2、金枪鱼原汁 0.5、清酒 1.5、白糖 1、蒜泥 1、胡椒粉少许混合搅拌，制成调味料，将 1/2 袋蛤仔略微焯一下，捞出蛤仔肉，汤汁过滤后待用。

在锅中添加半干明太鱼、柄海鞘、豆芽，倒入焯过蛤仔的汤汁，待锅内原料快煮熟时，添加调味料、蛤仔、红辣椒、苦椒、大葱继续煮。片刻后添加淀粉水 2、水芹菜再煮开一次后，撒上芝麻 0.5，倒入香油 0.5 即可。

杏鲍菇猪肉卷

2 人份（30 分钟）

主原料 猪肉（薄片）200g，杏鲍菇 2 个

腌料原料 料酒 1，盐、胡椒粉少许

调味料原料 酱油 2，料酒 2，糖稀 1，姜汁、胡椒粉少许

难易度 ★★☆

8 人份

主原料 猪肉（薄片）800g，杏鲍菇 8 个

腌料原料 料酒 1/4 杯，盐 1，胡椒粉少许

调味料原料 酱油 1/2 杯，料酒 1/3 杯，糖稀 1/3 杯，姜汁 1，胡椒粉少许

使用的猪肉如果是油脂较多的部位，为了防止猪肉卷缩，可用刀背进行敲打，这样才能够使烹饪后的外形美观。

我们在家中吃烤五花肉，经常会有剩余。将剩余的猪肉平铺在盘中，盖上保鲜膜进行保存，当突然馋酒的时候，取出来就可以做出这道简单的料理。

将 200g 猪肉平铺开，用料酒 1、盐和胡椒粉略微腌制。

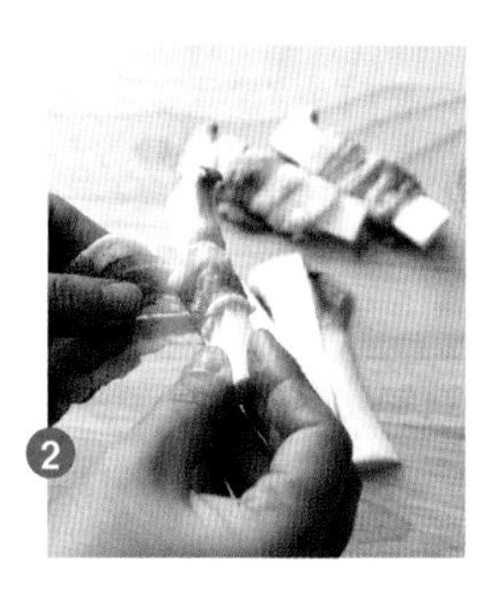

将 2 个杏鲍菇依照原有长度进行三等分或四等分，将腌制后的猪肉一圈圈缠绕在杏鲍菇上。

将酱油 2、料酒 2、糖稀 1、姜汁和胡椒粉混合搅拌制成调味料。

在平底锅中将缠绕上猪肉的杏鲍菇煎至黄色，再倒进调味料，适当翻炒即可。

鱿鱼的华丽变身

炖牛肉鱿鱼

这是在鱿鱼卷中填充牛肉的料理。如果切割鱿鱼时不小心，容易造成鱿鱼卷破裂。切割时要在鱿鱼内部划出刀口，有皮的一侧朝外包裹牛肉，这样才不会造成馅料的散落。这款料理是将鱿鱼进行了华丽变身而摆上酒桌的。

原料

难易度

★★☆

2人份（30分钟）

主原料 牛肉70g，鱿鱼1条，紫菜1/2片 **腌料原料** 酱油1，白糖0.5，葱花1，红辣椒末（1/2个的量），苦椒末（1/2个的量），香油0.5，芝麻盐0.3，胡椒粉少许 **调味料原料** 酱油1，白糖0.3，料酒1，水2/3杯

8人份

主原料 牛肉250g，鱿鱼4条，紫菜2片 **腌料原料** 酱油3，白糖1.5，葱花3，红辣椒末（2个的量），苦椒末（2个的量），香油2，芝麻盐1，胡椒粉少许 **调味料原料** 酱油4，白糖1，料酒4，水1½杯

1 将酱油1、白糖0.5、葱花1、红辣椒末(1/2个的量)、苦椒末(1/2个的量)、香油0.5、芝麻盐0.3、胡椒粉少许混合搅拌，制成腌料，将70g牛肉与腌料搅拌均匀。

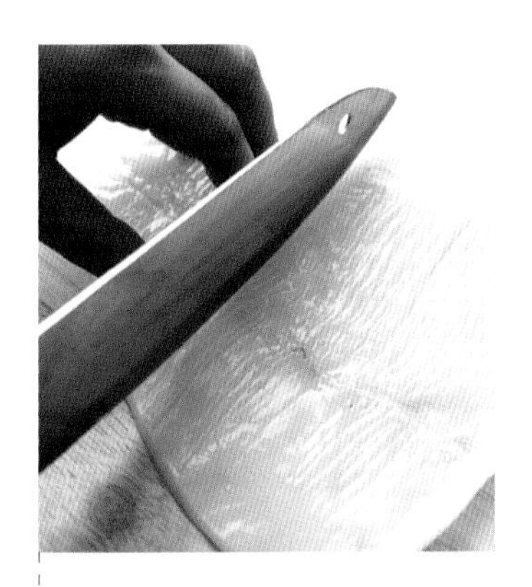

2 将1条鱿鱼剥去外皮后清理干净，在鱿鱼内侧以0.2cm为间距划出刀口，用沸水焯一下。

3 将1/2片紫菜依照鱿鱼身片大小剪成同等长度。

4 将鱿鱼平铺后，覆盖上紫菜，并将腌过的牛肉均匀平铺在紫菜上，在牛肉上放上3~4条鱿鱼腿后卷起鱿鱼，用线进行捆绑。

5 在锅中添加酱油1、白糖0.3、料酒1、水2/3杯，沸腾后将4放入，继续炖。

6 炖好后捞出。冷却后解开线，依照0.7cm的厚度切好鱿鱼卷后盛盘即可。

小贴士

炖鱿鱼时，不能因为原料的量较多，而倒入大量水，这样会使汤汁过多而变成鱿鱼汤，因此适当添加水即可。

牡蛎村里的朋友透露的菜谱

牡蛎土豆饼

2人份（30分钟）

主原料 土豆（大块）1个，盐少许，欧芹末少许，牡蛎1袋，淀粉少许，食用油适量

调味料原料 蚝油（鲍鱼味）0.3，胡椒粉少许

难易度 ★★☆

8人份

主原料 土豆（大块）3个，盐少许，欧芹末少许，牡蛎4袋，淀粉少许，食用油适量

调味料原料 蚝油（鲍鱼味）1，胡椒粉少许

这道料理是从一位在日本生活的厨师那里学来的。据说这位厨师生活的地方盛产牡蛎，于是他就尝试用牡蛎制作各式料理。添加土豆的牡蛎炸至黄色后，土豆酥酥脆脆，牡蛎香软无比。

近来市面上销售的蚝油并不油腻，且味道浓郁，极具人气。香辣口味的蚝油，添加了鲍鱼的蚝油等品种应有尽有，其味无穷。

将1个土豆去皮后，切成厚度均匀的土豆丝，添加少许盐搅拌后，再添加少许欧芹末搅拌。

将1袋牡蛎在盐水中清洗干净后沥干水分，添加蚝油0.3、胡椒粉少许进行调味，然后裹上淀粉。

在平底锅中倒入食用油，将适量土豆丝放入锅中，在土豆丝上放牡蛎。

在牡蛎上再覆盖一层土豆丝后，将土豆丝炸至正反面金黄即可。

懒洋洋的料理公主手艺展示

炖带皮栗子

2人份（30分钟）

主原料 栗子6个（100g），莲藕1/4根，胡萝卜1/8个，水1/2杯，桂皮1块，干辣椒1个，杭椒20g

调味料原料 酱油1.5，糖稀0.3，料酒1，白糖0.3，香油少许

难易度 ★★☆

8人份

主原料 栗子20个（400g），莲藕1根，胡萝卜1/2个，水1杯，桂皮1块，干辣椒1个，杭椒50g

调味料原料 酱油3，糖稀1，料酒2，白糖1，香油少许

如果没有杭椒，也可使用苦椒或菜椒代替。

到了以栗子闻名的韩国公州，发现那里的栗子料理果然繁多：在生肉片中添加栗子，拌饭中添加栗子，制作栗子稠酒、用栗子淀粉熬制栗子冻，还有用栗子粉制成栗子饼，美味无比。栗子皮不容易剥除，所以这道料理是仅将最外层的硬壳剥除后制成的。

1 将6个栗子的外壳剥除后切半，将1/4根莲藕、1/8个胡萝卜切成栗子大小。

2 为了去除栗子苦涩的味道，在沸水中将栗子略微煮一下，然后捞出。

3 将栗子、胡萝卜、莲藕放入锅内，倒入水1/2杯，添加桂皮1块、干辣椒1个、酱油1.5、糖稀0.3、料酒1、白糖0.3后一起煮。

4 汤汁熬至出现光泽后，添加20g杭椒，再熬制片刻后浇上香油即可。

健康下酒菜的代表

四季凉拌生鱼片

2人份（30分钟）

主原料 金枪鱼生鱼片（8cm长）1/2块，卷心菜1片，洋葱1/4个，黄瓜1/4根，苦椒1/2个，红辣椒1/2个，芝麻叶10片，飞鱼子2

醋辣酱原料 辣椒酱2，醋1.5，辣椒粉0.5，白糖1，蒜泥0.5，姜汁、芝麻盐少许

难易度 ★☆☆

8人份

主原料 金枪鱼生鱼片（8cm长）2块，卷心菜3片，洋葱1个，黄瓜1根，苦椒2个，红辣椒2个，芝麻叶40片，飞鱼子1/3杯

醋辣酱原料 辣椒酱1/2杯，醋1/3杯，辣椒粉2，白糖1/4杯，蒜泥3，姜汁1，芝麻盐少许

近来人们最为关注的莫过于身体健康了。自然而然，人们在饮酒时也希望搭配健康的下酒菜。这一款料理就是将健康的代名词——生鱼片与各种蔬菜凉拌而成的。您也可以选用新鲜的海鲜代替金枪鱼，再搭配时令蔬菜。

如果预先将蔬菜凉拌好则会产生过多水分，因此在制作量较大的凉拌生鱼片时，可以只将生鱼片先凉拌，在食用前再凉拌蔬菜。

将1/2块金枪鱼生鱼片解冻后去除多余水分，切成较厚的片状。

分别将1片卷心菜、1/4个洋葱、1/4根黄瓜切好，再将1/2个苦椒、1/2个红辣椒斜切丝，最后将10片芝麻叶清洗干净，沥干水分后切除根蒂。

将辣椒酱2、醋1.5、辣椒粉0.5、白糖1、蒜泥0.5、少许姜汁和芝麻盐混合搅拌，制成醋辣酱。

将醋辣酱浇在蔬菜上轻轻搅拌，添加金枪鱼生鱼片再次搅拌，搭配芝麻叶、飞鱼子即可。

2 人份（20 分钟）

主原料 半干鲽鱼 1 条，清酒 1，石耳蘑 2 个，细香葱 2 根，红辣椒少许

调味料原料 酱油 2，白糖 0.5，蒜泥 1，香油 1，芝麻盐 1，姜汁少许

难易度 ★☆☆

8 人份

主原料 半干鲽鱼 4 条，清酒 3，石耳蘑 5 个，细香葱 6 根，红辣椒 1 个

调味料原料 酱油 1/4 杯，白糖 1，蒜泥 3，香油 3，芝麻盐 2，姜汁 0.3

也可选用鳐鱼或斑鳐来代替鲽鱼，并且可根据个人喜好，选择在调味料中添加辣椒粉。

我也是健康下酒菜！

蒸鲽鱼

母亲生长于海边，托母亲的福，我在成长过程中也吃到了各种海鲜。在种类繁多的海鲜中，我最喜爱的是十分筋道的半干海鲜。无论是烤着吃，还是炖着吃，都具有不同于新鲜海鲜的别样美味。

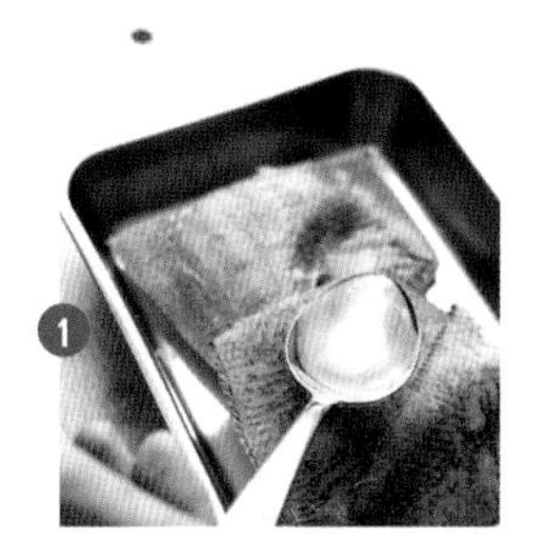

将半干鲽鱼切成 6cm 长的鱼段，撒上清酒 1。

将 2 个石耳蘑浸泡在温水中清洗干净，沥干水分后切丝，将 2 根细香葱切成葱花，红辣椒切丝。

将酱油 2、白糖 0.5、蒜泥 1、香油 1、芝麻盐 1、姜汁少许混合搅拌，制成调味料。

将鲽鱼放在蒸锅中蒸 10 分钟左右，取出盛盘，浇上调味料后，再放上细香葱、石耳蘑、红辣椒。

炖油豆腐口袋

2人份（30分钟）

主原料 油豆腐8块，鸡胸脯肉1块，豆腐（小块）1/2块，盐、胡椒粉少许，鸡蛋1/2个，香菇1个，葱花0.5，水芹菜少许，煮粉条50g

汤料原料 水2杯，面条酱汤（鲣节味）4，白糖1

难易度 ★★☆

8人份

主原料 油豆腐30块，鸡胸脯肉3块，豆腐（大块）1块，盐、胡椒粉少许，鸡蛋2个，香菇4个，葱花2，水芹菜1把，煮粉条200g

汤料原料 水5杯，面条酱汤（鲣节味）1/2杯，白糖3

现在寻觅不添加调味料的油豆腐并不是件容易事。大多数人都用调味加工后的油豆腐做油豆腐寿司，您也可以将油豆腐切条后放进大酱汤中，抑或添加进面条中或用来炒饭。

也可用调味汤代替面条酱汤。油豆腐一般在超市冷冻区有卖，油豆腐煮过后制作料理，味道更加鲜美。

将8块油豆腐沿一条边切开口后放进沸水中焯一下取出，沥干水分后，油豆腐口呈张开状。将1块鸡胸脯肉、1/2块豆腐、1/2个鸡蛋、少许盐和胡椒粉缓缓添加进搅拌机搅拌。

将1个香菇切碎后与葱花0.5、❶中搅拌碎的鸡胸脯肉等混合搅拌。

将水芹菜在沸水中焯一下取出，用凉水冲洗后沥干水分，将❷填充进油豆腐口袋中，用水芹菜扎紧口袋口。

将油豆腐口袋放进锅中，添加由水2杯、面条酱汤4、白糖1制成的汤料，煮至汤汁被完全吸收即可。

绿莹莹杂菜一大盘

韭菜杂菜

2人份（20分钟）

主原料 牛肉100g，韭菜50g，洋葱1/4个，干香菇2个，食用油1，辣椒油1，酱油0.5，蚝油0.5，白糖少许，清酒0.5，胡椒粉少许，香油0.3

调味料原料 盐、胡椒粉少许，淀粉1，蛋白1个

难易度 ★★☆

8人份

主原料 牛肉300g，韭菜1捆，洋葱1个，干香菇8个，食用油3，辣椒油2，酱油2，蚝油3，白糖1，清酒2，胡椒粉少许，香油1.5

调味料原料 盐、胡椒粉少许，淀粉3，蛋白3个

制作8人份杂菜时，先将牛肉炒好待用，再将韭菜分两次炒，这样可以避免韭菜变蔫变软。

我们常会在特别的日子制作杂菜。用韭菜代替各色菜蔬可以制成韭菜杂菜，用辣椒代替韭菜则能制成辣椒杂菜，选用菜椒，则能制成菜椒杂菜，尽可依照个人喜好选择主原料。此外，还可以用鸡肉或猪肉代替牛肉。

将100g牛肉切成6cm的长条状，用少许盐和胡椒粉搅拌入味，再添加淀粉1、蛋白1个，均匀搅拌。

将50g韭菜清理干净后切成6cm长的段，将1/4个洋葱切好待用，将2个干香菇清洗干净，切除根蒂后沥干水分，切成细丝。

在平底锅中倒入食用油1，待油热后，倒入处理好的牛肉，大火翻炒后盛盘。锅中再倒入辣椒油1，油热后倒入酱油0.5、再倒入切好的洋葱和香菇进行翻炒。

洋葱和香菇基本炒熟后添加蚝油0.5、白糖少许、清酒0.5、胡椒粉少许后，将炒好的牛肉再次倒入，搅拌翻炒。添加韭菜，稍加翻炒，最后倒入香油0.3即可。

跟随时令步伐的夏季饺子

西葫芦小饺子

您是否知道饺子也是有时令之分的呢？在冬季，加了豆腐、猪肉和新泡菜的饺子是最适合做饺子汤的。在夏季，我们可以添加西葫芦或黄瓜，做出脆脆的饺子馅。特别是西葫芦，如果不做饼，我们几乎很少吃到，像这样做成饺子，我们就能够经常品尝到西葫芦了。

难易度
★★☆

2人份（30分钟）

主原料 西葫芦1个，干香菇3个，苦椒1个，食用油适量，香油1，芝麻盐1，盐、胡椒粉少许 **饺子皮原料** 面粉1杯，盐少许，水4

8人份

主原料 西葫芦3个，干香菇12个，苦椒5个，食用油适量，香油3，芝麻盐3，盐、胡椒粉少许 **饺子皮原料** 饺子皮2袋（市面有售）

❶ 在盆中添加面粉1杯、盐少许，均匀搅拌后添加水4，均匀搅拌拍打。

❷ 将1个西葫芦切丝，将3个干香菇用温水清洗干净去除根蒂后切丝，将1个苦椒去籽后切成厚实的碎块。

❸ 在平底锅中倒入食用油，分别将西葫芦、香菇、苦椒下锅翻炒，加少许盐入味，炒好后盛进盆中，倒入香油1、芝麻盐1、胡椒粉调味。

❹ 将搅拌好的面团揪出一个个小面团，用擀面杖擀成圆形面片，将饺子馅填上后捏好。在锅中倒入食用油，将饺子正反面煎至黄色即可。

西葫芦、干香菇、苦椒达到熟透程度的时间长短不一，因此尽管麻烦，仍要分开翻炒。

为酒徒们特制的

香草青花鱼

经常喝酒的人不可避免地会常吃些较油腻的食物，久而久之会担心患上动脉硬化或心肌梗死等疾病。青花鱼恰是具有软化血管功能的“特效药”。秋季的青花鱼味道尤其鲜美，撒上些许香草，则能够清除鱼腥味。

2 人份（30 分钟）

原料 咸干青花鱼 1 条，迷迭香 1/2 支，料酒 1，胡椒粉少许，柠檬 1/4 个

难易度 ★☆☆

8 人份

原料 咸干青花鱼 4 条，迷迭香 2 支，料酒 3，胡椒粉少许，柠檬 1/2 个

小贴士

将新鲜青花鱼从鱼肚切开平铺，撒上盐腌制后使用。此外，海鲜的水分清除干净后不易产生腥味，所以制作料理时也可使用干迷迭香。

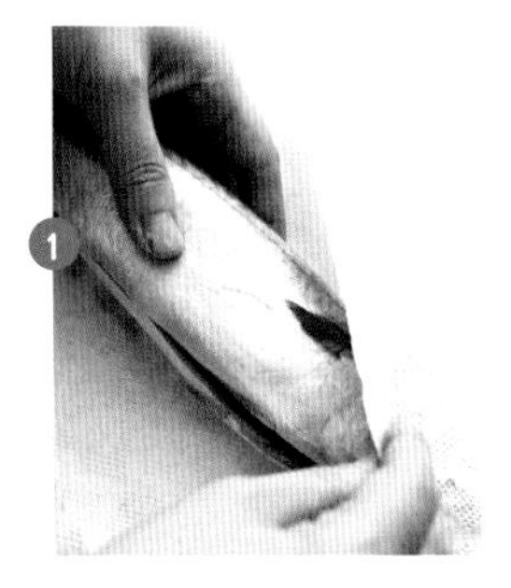

将 1 条咸干青花鱼用清水冲洗干净，使用厨房毛巾沥干水分，将 1/2 支迷迭香切好待用。

在清理好的青花鱼中添加料酒 1、切好的迷迭香、少许胡椒粉，入味约 10 分钟。

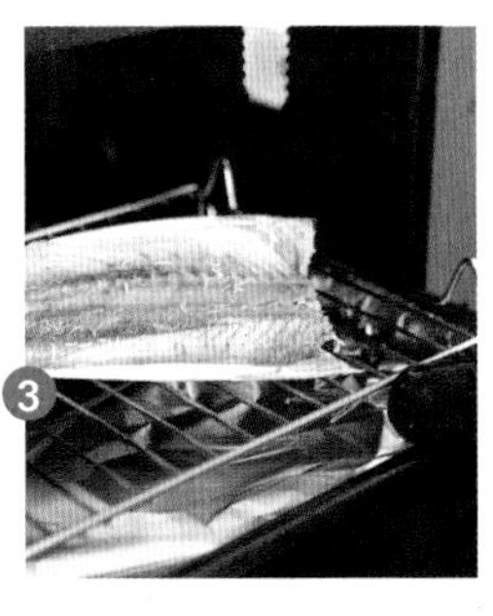

将青花鱼放在预热至 200℃的烤箱内烘烤约 15 分钟，在平底锅内倒入食用油，将烘烤后的青花鱼用小火煎至正反面熟透。

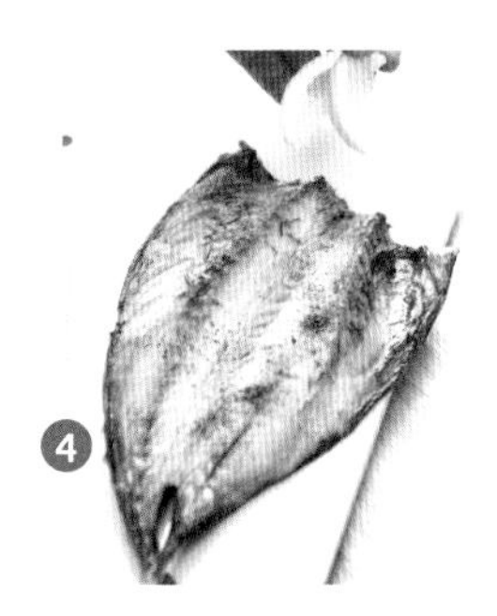

将青花鱼盛盘，搭配 1/4 个柠檬即可。

接下来的 Service Menu 就要为您介绍品味稠酒时可以搭配享用的一系列美味可口的小食喽。

酒桌上不可或缺的泡菜

苹果萝卜泡菜丁

Service Menu 1

8 人份（1 小时）

主原料 萝卜 1/4 个，白菜 1/4 棵，粗盐 1/4 杯，苹果 1/2 个，细香葱 30g，水芹菜 100g，蒜 4 瓣，姜 1/3 块，辣椒丝少许

泡菜汤汁原料 水 10 杯，辣椒粉 3，盐 3

难易度 ★★☆

小贴士 夏季可以将红辣椒切成粗丝，放进搅拌机搅拌，随后用麻布口袋过滤后使用，以此代替辣椒粉。所谓切丁是指切成薄薄的四方块的切菜方法。

这是一款在专营稠酒的酒家中常见的小食。在我家，脆脆的苹果萝卜泡菜丁是一款基本佐酒菜。喝酒时，若搭配热量高的下酒菜，不免有烧心的感觉，您可以在这时选择具有促进消化功能的萝卜和白菜制作出这款泡菜。

① 将 1/4 个萝卜清洗干净后切丁，选取 1/4 棵白菜的菜心部分，切成和萝卜丁同等大小的白菜丁，在切好的蔬菜中撒上 1/4 杯粗盐，在碗内腌制 20 分钟左右。腌制出的汤汁稍后可以混合进泡菜汤汁中。

② 将 1/2 个苹果清洗干净去皮后切丁，将 30g 细香葱、100g 水芹菜清洗干净后切成 3cm 长的段，将 4 瓣蒜和 1/3 块姜切丝，将少许辣椒丝切成短丝。

③ 在腌制好的萝卜和白菜中添加苹果、细香葱、水芹菜、蒜、姜、辣椒丝，搅拌均匀后盛装进泡菜桶中，碗内留些汤汁。

④ 将 10 杯水倒入大碗中，用麻布口袋包裹辣椒粉 3 浸泡于水中，轻缓按压，待水呈现红色后，添加①中腌制过萝卜和白菜的汤汁，再用盐 3 调味后倒入泡菜桶即可。

馅料丰富的

夹心洋葱泡菜

您是不是只吃过夹心黄瓜泡菜呢？其实夹心洋葱泡菜也很美味。在黄瓜中填充进各类馅料制成的是夹心黄瓜泡菜，而在洋葱中添加丰富的馅料就能够做出夹心洋葱泡菜了。如果想品味到可口的夹心洋葱泡菜，建议您选用小洋葱。

Service Menu 2

8人份（1小时）

主原料 洋葱（小块）5个，鳀鱼酱汁1/4杯，矿泉水1/4杯，盐少许

馅料原料 蒜苗50g，水芹菜30g，栗子1个，红辣椒2个

调味料原料 水1/4杯，海带（5cm×5cm）1张，糯米粉1，辣椒粉3，蒜泥1，芝麻2

难易度 ★★☆

小贴士 制作好夹心洋葱泡菜后将其在常温下腌制一天，随后保存在冰箱中，待食用时取出切片即可。

将5个洋葱去皮清洗后切除根蒂，用刀在洋葱上切出十字形，倒入1/4杯鳀鱼酱汁，腌制约30分钟后，将鳀鱼酱汁倒出存放待用。

将50g蒜苗和30g水芹菜清洗干净后，切成3cm长的段，将1个栗子和2个红辣椒切碎。将腌制过洋葱的鳀鱼酱汁倒入蒜苗和水芹菜中，待腌制片刻后，再次将鳀鱼酱汁倒出。

在锅中添加1/4杯水，放入1张海带和糯米粉1，待糯米粉成糊状时，捞出海带，将糯米糊冷却待用。

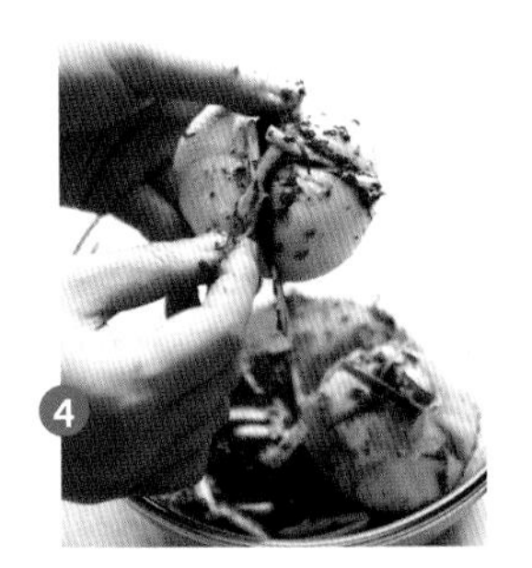

在倒出的鳀鱼酱汁中添加辣椒粉3、蒜泥1、芝麻2、糯米糊等，再与蒜苗、水芹菜、栗子、红辣椒均匀搅拌，制成馅料后填充进洋葱中，存放进泡菜桶。在搅拌过馅料的碗中倒入1/4杯矿泉水，添加少许盐，溶化后倒入泡菜桶中调味。

为稠酒锦上添花

小米萝卜块

Service Menu 3

8人份（40分钟）

主原料 萝卜1个，盐1/4杯，小米1/2杯，水1/2杯，细香葱3根

调味料原料 辣椒粉1/3杯，鳀鱼酱汁1/4杯，蒜泥3，白糖0.3，姜末0.3

难易度 ★★☆

小贴士 萝卜无须去皮，直接使用即可。

朋友母亲的故乡在朝鲜，品尝了她制作的鲽鱼米酒后得到灵感，我开发出了这道下酒菜。香香脆脆的萝卜加入小米，其味道像极了鲽鱼味的米酒。

将1个萝卜清洗干净后，切成较厚实的块状，倒入1/4杯盐，腌制30分钟左右，沥干水分。

将1/2杯小米清洗干净后，在水中浸泡片刻后入锅，倒入1/2杯水，将小米蒸熟，趁热将小米取出后，平铺冷却。

将3根细香葱清洗干净后切成3cm长的段，添加辣椒粉1/3杯、鳀鱼酱汁1/4杯、蒜泥3、白糖0.3、姜末0.3后均匀搅拌。

将腌制过的萝卜和小米盛放进碗中，倒入搅拌均匀的❸，再次搅拌后盛装进泡菜桶即可。

值得褒奖的

腌嫩豆腐

Service Menu 4

2人份（10分钟）

主原料 嫩豆腐1块

调味料原料 山蒜少许，酱油2，葱花0.5，蒜泥0.3，白糖少许，辣椒粉0.3，芝麻盐0.5，香油1

难易度 ★☆☆

8人份

主原料 嫩豆腐4块

调味料原料 山蒜30g，酱油1/3杯，葱花3，蒜泥2，白糖0.5，辣椒粉1.5，芝麻盐2，香油3

豆腐虽然是由黄豆制成的素食，但由于富含水分，容易使人产生饱胀感。容易暴饮暴食的酒桌上，这着实是一道惹人喜爱的下酒菜，不仅能够补充营养，而且能够减少饥饿感，使您少吃些大鱼大肉。

小贴士 不产山蒜的季节，也可用韭菜或细香葱代替。

将1块嫩豆腐切成便于食用的大小。

将山蒜切丝。

将切好的山蒜、酱油2、葱花0.5、蒜泥0.3、白糖少许、辣椒末0.3、芝麻盐0.5、香油1混合搅拌，制成调味料。

将嫩豆腐盛放进盘，浇上调味料即可。

新鲜无比的凉拌菜

水芹菜洋葱

在清洗水芹菜时，有人会被突然蹿出的蚂蟥吓得大惊失色，从此再也不碰水芹菜。其实这正说明水芹菜是在清水中栽培而成的，您大可放心食用。将水芹菜和一枚硬币放在水中，蚂蟥会自动吸附到硬币上。

Service Menu 5

2人份（10分钟）

主原料 水芹菜100g，洋葱1/2个，红辣椒1/2个

调味料原料 鳀鱼酱汁1，醋1.5，白糖1，糖稀1，蒜泥1，芝麻盐0.5，香油1

难易度 ★☆☆

8人份

主原料 水芹菜400g，洋葱1½个，红辣椒2个

调味料原料 鳀鱼酱汁1/4杯，醋1/3杯，白糖、糖稀各1/4杯，蒜泥3，芝麻盐2，香油3

小贴士 不仅可以使用水芹菜，也可选用其他新鲜时蔬。

将100g水芹菜清洗干净，切成4cm长的段。

将1/2个洋葱去皮后切丝，将1/2个红辣椒切丝。

将鳀鱼酱汁1、醋1.5、白糖1、糖稀1、蒜泥1、芝麻盐0.5、香油1混合搅拌，制成调味料。

将水芹菜、洋葱、红辣椒盛放进碗中，添加调味料后均匀搅拌即可。

松开皮带放心大吃

炒茄子

从夏季到初秋，餐桌上最常见的茄子在蔬菜中热量最低。茄子还能够促进钠的排出，当饭菜过咸时，不妨配上一道茄子佳肴。

2 人份（10 分钟）

原料 茄子 1 个，金针菇 1 袋，红辣椒 1/2 个，苦椒 1/2 个，白芝麻油 2，食用油 1，蒜泥 0.5，酱油 1，料酒 1，盐少许

难易度 ★☆☆

8 人份

原料 茄子 4 个，金针菇 4 袋，红辣椒 2 个，苦椒 2 个，白芝麻油 4，食用油 4，蒜泥 2，酱油 4，料酒 3，盐少许

小贴士 一次性炒大量茄子时，先将油撒在茄子上，均匀搅拌后再下热锅翻炒，这样有助于油的均匀渗透。

将 1 个茄子清洗干净，纵向切半后再切片，将 1 袋金针菇去除根蒂后，一根根分散开。

将 1/2 个红辣椒和 1/2 个苦椒斜着切丝。

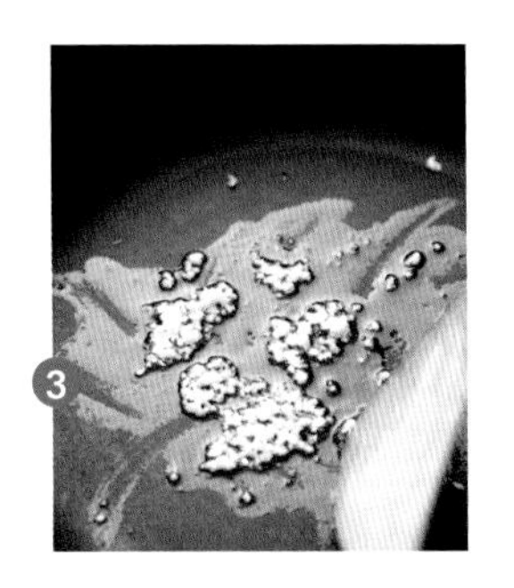

在锅中倒入白芝麻油 2、食用油 1 后，添加蒜泥 0.5 翻炒，片刻后添加茄子翻炒。

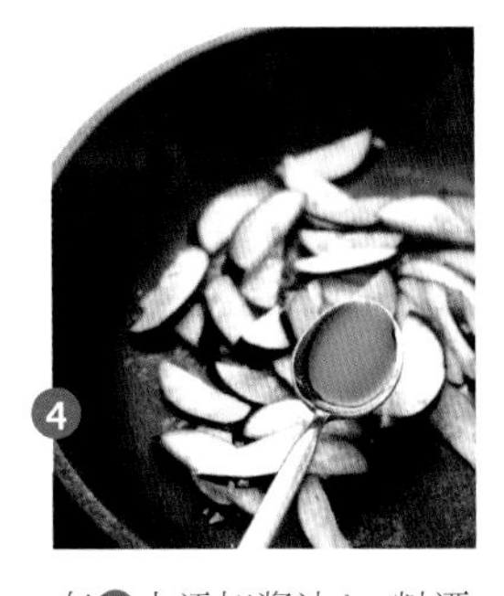

在❸中添加酱油 1、料酒 1 均匀翻炒，再加入金针菇、红辣椒、苦椒后翻炒片刻，最后加盐进行调味即可。

一碗稠酒下肚

炒干凉粉

Service Menu 7

2 人份 (20 分钟)

主原料 干凉粉 1/2 杯，杭椒 5 个，白芝麻油 1，芝麻 0.5

调味料原料 酱油 2，糖稀 1，白糖 0.3

难易度 ★☆☆

8 人份

主原料 干凉粉 2 杯，杭椒 20 个，白芝麻油 2，食用油 1，芝麻 2

调味料原料 酱油 1/3 杯，糖稀 3，白糖 1.5

小贴士 当一次性炒大量干凉粉时，若仅使用白芝麻油，油热后易产生大量泡沫，因此在白芝麻油中添加食用油或葡萄籽油更佳。

软软乎乎的凉粉既可以搭配调味料食用，也可以晾干后食用。没有品尝过干凉粉的人一定会充满了好奇，其实干凉粉非常筋道可口。将凉粉切成薄片，摆放在菜板上晾干后即可制成干凉粉。

1 将 1/2 杯干凉粉浸泡在凉水中，当变柔软后，将凉粉捞出，沥干水分。

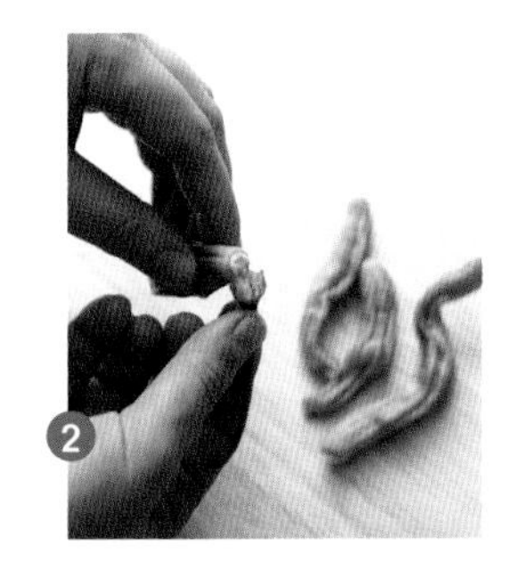

2 将 5 个杭椒清洗干净并去除根蒂，大的杭椒纵向切开待用。

3 在锅内倒入白芝麻油 1，添加凉粉翻炒后，再添加酱油 2、糖稀 1、白糖 0.3 翻炒，片刻后添加杭椒继续翻炒。

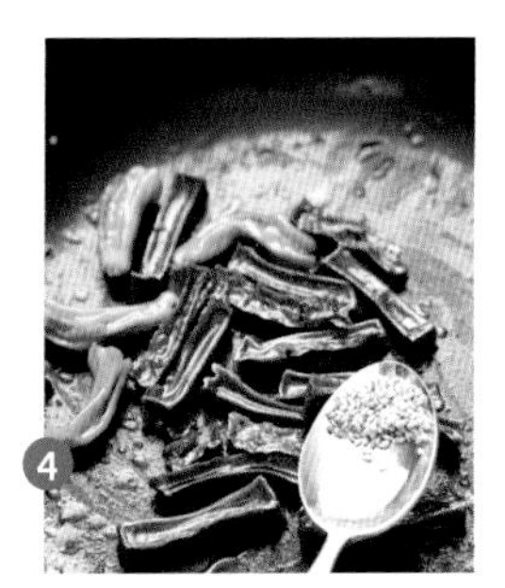

4 将凉粉翻炒至出现光泽，再撒上芝麻 0.5 即可。

您想来到稠酒学校吗？

近来，稠酒已经不再是乡下老大爷们的专属酒了，越来越多的年轻人成为稠酒爱好者。在法国，以往人们争相品尝用当年首次收获的葡萄酿制出的薄若莱新酒，而如今很多人倾向于品尝新酿造出的稠酒。日本人对于韩国稠酒的关心度也在直线上升。稠酒已经从地方酿酒厂酿制的单一品种发展并创新出更多样化的品种，甚至在稠酒酒吧中出现了稠酒鸡尾酒，可见稠酒已经成为当今的人气酒种。

培养鉴别红酒的侍酒师的教育机构众多，渴望成为侍酒师的人也不计其数。但对于稠酒感兴趣，并希望更加详细了解稠酒的朋友却因为找不到合适的学习场所而深感遗憾，如果您是其中一员，那么请您加入"稠酒学校"吧。"稠酒学校"是以文化联合机构"人文研修院"为中心，聘请韩国首席酒类评论家许世明先生为校长而创建的。据许世明先生介绍，"稠酒属于度数不高的'低度酒'，同时也是富含乳酸菌的高营养价值健康酒"，"特别是在欧洲国家，人们持有'大米＝养生'这样的固有观念，因此由大米酿制而成的发酵酒，同时具备低度酒等多重身份的稠酒可谓具有不可限量的发展前景"。

在稠酒学校，老师能够为您解答各类疑惑，诸如：对于韩国人，稠酒意味着什么？什么是真正的稠酒？世间究竟有多少种类的稠酒存在？品尝美味的稠酒有什么秘诀？直接酿制稠酒会出现何种味道？我能够酿酒吗？等等。除理论课程外，您还可以亲自尝试酿制稠酒，并直接体验同样的原料、不同的发酵过程会带来怎样多重的变化，诸如此类的课程设置十分多样化。

由于喜爱酒而渴望亲自酿酒的朋友，经营着稠酒酒吧或酒厂的朋友，梦想着归耕的朋友，希望寻找到搭配菜肴的绝佳稠酒的朋友，您尽可加入到这里来。如同葡萄酒酿酒厂一样，韩国的稠酒酒厂同样希望能够面向游客开放，成为游客在观光过程中了解韩国文化的一站，我们期待这一天的早日到来。

酿酒实习 2 次，稠酒试饮 8 次，试饮 1 次稠酒可品尝 5 个品种。
授课地点 首尔市钟路区明伦洞 4 街 198-3 号 Franchise System(TIFS) 大厦 3 层
（地铁 4 号线惠化站 4 号出口成均馆大学方向步行 5 分钟）
有关学校详情请参考稠酒学校论坛（cafe.naver.com/urisoolschool）
课程费用 36 万韩元（约合 2000 元人民币）
电话 050-5609-5609
网址 www.huschool.com

稠酒理论课程

稠酒与米酒的区别

稠酒又被称为浊酒。酿酒时两次添加原料成分，当酒即将酿制完成时，由于发酵作用，酒达到沸腾状态，此时最初作为原料的淀粉成分会令酒变得浑浊。因此，酒发酵结束后，搅拌起沉淀在底部的渣滓后酿出的酒便称作稠酒或浊酒。而这里介绍的市面上常见的稠酒，是经过过滤，除去大米的颗粒后得到的（韩语的稠酒“막걸리”，意思是过滤后的酒——译者注）。而米酒的制作方法与稠酒十分接近。当酒酿制基本结束后，大部分淀粉成分沉淀，而大米在淀粉糖化并醇化的过程中，失去主成分，所以漂浮在酒的表面。大米悠悠荡荡漂浮的状态正是米酒得名的原因。

品尝美味稠酒的方法

稠酒冷藏保存的期限是10天，但在饮用前需轻缓摇晃，这样有助于沉淀的淀粉成分充分融合。但如果摇晃过于猛烈，则会导致产生大量泡沫，稠酒外溢，所以应多加小心。将稠酒放置进冰箱保存时，应直立摆放。

稠酒行家推荐的稠酒精品

稠酒主要选用硬米饭、酒曲酿制，近来选用地区特产发酵酿制出的稠酒人气极高。不仅色香味俱全，且具有药效。

韩国富有地方特色的稠酒

公州栗子稠酒　黄色的公州栗子稠酒选用公州盛产的栗子酿制而成。色泽嫩黄，味道醇香。略微甘甜的温纯口感，令人入口陶醉，一杯下肚，余香绕舌。
加平松子稠酒　加平祝灵山拥有韩国历史最为悠久的红松林。因此加平因松子而闻名，添加了松子的稠酒更是美名远扬。品尝过加平松子稠酒的人，无不沉醉于松子的清香。红松树龄达到20年才能够结出松子，因此松子酒才更显弥足珍贵。
杨平砥平里稠酒　砥平里酒厂自1925年就开始生产稠酒，是历史最为悠久的酿酒厂之一。空气清新、水质清澈的杨平地区酿制出的砥平里稠酒拥有与其历史相称的悠远醇香。
闻庆五味子稠酒　五味子的主产地闻庆地区代表性的五味子稠酒闻名遐迩。具有五种滋味的五味子与稠酒形成了绝妙的结合。添加有了红色五味子果实的汁液，使得五味子稠酒与其他白色稠酒不同，显现出浪漫的粉红色色调。

红酒

Wine

红酒是将葡萄汁
发酵制成的洋酒。

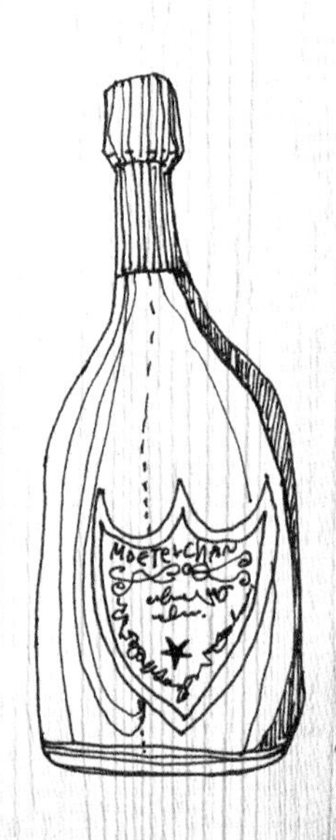

沉醉于神的甘露中的朋友们向我咨询："若在家中品尝红酒，有没有什么合适的下酒菜呢？正是因为百寻不得其解，最终只好选择红酒吧或酒店。有没有什么值得推荐的家庭下酒菜呢？"在外品红酒，除了芝士，即使您选择了不是十分称心如意的下酒菜，在结账时还是难免会发现，下酒菜的价格甚至超过了红酒。为了那些已经厌倦此类情况的朋友，我特地准备了一些便于在家中制作的下酒菜。对于感性且敏感的红酒，重要的不在于价格，而在于怎样搭配料理及与谁共饮。

黄瓜芥末寿司
炸橄榄与西红柿酱
炒豆腐蔬菜丝
三色卷菜
菜豆西红柿沙拉
香草司康饼
烤豆腐牛肉
蘑菇沙拉
蔬菜米纸卷
红薯煎糕
玉米沙司与零食
鲑鱼沙拉
煎烤肉串
香菇野菜饼
炒卷心菜
蛋挞拼盘
开那批拼盘
条糕肉卷
海藻裙带菜
凉拌原参春野菜
蔬菜与胡萝卜调味汁
韩式牛排
炒米粉
烤肉乳蛋饼
水果拼盘
芝士拼盘

好极了！韩式红酒下酒菜

三色卷菜

将各色蔬菜、海鲜、肉类翻炒后，用薄面饼卷着吃的韩餐。不仅美观，而且营养丰富，是独具特色的韩国料理，但据说男士们不经常吃，理由是卷着吃过于烦琐。于是这款料理是将馅料搅拌均匀并直接用面饼卷好后再上桌的。

难易度
★☆☆

2人份(40分钟)

主原料 面粉 $1\frac{1}{2}$ 杯，水 2 杯，菠菜汁(或绿茶粉)、胡萝卜汁、盐少许，牛肉 50g，食用油适量，鸡蛋 1 个，香油少许，黄瓜 1/2 根，胡萝卜 1/6 根 **牛肉调味料原料** 酱油 0.3，葱花、蒜泥、香油、胡椒粉少许 **芥末调味料原料** 芥末 0.5，醋 1，白糖 1，盐少许，炼乳 1，料酒 1.5

8人份

主原料 面粉 6 杯，水 7 杯，菠菜汁(或绿茶粉)、胡萝卜汁、盐少许，牛肉 200g，食用油适量，鸡蛋 3 个，香油少许，黄瓜 2 根，胡萝卜 1/2 根 **牛肉调味料原料** 酱油 1.5，葱花 1，蒜泥 0.5，香油、胡椒粉少许 **芥末调味料原料** 芥末 2，醋 3，白糖 2.5，盐少许，炼乳 3，料酒 4

1. 制作三色面饼。将 $1\frac{1}{2}$ 杯面粉三等分后分别添加适量水、少许盐，其中一份添加菠菜汁，另一份添加胡萝卜汁，搅拌均匀后用食用油煎成薄饼。

2. 将 50g 牛肉切成 5cm 长的条状，将酱油 0.3、葱花、蒜泥、香油、胡椒粉均匀搅拌，制成调味料，将牛肉与牛肉调味料均匀搅拌后在锅内用食用油翻炒。

3. 将 1/2 根黄瓜切成 4cm 长的段，去皮后切丝，将 1/6 根胡萝卜切成 4cm 长的段后切丝。

4. 在锅内加食用油分别翻炒黄瓜丝和胡萝卜丝，并添加盐调味。

5. 将 1 个鸡蛋的蛋黄与蛋清分开，搅拌后分别用香油煎成薄饼，添加盐调味，煎熟后切成 4cm 长的丝状。

6. 将三色面饼分别卷住牛肉、胡萝卜、黄瓜、鸡蛋丝盛盘。在芥末 0.5 中添加醋 1，充分搅拌后添加白糖 1、盐少许、炼乳 1、料酒 1.5 后充分搅拌，制成芥末调味料，搭配食用。

在制作面饼时，面粉和水的比例是 1:1.5，预先和好面放置待用(醒面)，有助于煎成完好的薄饼。此外，在芥末中添加醋后，应充分搅拌，避免留下结块，随后再添加其他原料。

太太做的寿司

黄瓜芥末寿司

添加一种馅料制成的小寿司，可以填饱肚子，最初被认为是太太们为沉迷于赌博的丈夫制作的食物。真不知道是应该称赞太太们的贤惠，还是应该劝太太们要像苏格拉底的恶妻一样，好好教训丈夫一番……不管怎样，今天为了丈夫，不妨尝试制作这款黄瓜寿司吧。

2人份（20分钟）

主原料 米饭1碗，黄瓜1/2根，盐少许，海苔1张，生芥末少许

甜醋汁原料 醋1.5，白糖1，盐0.5，柠檬汁1

难易度 ★★☆

8人份

主原料 米饭4碗，黄瓜2根，盐少许，海苔4张，生芥末少许

甜醋汁原料 醋1/3杯，白糖4，盐2，柠檬汁2

也可以使用黑米饭、玄米饭代替白米饭。

准备一碗温热的米饭，添加醋1.5、白糖1、盐0.5、柠檬汁1，均匀搅拌。

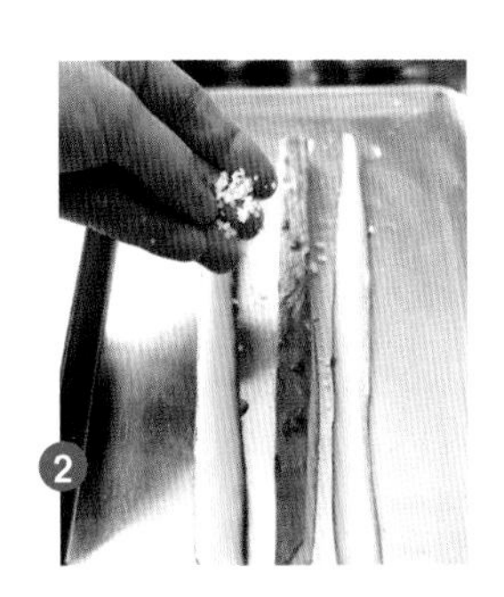

将1/2根黄瓜纵向六等分，去籽后撒上盐，充分搅拌后去除多余水分。将1张海苔对半切开。

在寿司卷帘上铺上海苔，将米饭均匀铺在海苔上，将生芥末涂抹在海苔上，随后摆放上黄瓜条，用寿司卷帘卷起即可。

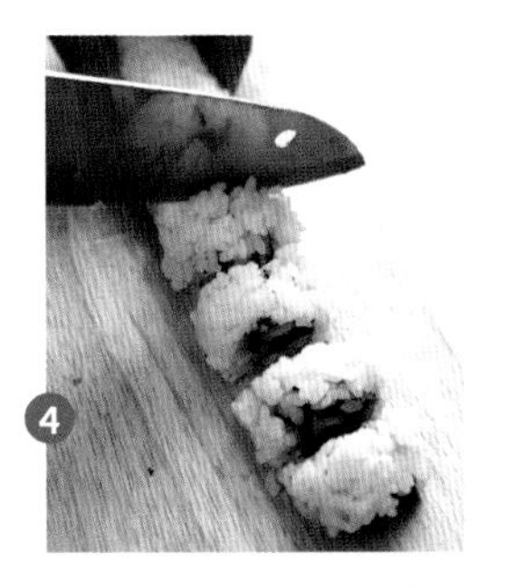

将黄瓜芥末寿司切割成适宜食用的大小，盛装在盘中即可。

2人份（20分钟）

主原料 豆腐1/2块，盐少许，食用油适量，牛肉末50g，淀粉、芝麻少许

调味料原料 辣椒末0.5，酱油1，白糖0.5，葱花0.5，蒜泥0.3，芝麻、香油、胡椒粉少许

难易度 ★★☆

8人份

主原料 豆腐2块，盐少许，食用油适量，牛肉末200g，淀粉、芝麻少许

调味料原料 辣椒末2，酱油2.5，白糖1，葱花2，蒜泥1，芝麻、香油、胡椒粉少许

若没有烤箱或烤架，可以在平底锅中将牛肉薄薄摊平，烤至金黄即可。

老公，加油！

烤豆腐牛肉

对于持续上涨的物价，最有切身感受的莫过于提着购物袋不知所措的家庭主妇们了。丈夫的工资，孩子的成绩始终不见上升，可食品价格却一再飞速上涨，着实令人头疼。但即便如此，为了喜爱下酒菜的丈夫，还是来精心准备这道牛肉与豆腐的特别料理吧。

1 将1/2块豆腐切成厚片，撒上盐，去除多余水分，在平底锅内倒入食用油，将豆腐煎至金黄。

2 在50g牛肉末中添加辣椒末0.5、酱油1、白糖0.5、葱花0.5、蒜泥0.3、芝麻、香油、胡椒粉少许，均匀搅拌，使调味料充分入味。

3 在煎好的豆腐上撒上少许淀粉后，将搅拌好的牛肉薄薄地平摊在豆腐上，再盖上一片豆腐。

4 在烤架或烤箱中将牛肉烤熟后，撒上少许芝麻即可。

小巧美丽才是王道

开那批拼盘

开那批（Canape）是指在脆面包片或脆饼干上涂抹黄油后摆放上各种少量的或小块的特色菜肴的开胃菜，这些特色菜肴常包括小块冷肉、冷鱼、鸡蛋片、酸黄瓜、鹅肝酱或鱼子酱等。不能填饱肚子或不会令人有饥饿感，无法引起人们食欲的开那批不是合格的开那批。搭配红酒时不会喧宾夺主，已经成为红酒下酒菜的代名词。虎视眈眈，取代芝士拼盘的地位，是开那批需要肩负的重任。

原料

难易度 ★☆☆

2人份(30分钟)

原料 面包1片，饼干4块，奶油芝士1，鸡胸脯肉1块，盐、胡椒粉、蛋黄酱、芥末酱少许，金枪鱼罐头1/2桶，洋葱末1，酸黄瓜末0.5，黄瓜1/6根，飞鱼子1，萝卜苗、香草少许

8人份

原料 面包4片，饼干1袋，奶油芝士4，鸡胸脯肉2块，盐、胡椒粉、蛋黄酱、芥末酱适量，金枪鱼罐头1桶，洋葱末3，酸黄瓜末2，黄瓜1/2根，飞鱼子3，萝卜苗1袋，香草少许

1 将1片面包去除边缘后四等分，切割成圆形，用面包机烤制后取出。将奶油芝士1薄薄地在面包上涂抹一层。

2 将1块鸡胸脯肉在沸水中煮熟后取出，撕成丝状，添加盐、胡椒粉调味，再添加少许芥末酱和一部分蛋黄酱均匀搅拌。

3 将1/2桶金枪鱼罐头的油脂去除，添加洋葱末1、酸黄瓜末0.5、蛋黄酱少许后均匀搅拌。

4 将1/6根黄瓜纵向切半，再切成片状。

5 在面包和饼干上依次添加2的鸡胸脯肉、3的金枪鱼、黄瓜片、飞鱼子、萝卜苗、香草即可。

小贴士

制作开那批应选用甜味较淡的面包和饼干，这样才能使其他食材更美味、更香浓。

神降祝福

炸橄榄与西红柿酱

希腊人认为橄榄是神赐予的祝福，其果实可以腌制食用或榨油，叶子可以制作香料，树木可以制成各种用品。对于我们东方人来说，橄榄可能还略显生疏，但还是来尝试制作一下这道绝妙的红酒下酒菜吧。

2人份（30分钟）

原料 黑橄榄8个，土豆1/2个，金枪鱼罐头（小桶）1桶，欧芹末0.3，盐、胡椒粉少许，鸡蛋液（1个的量），面粉、面包粉少许，煎炸油适量，西红柿酱1/4杯

难易度 ★★☆

8人份

原料 黑橄榄30个，土豆2个，金枪鱼罐头（大桶）2桶，欧芹末1，盐、胡椒粉少许，鸡蛋液（2个的量），面粉、面包粉少许，煎炸油适量，西红柿酱1杯

未完全成熟的橄榄加工后呈绿色，完全成熟的橄榄在盐水中浸泡后就会成为黑橄榄。黑橄榄常被制成桶装罐头或瓶装罐头销售，用于制作开那批或沙拉、三明治等，具有特别的香味。

1 将8个黑橄榄切半，将1/2个土豆去皮后切成丁，装进保鲜袋，在微波炉中加热约2分钟，将熟透的土豆碾碎成土豆泥。

2 将1桶金枪鱼罐头的油脂去除后，添加进土豆泥中，均匀搅拌后添加欧芹末0.3、少许盐和胡椒粉后再均匀搅拌。

3 用金枪鱼裹住黑橄榄后，捏成圆形。

4 在❸外侧依次裹上面粉、鸡蛋液、面包粉，在预热至180℃的煎炸油中炸制酥脆，盛盘即可，佐以1/4杯西红柿酱。

2 人份（15 分钟）

原料 猕猴桃 1 个，橙子 1 个，甜瓜 1/4 个，草莓 5 个，苹果 1 个，柠檬 1/6 个，酸奶（或鲜奶油）1/4 杯

难易度 ★☆☆

8 人份

原料 猕猴桃 2 个，橙子 4 个，甜瓜 1 个，草莓 1 袋，苹果 2 个，柠檬 1/2 个，酸奶（或鲜奶油）1 杯

随季节变换

水果拼盘

曾有人当作笑话说，晚上有客人造访时，如果是招待受欢迎的客人，主人会将水果洗净去皮，切成便于食用的小块，端上桌招待。若是不速之客，则连皮带肉大概收拾一下就端上桌。其实，如果水果切得过碎，会影响新鲜度，所以切成适宜食用的大小即可。

春季选用草莓，夏季选用西瓜和香瓜，秋季选用苹果和梨，冬季选用柿子，不同的季节可以变换选用不同的时令水果。

将 1 个猕猴桃去皮，切成适当的大小，将 1 个橙子切半，切除两端部位，用刀挖出果肉，切成适当的大小，可以重新装进果皮内，也可直接盛盘。

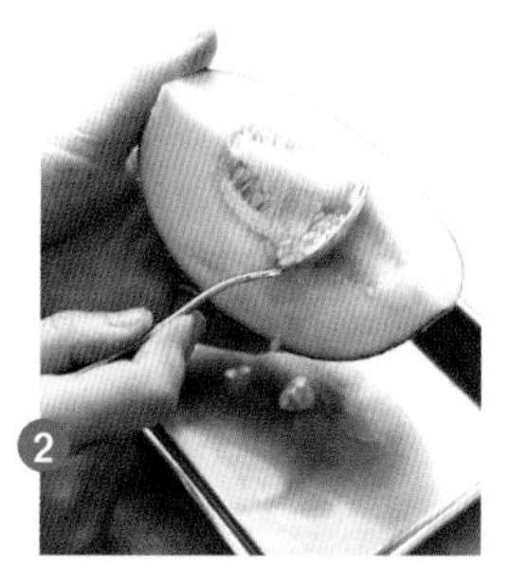

只选用 1/4 个甜瓜的果肉部分，切成适当的大小，将 5 个草莓清洗干净后，去除根蒂，大的草莓切半。

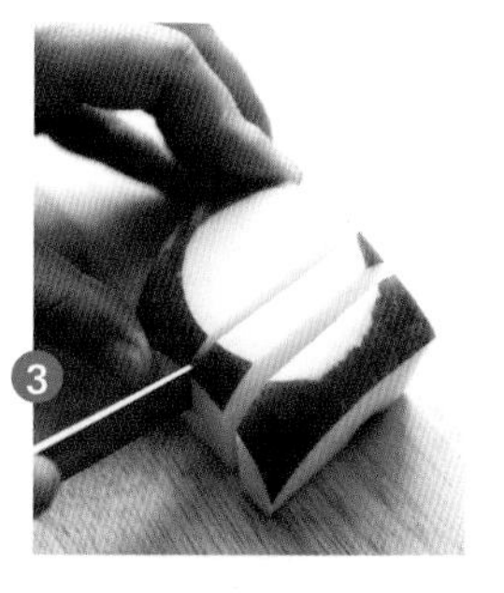

将 1 个苹果清洗干净，连同果皮一起切成适当的大小，将 1/6 个柠檬连同果皮准备即可。

将猕猴桃、橙子、甜瓜、草莓、苹果、柠檬盛盘，摆出造型，佐以 1/4 杯酸奶即可。

不忍吃掉的

蛋挞拼盘

4 人份（20 分钟）

主原料 蛋挞皮（小型）20 个，鲜奶油 1 杯，鲜水果（切片）1 杯，水果干 1/4 杯，坚果、装饰用香草少许

蛋奶沙司（Custard）奶油原料 蛋奶沙司粉 1/4 杯，牛奶 1 杯

难易度 ★☆☆

8 人份

主原料 蛋挞皮（小型）40 个，鲜奶油 $1\frac{1}{2}$ 杯，鲜水果（切片）2 杯，水果干 1/2 杯，坚果、装饰用香草少许

蛋奶沙司（Custard）奶油原料 蛋奶沙司粉 1/2 杯，牛奶 2 杯

用手抓起来就能吃的手抓食物不计其数，而蛋挞拼盘就是典型的手抓食物。各类手抓食物，不仅外形美观而且便于食用，都能够与红酒组成绝佳搭配。

蛋奶沙司粉是由蛋黄、白糖、面粉、淀粉等混合制成的，添加牛奶或水搅拌使用即可。常用于制作泡芙奶油或红薯蛋糕。

1 在 1/4 杯蛋奶沙司粉中添加 1 杯牛奶，轻缓搅拌，制作出蛋奶沙司奶油。

2 用打蛋器将 1 杯鲜奶油轻缓地打出泡沫，将鲜奶油和蛋奶沙司奶油各一半混合，均匀搅拌，制作出混合奶油。

3 分别将蛋奶沙司奶油、鲜奶油、蛋奶沙司奶油与鲜奶油的混合奶油添加在蛋挞皮上。

4 分别将鲜水果和水果干添加在奶油上，再撒上坚果，并用香草装饰即可。

最为安心且平凡的

芝士拼盘

我曾去过东京的芝士咖啡厅。如同卖点心和蛋糕的面包房一样，芝士咖啡厅直接从欧洲各地进口芝士并在店中销售。当然，您也可以在店内直接品尝。尚未大众化的芝士，即使对于初学品红酒的人来说，也是非常适合搭配红酒食用的。

2 人份（10 分钟）

原料 混合芝士 50g，百里香少许，奶油芝士 1/4 杯，饼干适量

难易度 ★☆☆

8 人份

原料 混合芝士 200g，百里香少许，奶油芝士 1 杯，饼干适量

适合搭配红酒的芝士有熟成的卡芒贝芝士、布里芝士、高德芝士、爱蒙塔尔芝士。

1 将混合芝士切成适宜食用的大小。

2 将百里香的叶子切碎。

3 在 1/4 杯奶油芝士中添加百里香。

4 将混合芝士、奶油芝士、饼干盛盘即可。

法国与韩国的友好交往

烤肉乳蛋饼

至今仍难以忘怀初次品尝乳蛋饼时的滋味。绝妙的香醇，令人时常想起，这也正是乳蛋饼的美丽所在。乳蛋饼是法国阿尔萨斯地区代表性的派，为了适应我们的口味，我特地加入了烤肉和辣椒。

原料

难易度 ★☆☆

2 人份（1.5 小时）

派预拌粉原料 黄油 60g，低筋面粉 130g，蛋黄 1 个，水 3，盐少许 **浇汁原料** 鸡蛋 2 个，牛奶 1 杯，鲜奶油 1 杯，盐、胡椒粉少许 **馅料原料** 牛肉（制作烤肉）100g，双孢菇 3 个，洋葱 1/4 个，苦椒 1 个，食用油适量，盐、胡椒粉少许，帕玛森芝士粉 1/4 杯 **烤肉调味料原料** 酱油 1，白糖 0.5，料酒 0.5，葱花 0.5，蒜泥 0.3，胡椒粉少许，香油 0.5

8 人份

派预拌粉原料 黄油 120g，低筋面粉 260g，蛋黄 2 个，水 6，盐少许 **浇汁原料** 鸡蛋 4 个，牛奶 2 杯，鲜奶油 2 杯，盐、胡椒粉少许 **馅料原料** 牛肉（制作烤肉）200g，双孢菇 6 个，洋葱 1/2 个，苦椒 2 个，食用油适量，盐、胡椒粉少许，帕玛森芝士粉 1/2 杯 **烤肉调味料原料** 酱油 2，白糖 1，料酒 1，葱花 1，蒜泥 0.5，胡椒粉少许，香油 1

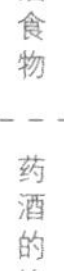

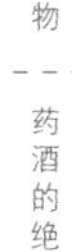
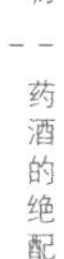
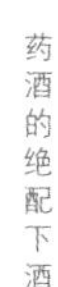

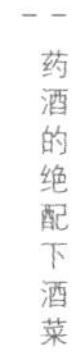
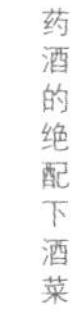

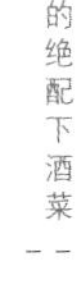
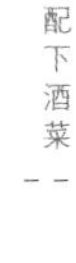
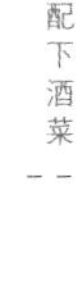

1. 将 60g 黄油、130g 低筋面粉混合后，用刮刀将黄油切碎后搅拌，随后再添加蛋黄 1 个、水 3，盐少许，再次均匀搅拌后，将面团放进冰箱醒面。
2. 将 2 个鸡蛋搅拌均匀后添加 1 杯牛奶、1 杯鲜奶油，再添加少许盐、胡椒粉调味，最后用筛子过滤。
3. 将准备制作烤肉的 100g 牛肉切成便于食用的大小，添加酱油 1、白糖 0.5、料酒 0.5、葱花 0.5、蒜泥 0.3、胡椒粉少许、香油 0.5 之后，腌制约 20 分钟，随后在平底锅中用食用油翻炒。
4. 将 3 个双孢菇去除根蒂切片，并将 1/4 个洋葱，1 个苦椒也斜着切片。
5. 在平底锅内倒入食用油，略微翻炒一下双孢菇、洋葱、苦椒后添加盐、胡椒粉调味。
6. 将面团擀成 0.2cm 厚的面片，铺垫在锅内，用叉子叉出透气孔，在面片上填充炒好的牛肉和蔬菜，并浇上❷，再撒上 1/4 杯帕玛森芝士粉，放进预热至 170℃的烤箱烘烤 30~40 分钟即可。

小贴士

也可以用韭菜或西蓝花代替牛肉制作蔬菜乳蛋饼。

为孩子口味的成人特制的健康食品

蘑菇沙拉

2 人份（20 分钟）

主原料 香菇 2 个，蚝菇 1/4 袋，杏鲍菇 1 个，嫩蔬菜 1/4 袋，食用油适量，杏仁片 2，盐少许

调味料原料 香醋 1，橄榄油 1

难易度 ★☆☆

8 人份

主原料 香菇 8 个，蚝菇 1 袋，杏鲍菇 2 个，嫩蔬菜 1 袋，食用油适量，杏仁片 1/4 杯，盐少许

调味料原料 香醋 1/4 杯，橄榄油 1/4 杯

不少成人像孩子一样，只挑出菜肴中的蘑菇吃掉，这大概是由于蘑菇特有的香味和海绵般的质感吧。炒至金黄的蘑菇不仅清香依旧，而且口感筋道。在食用过多肉类时，适合多搭配蘑菇。

除上述蘑菇外，还有真姬菇、黄金菇、百万菇等，可根据季节和个人喜好选择不同的蘑菇。

将 2 个香菇去除根蒂，横切片，将 1/4 袋蚝菇撕成条，将 1 个杏鲍菇去除根蒂，横切片，用清水洗净嫩蔬菜后沥干水分。

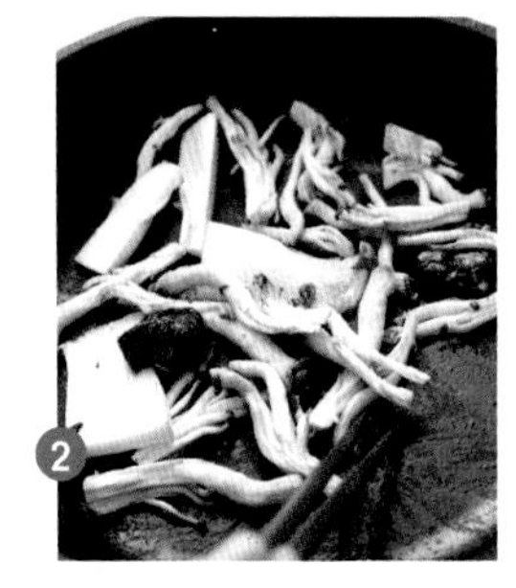

在平底锅内倒入食用油，将香菇、蚝菇、杏鲍菇倒入锅内翻炒，添加盐调味。

平底锅内不倒入油，直接翻炒杏仁片 2。

在翻炒后的蘑菇中加香醋 1、橄榄油 1，均匀搅拌后盛盘，再撒上嫩蔬菜和杏仁片。

有益健康的红色食物

菜豆西红柿沙拉

2 人份（20 分钟）

主原料 菜豆 1/2 杯，西红柿 1 个

调味料原料 橄榄油 1.5，柠檬汁 1，醋 1，白糖 1.5，洋葱末 1，盐少许，罗勒末 2

难易度 ★☆☆

8 人份

主原料 菜豆 2 杯，西红柿 4 个

调味料原料 橄榄油 1/4 杯，柠檬汁 3，醋 3，白糖 1/3 杯，洋葱末 3，盐少许，罗勒末 1/4 杯

西红柿在英国被称作“爱的苹果”，在意大利被称作“黄金苹果”。人们将红色的西红柿看作热情与爱情的象征。西红柿的红色茄红素担负着“清除有害物质的清洁工”的任务，是适合经常食用的抗酸化蔬菜。

西红柿是后熟蔬菜，青色的西红柿采摘后放置一段时间变红后食用即可。也可以用圣女果代替西红柿。

将 1/2 杯菜豆清洗干净用沸水煮过后，用筛子过滤掉水分。

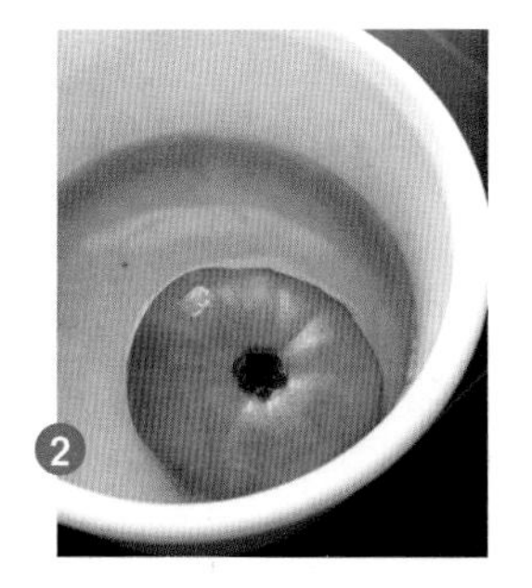

将 1 个西红柿在根蒂部用刀划出十字，放进沸水焯一下，取出后用凉水冲洗干净，去皮后切成便于食用的大小。

将橄榄油 1.5、柠檬汁 1、醋 1、白糖 1.5、洋葱末 1、盐少许、罗勒末 2 混合搅拌，制成调味料。

将菜豆、西红柿盛装进碗，倒入调味料，均匀搅拌后盛盘即可。

与客人一同乐享智慧料理

韩式牛排

这是一道在牛排上添加了苦椒、香菇、土豆的综合营养牛排。客人众多，无法快速准备牛排时，可以预先制作好韩式牛排，食用前只需略微加工即可优雅上桌了。

难易度 ★★★

2人份（50分钟）

主原料 牛肉（里脊肉或背脊肉）2块（约200g），盐、胡椒粉少许，苦椒1个，香菇1个，制作沙拉用蔬菜50g，土豆1个，杏鲍菇2个，芥末0.5，食用油适量 **调味料原料** 橄榄油3，香醋2，酱油1

8人份

主原料 牛肉（里脊肉或背脊肉）8块（约800g），盐、胡椒粉少许，苦椒3个，香菇4个，制作沙拉用蔬菜200g，土豆4个，杏鲍菇4个，芥末2，食用油适量 **调味料原料** 橄榄油1/3杯，香醋1/4杯，酱油3

1 准备2块牛里脊肉或牛背脊肉，撒上盐和胡椒粉，腌制片刻。

2 将1个苦椒切丝，1个香菇切丝，将制作沙拉用的蔬菜用凉水清洗干净，切成便于食用的大小，沥干水分。将1个土豆切丝后，在水中浸泡片刻，捞出后下油锅翻炒，添加盐和胡椒粉调味。

3 将橄榄油3、香醋2、酱油1混合搅拌，制成调味料。

4 将2个杏鲍菇对半切开，划出刀口，在锅中略微翻炒后，添加盐和胡椒粉调味。

5 在锅中倒入食用油，煎制牛肉后，再翻炒香菇。

6 用锡箔纸包裹牛肉，涂抹芥末0.5后，依次添加苦椒、香菇、土豆，放进预热至200℃的烤箱中烘烤约5分钟。在盘中放入杏鲍菇后，再将牛肉放入，佐以沙拉用蔬菜，最后撒上调味料即可。

牛里脊肉或背脊肉搭配洋葱、胡萝卜、芹菜等蔬菜，食用效果更佳。
将胡椒籽自行研磨成粉添加进牛肉，比使用市售胡椒粉更加美味。

炒豆腐蔬菜丝

2人份（20分钟）

主原料 豆腐1/2块，牛蒡1/2支，香菇2个，胡萝卜1/8根，苦椒1个，香油1，芝麻盐、盐少许

调味料原料 蚝油（鲍鱼味）0.5，酱油0.3，糖稀0.5，料酒2

难易度 ★☆☆

8人份

主原料 豆腐2块，牛蒡1支，香菇6个，胡萝卜1/4根，苦椒3个，香油3，芝麻盐、盐少许

调味料原料 蚝油（鲍鱼味）2，酱油1，糖稀2，料酒6

各种蔬菜搭配用黄豆制成的豆腐，这是一道用对身体有益的原料制作而成的料理。这些蔬菜接受地气成长，在丰收的秋季，端上餐桌，一定会得到大家的称赞。

此料理适宜选择水分较少、较硬的豆腐，蚝油适宜选择鲍鱼味的，而不是辣味蚝油。

1 在1/2块豆腐上压上重物，挤压出水分，用手将豆腐捏成粗大的颗粒状。

2 将1/2支牛蒡、2个香菇、1/8根胡萝卜、1个苦椒切丝。

3 在平底锅内倒入香油1，添加牛蒡、胡萝卜、香菇、苦椒翻炒，再添加蚝油0.5、酱油0.3、糖稀0.5、料酒2炖片刻。

4 当调味料进蔬菜入味后，添加豆腐搅拌翻炒，并撒上芝麻盐和盐进行调味。

8 人份（40 分钟）

原料 面粉 230g，泡打粉 15g，盐 2g，黄油 55g，白糖 25g，罗勒末 1，牛奶 1/2 杯，散面粉少许，鸡蛋液（1 个的量）

难易度 ★★☆

将美味升华的魔力

香草司康饼

红酒蕴含丰富的香气，所以斟一杯红酒之后，我们常常先用鼻子嗅香气，再含进嘴里一小口，细细品味。因此，红酒适合搭配具有清淡滋味和香气的食物。试试土豆片或香草司康饼吧！

可以使用迷迭香、茴陈草、欧芹等香料来代替罗勒，在使用干香草时，应适当减少添加量。

1. 将 230g 面粉、15g 泡打粉、2g 盐均匀搅拌后，用筛子过滤。

2. 在❶中添加 55g 黄油，用手揉搓搅拌至绵软状态，再一边缓缓加入白糖 25g、罗勒末 1、牛奶 1/2 杯，一边轻轻揉面。

3. 在工作台面上撒上散面粉后放置面团，将面团擀成 1cm 厚的面片。

4. 用圆形磨具压出一个个小圆面片，在面片表面涂抹鸡蛋液后放进预热至 200℃的烤箱，烘烤约 10 分钟即可。

打败牛肉的条糕

条糕肉卷

肉卷是将猪肉、牛肉或羊肉绞成馅后制作成面包或鱼饼形状的一种西式食品。在这里，依照我们的口味，添加了辣白菜和条糕，并卷成了寿司的形状。不仅可以使用辣白菜和条糕，还可以使用炒饭或各式蔬菜如西蓝花、韭菜等制作出不同口味，变换出新花样。

原料

2 人份（40 分钟）

主原料 条糕 1 条，辣白菜 2 片，洋葱 1/4 个，香菇 1 个，食用油适量，牛肉（馅）200g，面包粉少许 **调味料原料** 酱油 1，白糖 0.5，料酒 0.5，葱花 1，蒜泥 0.3，香油 0.5，胡椒粉少许

难易度
★★☆

8 人份

主原料 条糕 4 条，辣白菜 6 片，洋葱 1 个，香菇 4 个，食用油适量，牛肉（馅）600g，面包粉 1/2 杯 **调味料原料** 酱油 4，白糖 2，料酒 2，葱花 3，蒜泥 1，香油 2，胡椒粉少许

1 将 1 条较硬的条糕浸泡在水中，使其变得柔软。

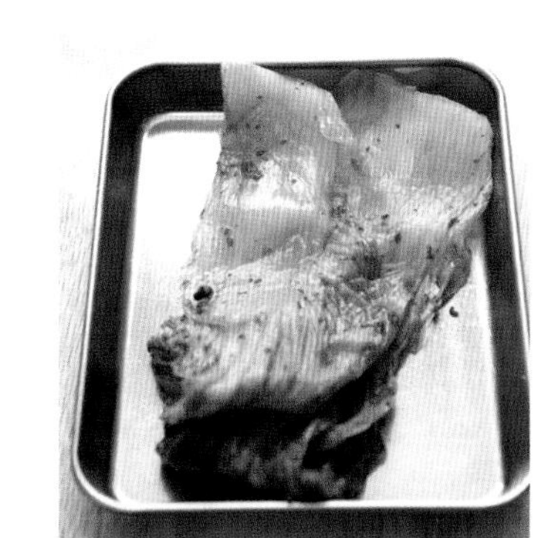

2 将 2 片辣白菜的叶片清理干净，沥干水分。

3 将 1/4 个洋葱和 1 个香菇切粒后下锅用食用油翻炒，炒好后盛出冷却。

4 在碗中添加牛肉 200g、酱油 1、白糖 0.5、料酒 0.5、葱花 1、蒜泥 0.3、香油 0.5 和胡椒粉少许后均匀搅拌，再添加洋葱粒、香菇粒和 1/2 杯面包粉后均匀搅拌。

5 在寿司卷帘上铺垫一层锡箔纸，将搅拌好的牛肉平铺在锡箔纸上，将辣白菜和条糕依次放置在牛肉上，然后用寿司卷帘卷起。

6 将肉卷放进预热至 200℃的烤箱中烘烤 10~15 分钟，取出后切成便于食用的大小即可。

小贴士

使用厨房毛巾将牛肉或猪肉的水分吸干，根据个人口味，可以搭配牛排调味料或西红柿酱。

预先制好惊艳登场

红薯煎糕

红薯可以生长于贫瘠的土地，曾是令普通百姓心存感激的食材，不知从何时起，红薯成为极具人气的减肥食品。栗子红薯、南瓜红薯、紫薯等多种多样的红薯纷纷登场，使用不同的红薯挑战丰富的菜式也别有一番乐趣。

原料

2 人份（30 分钟）

原料 蒸红薯 1 个，帕玛森芝士粉 1，低筋面粉 3，泡打粉、盐少许，牛奶 3，橄榄油 2，葡萄干适量，桂皮粉、糖粉少许

难易度 ★★☆

8 人份

原料 蒸红薯 4 个，帕玛森芝士粉 3，低筋面粉 1/2 杯，泡打粉 0.5，盐 0.3，牛奶 1/2 杯，橄榄油 1/3 杯，葡萄干适量，桂皮粉、糖粉少许

小贴士

糖粉是将白糖碾磨精细后，添加少量淀粉后而得，颗粒极其细小。

将 1 个蒸红薯去皮，趁热碾碎，添加帕玛森芝士粉 1、低筋面粉 3、少许泡打粉和盐均匀搅拌后，再添加牛奶 3、橄榄油 2 均匀搅拌。

将❶中搅拌好的红薯一半捏成扁圆状，一半添加切成粒状的葡萄干后捏成扁圆状。

将红薯放进平底锅，盖上锅盖，用小火将红薯正反面煎至金黄。

将煎熟的红薯盛盘，撒上细密的桂皮粉和糖粉即可。

2人份（30分钟）

主原料 牛肉（烤肉用）200g，茄子1个，盐少许，橄榄油适量

腌料原料 酱油3，白糖1，糖稀1，清酒1，葱花2，蒜泥1，芝麻盐0.5，香油1，胡椒粉少许

难易度 ★★☆

8人份

主原料 牛肉（烤肉用）800g，茄子3个，盐少许，橄榄油适量

腌料原料 酱油1/2杯，白糖1/4杯，糖稀1/4杯，清酒3，葱花1/4杯，蒜泥3，芝麻盐2，香油3，胡椒粉少许

既可以选用新鲜茄子，也可将干茄子略微在凉水中浸泡后使用。

一口口吃掉的乐趣

煎烤肉串

大家喜爱韩国烤肉的原因是什么呢？我觉得大概是因为牛肉添加酱油后味道更鲜美的缘故吧。虽然很多国家的人爱好吃牛肉，但将牛肉腌制后烤着食用的国家恐怕并不多。这道菜就是牛肉、酱油加上茄子完美组合的烤肉料理。

1. 准备200g适宜用作烤肉的牛肉，切成便于食用的大小，添加酱油3、白糖1、糖稀1、清酒1、葱花2、蒜泥1、芝麻盐0.5、香油1、胡椒粉少许后轻缓揉压入味，大约腌制10分钟。

2. 将1个茄子切成长条状，用淡盐水浸泡至变软后，用厨房毛巾吸干水分。

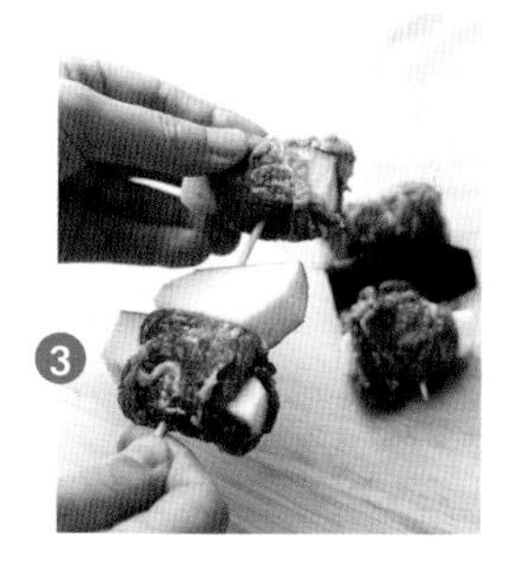

3. 将茄子和牛肉交替穿插在竹签上。

4. 在倒入橄榄油的平底锅中或烤架上，将烤肉串煎烤至金黄即可。

香菇野菜饼

令人赞不绝口、油量丰富的饼，无论何时都是极具人气的佳肴。春季选用春野菜，夏季添加韭菜或辣椒，秋季使用蘑菇，冬季放入新泡菜或干野菜，四季均能够品尝到馅料丰富、香喷喷的饼。饼既可以当零食，也格外适合搭配红酒。

原料

难易度

★★☆

2 人份（20 分钟）

主原料 干香菇 4 个，食用油适量，盐少许，干马蹄菜 1/4 把，荞麦粉 1 杯，水 4/5 杯 **马蹄菜调味料原料** 黄豆酱油 0.5，葱花 0.5，蒜泥 0.3，香油 0.5 **蘸汁原料** 酱油 2，醋 1，料酒 0.5

8 人份

主原料 干香菇 12 个，食用油适量，盐少许，干马蹄菜 1 把，荞麦粉 3 杯，水 3 杯 **马蹄菜调味料原料** 黄豆酱油 2，葱花 2，蒜泥 1.5，香油 2 **蘸汁原料** 酱油 1/4 杯，醋 3，料酒 2

1 将 4 个干香菇在温水中浸泡后沥干水分，切除根蒂后切片，在倒入食用油的平底锅中，将香菇翻炒至淡黄色后添加盐调味。

2 将 1/4 把干马蹄菜用温水浸泡 1 天，捞出后下锅煮软，将水分去除后切成 4cm 长的段。

3 在马蹄菜中添加黄豆酱油 0.5、葱花 0.5、蒜泥 0.3、香油 0.5 后均匀搅拌，并在锅内翻炒。

4 在碗中添加 1 杯荞麦粉、4/5 杯水后均匀搅拌，再添加翻炒后的香菇和马蹄菜并再次均匀搅拌。

5 在锅内倒入大量食用油，将4的粉浆一勺一勺添加进锅内，制成一个个小饼，将正反面煎至金黄即可。

6 将酱油 2、醋 1、料酒 0.5 均匀混合，制成蘸汁，搭配香菇野菜饼食用。

小贴士

香菇浸泡后需彻底沥干水分，这样口感才能筋道。干马蹄菜需浸泡后在沸水中煮过才能使用。也可以用蕨菜、茄子、南瓜脯等代替马蹄菜。此外，用橡子粉、南瓜粉、煎炸粉代替荞麦粉制成的饼也别具一番风味。

玉米沙司与零食

这是我偶尔光顾的威士忌酒吧中的一道下酒菜。酒吧中没有专门负责料理的厨师，无论是哪位服务生，都可以制作出这道下酒菜，这也正说明它的简单。如果有客人突然来访，我强烈推荐这道既能够给人惊喜，又很简单的下酒菜。

2 人份（20 分钟）

原料 烤玉米片 1 把，西红柿 1 个，洋葱 1/4 个，墨西哥辣椒（或苦椒、青阳辣椒）1 个，玉米罐头 1/4 杯，蒜泥 0.5，柠檬汁（或醋）0.5，盐、胡椒粉少许

难易度 ★☆☆

8 人份

原料 烤玉米片（大包）1 包，西红柿 3 个，洋葱 1 个，墨西哥辣椒（或苦椒、青阳辣椒）3 个，玉米罐头 1 杯，蒜泥 2，柠檬汁（或醋）2，盐、胡椒粉少许

口味醇香的烤玉米片（Nacho，形似薯片，其在墨西哥餐厅里的地位大致类似于薯条在美式快餐里的地位——译者注）是由玉米粉制成的一种零食，也适宜添加沙司或芝士烤制。墨西哥辣椒是由一种西方的短小粗圆的辣椒腌制而成的，辣味和酸味浓重。

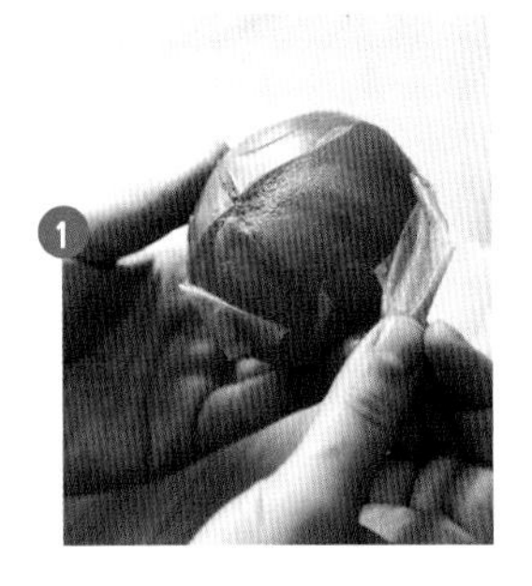

1 将 1 个西红柿去蒂，划出十字刀口，在沸水中焯一下再用凉水清洗，去皮并去籽后切成丁。

2 将 1/4 个洋葱、1 个墨西哥辣椒切丁。

3 在碗中添加西红柿丁、洋葱丁、墨西哥辣椒丁、玉米罐头 1/4 杯、蒜泥 0.5、柠檬汁 0.5、盐和胡椒粉少许后混合搅拌，制成玉米沙司。

4 在盘中盛放一把烤玉米片并佐以玉米沙司即可。

能否期待红酒与下酒菜的活力呢？

炒米粉

2人份（40分钟）

原料 米粉60g，鸡肉（里脊肉）2块，食用油2，洋葱丁1，海米1，水2，白糖1.5，鱼露2，鸡蛋1个，绿豆芽1把，细香葱末（2根的量），柠檬汁少许

难易度 ★★☆

8人份

原料 米粉240g，鸡肉（里脊肉）8块，食用油1/2杯，洋葱丁4，海米3，水1/3杯，白糖4，鱼露1/3杯，鸡蛋4个，绿豆芽3把，细香葱末（8根的量），柠檬汁少许

韩国人常吃的面条由面粉制成，而东南亚盛产大米，因此东南亚地区的人们用大米制成了各种各样的“面条”（米粉）。米粉的种类多样、厚度不一，应根据料理种类加以选择，炒粉适宜选择较宽厚的米粉，汤粉则宜选择稍薄些的米粉，而搭配越南包菜时应选择非常薄的米粉。

鱼露是在泰国、越南等东南亚国家广泛使用的一种海鲜酱料，可以用来代替鳀鱼酱汁、玉筋鱼酱汁使用。

将60g米粉在温水中浸泡约20分钟后沥干水分，将2块鸡里脊肉切成丁。

在锅内倒入食用油2，将洋葱丁1翻炒至褐色，添加海米1和鸡丁后继续翻炒。

在❷中添加米粉翻炒片刻后，再加入水2、白糖1.5、鱼露2继续翻炒，将米粉炒熟后，放置在锅内一侧。

将1个鸡蛋搅拌后下锅翻炒，将鸡蛋炒熟与❸均匀搅拌后，添加1把绿豆芽及细香葱末，再略微翻炒后盛盘即可，在米粉上挤上少许柠檬汁。

吃下鲑鱼增加力气

鲑鱼沙拉

在韩国，鲑鱼栖息在东海岸，而世界范围内有名的鲑鱼栖息地则是挪威。在寒冷、洁净的挪威成长的鲑鱼味道顶级鲜美。据说鲑鱼即使游至阿拉斯加，最终也会历经至少 6 年的时间回归出生的地方，这种旺盛顽强的生命力是难以想象的。

原料

2 人份（20 分钟）

原料 嫩蔬菜 1/4 袋，洋葱 1/4 个，柠檬 1/2 个，熏制鲑鱼 1/2 袋，腌续随子 1，盐、胡椒籽少许，橄榄油适量

难易度 ★☆☆

8 人份

原料 嫩蔬菜 1 袋，洋葱 1 个，柠檬 1 个，熏制鲑鱼 2 袋，腌续随子 3，盐、胡椒籽少许，橄榄油 1/4 杯

腌续随子（Caper）是摘取地中海沿岸一种植物的花蕾，经醋腌制后制成的调味品，搭配鲑鱼食用，能减少鲑鱼油腻的口感。

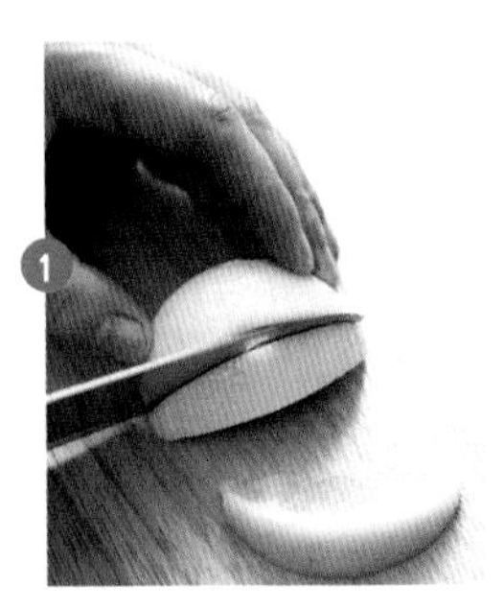

1 将 1/4 袋嫩蔬菜用清水冲洗干净后沥干水分，将 1/4 个洋葱去皮后切片，将 1/2 个柠檬切成半月形榨汁。

2 将 1/2 袋熏制鲑鱼在盘中摆出造型，均匀撒上柠檬汁，将盐、胡椒籽碾碎后撒上调味。

3 在鲑鱼上适量撒上橄榄油。

4 将洋葱、腌续随子、嫩蔬菜均匀摆放在鲑鱼上。

2人份（30分钟）

主原料 大米粉丝50g，虾肉1/2杯，菜椒1/2个，黄瓜1/4根，芝麻叶5片，菠萝片1片，米纸1/4袋

调味料原料 鳀鱼酱汁1.5，醋1.5，白糖1，菠萝汁3，苦椒末0.5，红辣椒末0.5，洋葱末1

难易度 ★★☆

8人份

主原料 大米粉丝200g，虾肉2杯，菜椒2个，黄瓜1根，芝麻叶20片，菠萝片4片，米纸1袋

调味料原料 鳀鱼酱汁1/4杯，醋4，白糖3，菠萝汁1/2杯，苦椒末2，红辣椒末2，洋葱末3

可以用鱼露代替鳀鱼酱汁。当浸泡米纸的水冷却后，应不断补充热水，只需将米纸浸泡柔软即可，无须浸泡过久。

我今天也是主角

蔬菜米纸卷

这是即使厨艺不佳的人也不会露怯的一道料理。将各种食材切好后盛盘，将米纸卷用热水烫软后摆放在盘中，各自将喜爱的食材包裹进米纸卷食用即可。除切菜之外，您不需要花费其他心思。

① 将50g大米粉丝在水中略微浸泡后，用沸水焯一下，再用凉水略微浸泡后沥干水分。

② 将1/2杯虾肉在沸水中煮后捞出，将1/2个菜椒、1/4根黄瓜、5片芝麻叶切丝，将1片菠萝片切成便于食用的大小。

③ 将鳀鱼酱汁1.5、醋1.5、白糖1、菠萝汁3、苦椒末0.5、红辣椒末0.5、洋葱末1均匀搅拌，制成调味料。

④ 在热水中将米纸浸泡软后捞出，将米纸展平，将准备好的食材包裹进米纸，搭配调味料食用即可。

变高贵红酒为百姓红酒

炒卷心菜

接下来的 Service Menu 就要为您介绍品味红酒时可以搭配享用的一系列美味可口的小食喽。

随着季节的更替，白菜的价格时高时低，但卷心菜则相对维持着稳定的价位。也许是因为容易种植也便于保存的缘故吧。家中常备一棵卷心菜，既可以炒着吃，也可以包着其他食材吃，还可以腌制食用。

Service Menu 1

2 人份（10 分钟）

原料 卷心菜 4 片，苦椒 1/2 个，食用油适量，蒜泥 0.5，蚝油 0.5，盐、胡椒粉少许

难易度 ★☆☆

8 人份

原料 卷心菜 1/4 棵，苦椒 2 个，食用油适量，蒜泥 2，蚝油 2，盐、胡椒粉适量

小贴士 卷心菜富含纤维质，适合每日食用，切成薄片口感更绵软。需把整棵卷心菜切成细丝时，使用礤床儿能更加省力。

1 将 4 片卷心菜切成 4cm 长的宽条状，将 1/2 个苦椒切丝。

2 在平底锅内倒入食用油，添加蒜泥 0.5 翻炒片刻，添加卷心菜和苦椒翻炒。

3 蔬菜略微变软后添加蚝油 0.5、少许盐和胡椒粉调味。

清爽新鲜的清凉菜肴

蔬菜与胡萝卜调味汁

不要因为这是一道免费小菜就小瞧它。胡萝卜富含维生素A，对眼睛有益，且能够预防胃溃疡，做下酒菜再合适不过了。

Service Menu 2

2人份（10分钟）

主原料 各式沙拉用蔬菜150g

胡萝卜调味汁原料 胡萝卜1/4根，醋2，白糖1.5，酱油1，香油1，盐少许

难易度 ★☆☆

8人份

主原料 各式沙拉用蔬菜600g

胡萝卜调味汁原料 胡萝卜1根，醋1/3杯，白糖1/4杯，酱油4，香油3，盐少许

小贴士 也可用黄瓜、洋葱、苹果等代替胡萝卜制作调味汁。

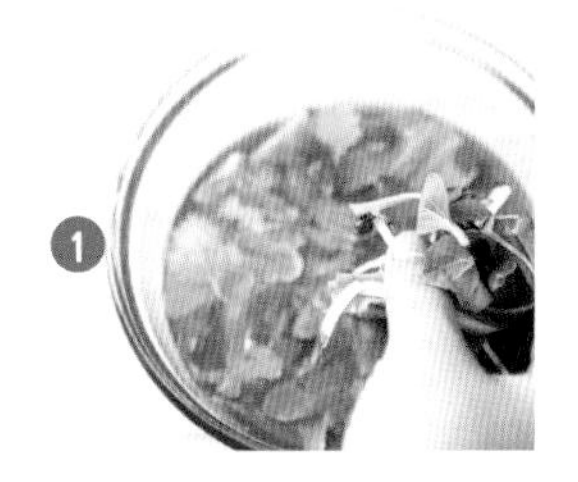

1 将各式沙拉用蔬菜150g用手撕成便于食用的大小，放在凉水中浸泡片刻后捞出，用筛子沥干水分。

2 将1/4根胡萝卜去皮后，用礤床儿将之处理成碎末。

3 在胡萝卜末中添加醋2、白糖1.5、酱油1、香油1、盐少许，均匀搅拌。

4 将沙拉用蔬菜盛盘，佐以胡萝卜调味汁食用即可。

为了健康来一筷子

海藻裙带菜

海藻类食物有助于帮助人体排出毒素，是典型的排毒食品（Detox Food）。虽然热量不高，但容易使人产生饱胀感，是不错的选择。您可以经常将它端上酒桌。

Service Menu 3

2 人份（20 分钟）

主原料 泡制过的各类海藻 1 杯，泡制过的裙带菜 1/2 杯

调味料原料 鳀鱼酱汁 1，辣椒粉 0.5，葱花 0.5，蒜泥 0.3，芝麻盐 0.5，香油 1

难易度 ★☆☆

8 人份

主原料 泡制过的各类海藻 3 杯，泡制过的裙带菜 2 杯

调味料原料 鳀鱼酱汁 1/4 杯，辣椒粉 2，葱花 2，蒜泥 1.5，芝麻盐 2，香油 3

小贴士 将干海藻或裙带菜在水中浸泡后使用，浸泡后，体积会增加 8~10 倍。

1 将 1 杯浸泡后的海藻和 1/2 杯裙带菜用热水焯一下，沥干水分后切成便于食用的大小。

2 将鳀鱼酱汁 1、辣椒粉 0.5、葱花 0.5、蒜泥 0.3、芝麻盐 0.5、香油 1 均匀搅拌，制成调味料。

3 将海藻和裙带菜盛装进碗，添加调味料后均匀搅拌，腌制片刻即可。

酒补药加之食物补药

凉拌原参春野菜

我们每个人都梦想能够长生不老、无病无灾。当禽流感在全世界猖獗时，人参闪亮登场。人参加工食品价格逐级攀升，其实您大可不必购买人参类保健品，只要多吃添加了丰富原参的食物，也能够保持健康体魄。

Service Menu 4

2 人份（20 分钟）

主原料 山蒜 50g，枣 2 个，黄瓜 1/2 根，粗盐少许，原参 1 根

调味料原料 醋 2，白糖 1.5，蒜泥 0.3，盐、芝麻少许

难易度 ★☆☆

8 人份

主原料 山蒜 200g，枣 8 个，黄瓜 2 根，粗盐少许，原参 3 根

调味料原料 醋 1/3 杯，白糖 1/4 杯，蒜泥 1.5，盐 1，芝麻 2

小贴士 人们经常将原参的根部切除后使用，其实根部的营养成分更丰富。也可以使用参须代替原参。

将 50g 山蒜去除根部后清洗干净，切成 4cm 长的段，用毛巾将 2 个枣的褶皱处清理干净后切好待用。

将 1/2 根黄瓜、1 根原参用粗盐揉搓清洗后，切成 4cm 长的片。

将醋 2、白糖 1.5、蒜泥 0.3、少许盐和芝麻均匀搅拌，制成调味料。

将山蒜、枣、黄瓜、原参盛装进碗，食用前添加调味料即可。

那个红酒吧真的不错

Vinga

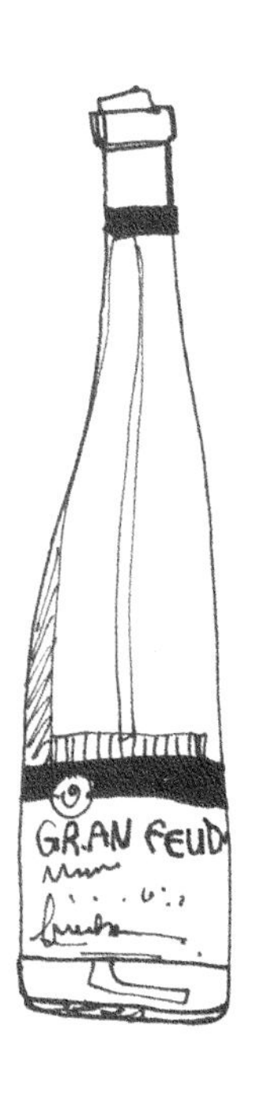

“Vinga”这个词是法语的“红酒（Vin）”与韩语的家（가发音 ga —— 译者注）的组合，寓意是有红酒的家。这里位于葡萄大厦的地下层，正处于葡萄树的根部位置，与红酒贮藏地窖（Cave）十分相似。古树与砖瓦装饰出的空间给人带来温馨的同时，高高的天花板，主体透明的玻璃窗，令人感到室内的空旷，仿佛进入到了凉爽的红酒地窖。

Vinga 不仅是品味红酒的空间，也能够令您对各种红酒有所了解。这里拥有 800 余种红酒，这些红酒来自法国、意大利等世界各地。此外，侍酒师既可以为您推荐红酒,又能够解答您关于红酒的各类疑问。有红酒的地方怎么能够少得了下酒菜呢?多人共享红酒的同时，也能够共享美食（包括一些免费饮品和食物），您尽可以和友人舒适、愉悦地享受红酒与佳肴。

●**店名** Vinga
●**地址** 首尔新沙洞
●**特色** 可以尽享美食的红酒吧
●**电话** 02–516–1761
●**营业时间** 18:00~ 次日 2:00（周一至周六），周日休息
●**网址** www.vinga.co.kr

那个红酒吧真的不错

Veraison

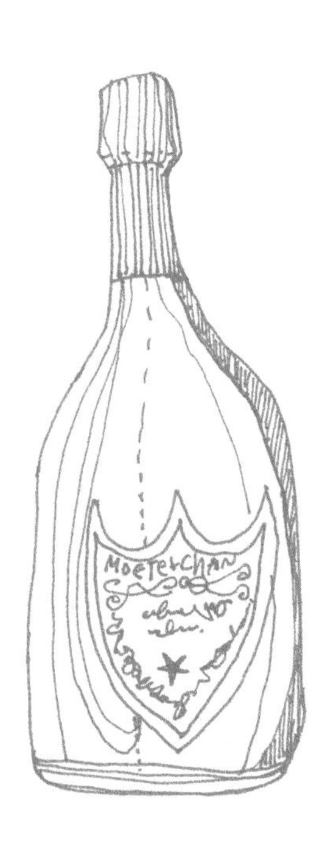

Veraison是一家在红酒爱好者中非常有名的红酒吧。男主人是建筑师出身的红酒专家，毕业于法国建筑学校，女主人是在各类报纸杂志中撰写关于法国料理专栏的料理研究家，夫妻二人经营着这家红酒吧。在这里既可以品味红酒，又能够享受到与红酒搭配的食物，还可以尽享红酒文化，这样的红酒吧并不多见。

300余种红酒保存在店内各处设置的酒架中。以法国红酒为中心，从奥地利、葡萄牙、美国、意大利，到德国、匈牙利、智利、南非、新西兰等，这里拥有来自世界各国的红酒。此外，这里还因收藏有各类至尊限量级（Premium）红酒而著名。依照客人需求，还能够为客人详细介绍各类红酒，无论是刚接触红酒的初学者，还是熟知红酒的爱好者，都对这家红酒吧称赞有加。

好评如潮的Veraison的另一大特色是提供法国料理课程服务。在品尝红酒的同时，如能掌握与其相搭配的下酒菜秘诀，那么快乐必将加倍！而且，在这里还能够找到由法国家庭料理开胃菜、沙拉、主菜、餐后甜点组成的套餐，或单品菜单。提前预约，您可以尽享丰富的法国家庭料理，通过专家解开关于红酒的各类疑惑，品味到来自神的恩赐。

- **店名** Veraison
- **地址** 首尔大峙洞
- **特色** 尽享红酒料理与文化的红酒吧
- **电话** 02-552-8016
- **营业时间** 18:00~24:00
- **网址** cafe.naver.com/veraison

啤酒

Beer

啤酒是酒精饮料中的一种。将麦芽粉与水一同加热，糖化后，添加啤酒花，令其产生香味和苦味，随后发酵制成。大致分为加热过能够长期保存的瓶装啤酒和不加热的生啤酒。

一说起啤酒下酒菜，您会最先想起什么呢？我最先想起的是炸鸡。饥肠辘辘的夜晚，炸鸡搭配啤酒，过瘾的同时还有担心：随着年龄的增长越来越胖该怎么办呢……让我们忘却啤酒屋里繁多的、昂贵的下酒菜吧，让我们来满足即使在深夜喝啤酒也不用担心增肥，即使在家里也能够享受美味，开怀畅饮的心愿！接下来就是帮助您达成心愿的啤酒下酒菜系列了。

烤花菜
芝麻面包棒
橄榄曲奇
炸鱼&炸土豆
钙质沙拉
烤辣味土豆
汉堡牛排
炸洋葱
豆腐小吃
烤鱿鱼与美味蛋黄酱
金枪鱼沙拉
烤玉米粉饼
鲜虾沙拉
烤蔬菜沙拉
红薯与香草黄油
烤蒜沙拉
煮豆子魔芋
海鲜年糕脆皮焗菜
茎蓝脆黄瓜
土豆泥与炒泡菜
煮花生
日本银鱼片
卷心菜沙拉
佛卡夏
细香葱比萨

汉堡，展露你的真实面貌

汉堡牛排

近来，牛排被认为是危害健康的典型垃圾食品，其实这是一种误会。家庭制作的牛排选用上等原料，直接烹饪，是十分美味的料理。无论是老人还是孩子，人人喜爱，同样也适用于做下酒菜。预先制作完成并用保鲜膜包好，放进冷冻室保存，待到想要品尝啤酒时，取出后略微加工即可食用。

难易度

★★☆

2 人份（30 分钟）

主原料 洋葱 1/4 个，西红柿 1/4 个，食用油适量，牛排酱料 3，烘豆（Baked Beans）1/3 杯

肉饼原料 洋葱 1/4 个，盐、胡椒粉少许，牛肉（大块）100g，猪肉（肉馅）50g，鸡蛋 1/2 个，面包粉 1/4 杯，牛奶 2，西红柿酱 1，蒜调味料（或蒜泥）0.3，肉豆蔻（或香料）少许

8 人份

主原料 洋葱 1 个，西红柿 1 个，食用油适量，牛排酱料 1 杯，烘豆（Baked Beans）2 杯

肉饼原料 洋葱 1 个，盐、胡椒粉少许，牛肉（大块）350g，猪肉（肉馅）200g，鸡蛋 $1\frac{1}{2}$ 个，面包粉 1 杯，牛奶 1/3 杯，西红柿酱 1/3 杯，蒜调味料（或蒜泥）1，肉豆蔻（或香料）0.3

❶ 将 1/4 个洋葱、1/4 个西红柿切片。

❷ 将用于制作肉饼的 1/4 个洋葱切丁后入油锅翻炒，添加盐和胡椒粉调味，炒熟后盛到碗中冷却。

❸ 将牛肉 100g、猪肉 50g、鸡蛋 1/2 个、面包粉 1/4 杯、牛奶 2、西红柿酱 1、蒜调味料 0.3、肉豆蔻少许添加进❷的碗中，搅拌均匀，直至产生韧性。

❹ 将❸捏成圆形，入油锅，用大火将正反面煎熟，再用小火慢慢煎至内部熟透，或放进预热至 180℃的烤箱中烘烤约 15 分钟。

❺ 在锅中将切好的西红柿和洋葱片略微烤制片刻。

❻ 将❹盛盘，撒上牛排酱料 3，再放入西红柿和洋葱片，最后佐以 1/3 杯烘豆即可。

1. 酸酸甜甜的烘豆是将菜豆与西红柿泥和白糖相混合制成的罐头，开封后应存放在密封容器内，放进冷藏室或冷冻室保存。

2. 在汉堡牛排中，添加肉豆蔻能够锦上添花，如果没有，也可选用迷迭香或百里香代替。

看似平凡实则特别

烤辣味土豆

在西方，人们经常用土豆来搭配肉类食用。因此主厨的实力经常以其所能制作出的土豆料理样式来进行评判。炸、烤、煎、煮，通过各种方法制作出的土豆料理中，最具人气的要数搭配以辣味调味料以及芝士的烤辣味土豆了。

2 人份（30 分钟）

原料 洋葱 1/8 个，食用油适量，蒜泥 0.3，牛肉（肉馅）1/4 杯，烘豆 1，西红柿酱 1，辣椒酱 0.3，料酒 0.3，冷冻土豆 2 片，煎炸油适量，比萨芝士 1/4 杯，欧芹粉少许

难易度 ★☆☆

8 人份

原料 洋葱 1/4 个，食用油适量，蒜泥 1，牛肉（肉馅）50g，烘豆 2，西红柿酱 1/4 杯，辣椒酱 1，料酒 2，冷冻土豆 8 片，煎炸油适量，比萨芝士 1 杯，欧芹粉少许

冷冻土豆（Hash Brown）是将土豆切碎并制熟后，重新制成的方形食品。冷冻土豆无须解冻，在冷冻状态下直接炸或烤即可。购买不到冷冻土豆，也可以将土豆切好炸过或烤制后使用即可。

1 将 1/8 个洋葱切丁。

2 在锅内倒入食用油，将蒜泥 0.3 翻炒至溢出香味后，添加 1/4 杯牛肉继续翻炒，随后再加入洋葱丁、烘豆 1 略微翻炒片刻。添加西红柿酱 1、辣椒酱 0.3、料酒 0.3 调味，制成辣味调味料。

3 将 2 片冷冻土豆在 170℃的煎炸油中煎炸或在预热至 200℃的烤箱中烘烤约 10 分钟。

4 在土豆上放上辣味调味料，再撒上 1/4 杯比萨芝士，在预热至 200℃的烤箱中烘烤 7~8 分钟后，撒上欧芹粉即可。

2人份（30分钟）

原料 墨西哥玉米薄饼（Quesadilla）2张，双孢菇2个，细香葱10根，黑橄榄2个，鳀鱼2条，比萨芝士2/3杯，西红柿酱3，盐、胡椒粉少许

难易度 ★★☆

8人份

原料 墨西哥玉米薄饼8张，双孢菇8个，细香葱30根，黑橄榄8个，鳀鱼6条，比萨芝士3杯，西红柿酱1杯，盐、胡椒粉少许

细香葱料理的变奏曲

细香葱比萨

细香葱不仅仅只用作调味料。将生细香葱卷成卷下锅油炸后美味无比，也可以用沸水焯过后蘸醋辣椒酱食用。在制作面包时，添加细香葱末，烘烤出的面包别提有多香了。填满细香葱烘烤出的比萨，同样令您的酒桌飘逸着甜香的气息。

鳀鱼（Anchovy）是一种生活在温带海域中的小型鱼类，一般用盐腌制后制成咸鱼。市面售有瓶装或罐装鳀鱼，一次没有用完的，可用密封容器盛装好，倒入油后加以保存。

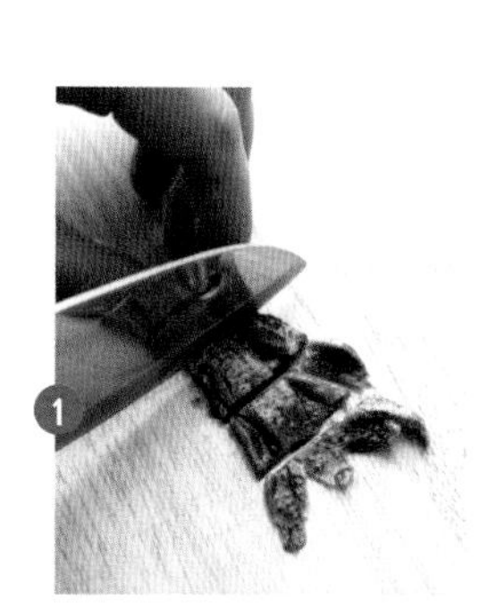

将2个双孢菇切条，将10根细香葱用水焯一下，沥干水分后切段，将2个黑橄榄切片，2条鳀鱼切段。

在1张墨西哥玉米薄饼上撒上1/3杯比萨芝士后，覆盖上另一张墨西哥玉米薄饼，在上面涂抹西红柿酱3。

将双孢菇、细香葱、黑橄榄、鳀鱼摆放在饼上，撒上盐和胡椒粉，再撒上剩余的1/3杯比萨芝士。

放入预热至200℃的烤箱中烘烤约10分钟即可。

终结喝酒长肉的顾虑

炸洋葱

啤酒的热量高，其实不适宜搭配特别油腻的食物。但炸洋葱和其他煎炸类食物有所不同。洋葱能够防止胆固醇堆积在动脉血管内壁上，而且有助于消化。生洋葱汁有助于醒酒，因此在饮酒过量的第二天，请来一杯生洋葱汁吧。

2 人份（20 分钟）

原料 洋葱 1/2 个，鸡蛋 1 个，盐、胡椒粉少许，面包粉 1/2 杯，咖喱粉 1，煎炸粉 2，煎炸油适量

难易度 ★☆☆

8 人份

原料 洋葱（大）4 个，鸡蛋 2 个，盐、胡椒粉少许，面包粉 2 杯，咖喱粉 3，煎炸粉 1/2 杯，煎炸油适量

小贴士

面包粉易焦煳，油炸时，用细筛子将散落的面包粉及时捞出。

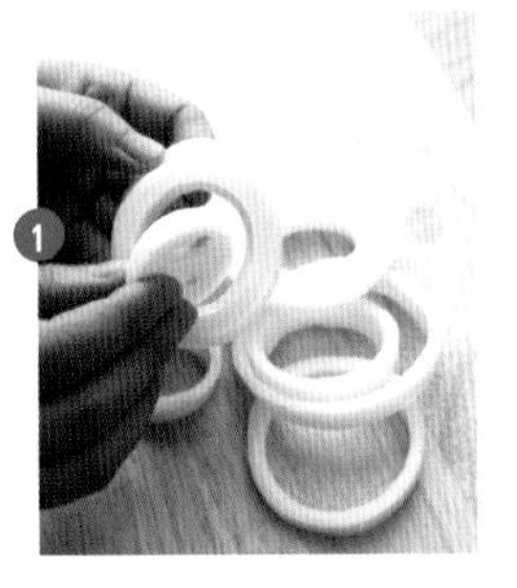

1 将 1/2 个洋葱去皮后清洗干净，切成 1cm 厚的圈状，一层层剥开。

2 在碗中将 1 个鸡蛋搅拌后添加盐和胡椒粉调味。

3 在 1/2 杯面包粉中撒上少许水后，添加咖喱粉 1，均匀搅拌。

4 洋葱圈裹上煎炸粉 2，再在❷中浸泡一下，用手将❸制成的混合粉末均匀地裹在洋葱圈上，放进 180℃的油锅，炸至焦脆即可。

2 人份（30 分钟）

原料 食用油 3，面包粉 2，欧芹末 0.3，盐、胡椒粉少许，面粉 2，水 2，花菜 1/2 棵，帕玛森芝士粉 1

难易度 ★☆☆

8 人份

原料 食用油 2/3 杯，面包粉 1/2 杯，欧芹末 1.5，盐、胡椒粉少许，面粉 1/2 杯，水 1/2 杯，花菜 2 棵，帕玛森芝士粉 4

用熟悉的原料做陌生的料理

烤花菜

花菜和西蓝花虽然外观相似，但味道却大不相同。硬实的花菜烹饪方法多种多样。不仅凸凹有致的外形极为可爱，制作成下酒菜后也会令人为之一惊。

花菜是卷心菜的变种，就像是包裹在绿叶中的白色花骨朵一般，具有丰富的营养价值。与花朵相比，茎部的营养含量更丰富。不同于其他蔬菜，花菜富含的维生素 C 不容易被破坏，因此加热食用也无妨。

将食用油 3 与面包粉 2、欧芹末 0.3 混合搅拌，添加盐和胡椒粉调味。

在面粉 2 中添加水 2，搅拌成面糊。

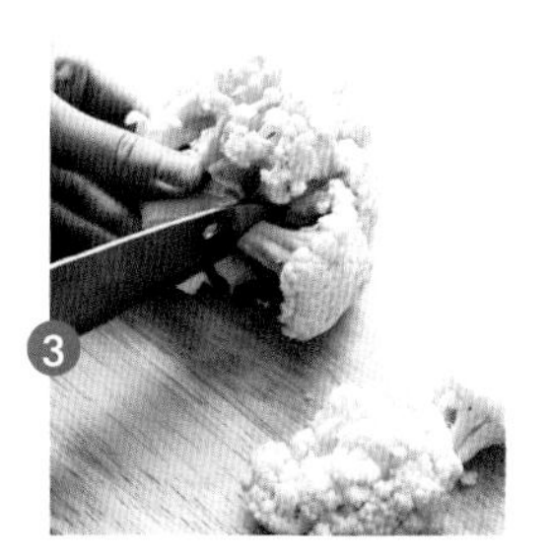

将 1/2 棵花菜切成便于食用的大小，蘸上❷和❶后盛装在烘烤盘中。

撒上帕玛森芝士粉 1 后，放进预热至 220℃的烤箱中烘烤 7~8 分钟。

鲜虾沙拉

2 人份（20 分钟）

主原料 鲜虾（中等大小）10 只，时令蔬菜适量，柠檬 2 片

调味料原料 柠檬汁 1/4 杯，甜辣酱 1，蜂蜜 0.5，白糖 1，蒜泥 0.3，姜末少许，鱼露 0.3，盐、胡椒粉少许

难易度 ★☆☆

8 人份

主原料 鲜虾（中等大小）40 只，时令蔬菜适量，柠檬 1/2 个

调味料原料 柠檬汁 2/3 杯，甜辣酱 2，蜂蜜 1，白糖 3，蒜泥 1，姜末 0.5，鱼露 1，盐、胡椒粉少许

虾难道不是人人喜爱的食物吗？有些人误以为其胆固醇含量高而不愿吃，其实虾本身富含降低胆固醇的牛磺酸，因此只要避免暴食，并无大碍。

甜辣酱（Sweet Chilly Sauce）是使用辣椒粉、醋、白糖等混合调制而成的既辛辣又略带甜味的酱料，适用于煎炸食物或腌制食物。

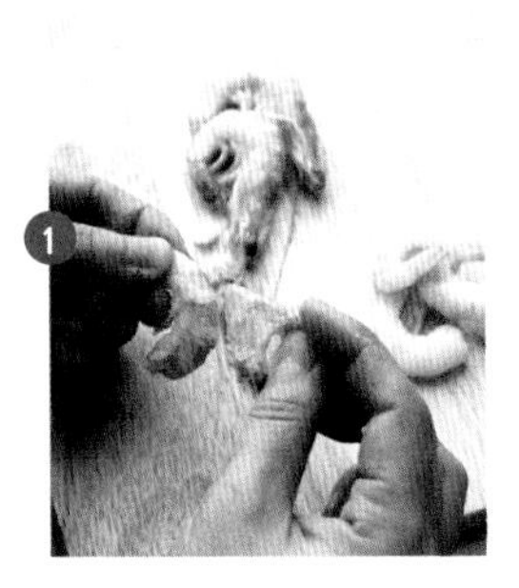

用牙签将 10 只鲜虾的内脏清除干净，煮过后剥除虾壳。

将柠檬汁 1/4 杯、甜辣酱 1、蜂蜜 0.5、白糖 1、蒜泥 0.3、姜末少许、鱼露 0.3、盐和胡椒粉少许混合搅拌，制成调味料。

将煮好的虾放置在调味料中，腌制半天左右，使调味料充分入味。

在盘中放上时令蔬菜后，再盛放腌制后的虾及柠檬片即可。

原料

2人份（30分钟）

主原料 年糕200g，鱿鱼1/2条，蛤仔1/2杯，盐少许，卷心菜2片，洋葱1/4个，苦椒1/2个，比萨芝士1/2杯

调味料原料 辣椒酱1.5，辣椒粉0.5，酱油1，白糖1.5，蚝油0.5，香油0.3，蒜泥0.3

难易度 ★★☆

8人份

主原料 年糕800g，鱿鱼2条，蛤仔2袋，盐少许，卷心菜5片，洋葱1个，苦椒2个，比萨芝士2杯

调味料原料 辣椒酱1/2杯，辣椒粉2，酱油1/4杯，白糖1/3杯，蚝油2，香油1，蒜泥2

小贴士

使用年糕时可以将条形糕切成圆形或细长条状使用。

海鲜年糕脆皮烙菜

这是我偶尔造访的啤酒屋的一道料理。如果只是简单的辣炒年糕，人们大概不会感兴趣，但一说是年糕脆皮烙菜，尽管价格不低，但仍然有不少人喜爱。这是一道将大家熟悉的辣炒年糕经过简单变化后制成的啤酒专用辣炒年糕。

将200g年糕在温水中浸泡，年糕变软后除去水分即可。

将1/2条鱿鱼切成便于食用的大小，将1/2杯蛤仔在盐水中浸泡去除淤泥，用清水洗净后捞出。

将2片卷心菜、1/4个洋葱切成厚片，将1/2个苦椒斜着切丝。

将所有原料倒入碗中，添加辣椒酱1.5、辣椒粉0.5、酱油1、白糖1.5、蚝油0.5、香油0.3、蒜泥0.3均匀搅拌后，用铝箔纸包裹，均匀撒上1/2杯比萨芝士，放进预热至220℃的烤箱中烘烤约12分钟。

啤酒王国的下酒菜皇后

炸鱼&炸土豆

在英国，搭配啤酒的下酒菜中最具人气的要数炸鱼和炸土豆了。香香脆脆的炸海鲜和炸土豆与啤酒可谓绝配。但由于热量高，搭配啤酒吃喝到尽兴之余，不免令人心生悔意。在这里建议您只饮一杯啤酒，抑或与容易令人产生饱胀感的蔬菜沙拉一同进食。

难易度

★★☆

2 人份（40 分钟）

主原料 白肉海鲜（明太鱼或鳕鱼）200g，土豆 1 个，煎炸油适量，盐、胡椒粉、散面粉少许 **面糊原料** 面粉（中筋面粉）1 杯，液态黄油 1，蛋黄 1 个，盐少许，水 2/3 杯，罗勒少许 **调味料原料** 橄榄油 2，蒜泥 1，颗粒芥末酱 1，蛋黄酱 4

8 人份

主原料 白肉海鲜（明太鱼或鳕鱼）800g，土豆 3 个，煎炸油适量，盐、胡椒粉、散面粉少许 **面糊原料** 面粉（中筋面粉）2 杯，液态黄油 2，蛋黄 2 个，盐少许，水 1½ 杯，罗勒少许 **调味料原料** 橄榄油 4，蒜泥 2，颗粒芥末酱 2，蛋黄酱 1/2 杯

1 将白肉海鲜 200g 切成大块，用盐腌制入味。

2 将 1 个土豆用毛刷在清水下洗干净，连皮一同切成半月形。

3 在 1 杯面粉中添加液态黄油 1、蛋黄 1、盐少许、罗勒少许、水 2/3 杯，均匀搅拌成黏稠的面糊。

4 锅中倒入煎炸油，将土豆炸熟至呈黄色后，捞出沥干油，撒上盐和胡椒粉。

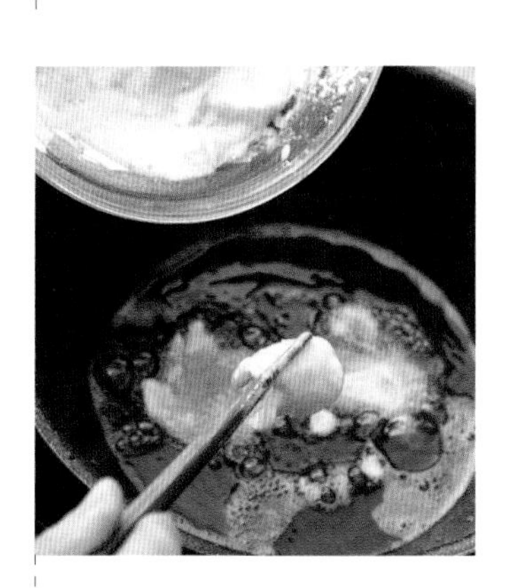

5 在海鲜上略微蘸上散面粉后再裹上面糊，在 170℃煎炸油中炸至金黄。

6 将橄榄油 2、蒜泥 1、颗粒芥末酱 1、蛋黄酱 4 均匀混合，制成调味料，搭配炸好的白肉海鲜和土豆食用。

颗粒芥末酱（Wholegrain Mustard）是研磨成颗粒状的芥末，也称作芥末粒。可以与醋及香料混合制成牛排蘸汁，也可以搭配火腿等食用。

它也是料理？当然！

烤鱿鱼与美味蛋黄酱

最为简单的烤鱿鱼与啤酒可谓绝配。但看到干鱿鱼，令人不禁想起背着函箱子，脸上带着鱿鱼面具的大叔（韩国结婚习俗，结婚前夜新郎方选出多子多女的有福之人，脸上带着鱿鱼面具，背上装婚书和礼单的函箱子，几个朋友拿着灯笼随之一起去新娘家——译者注），大概是由于背着函箱子的大叔像鱿鱼一样，脸皮很厚又很油滑的缘故吧。现在市面上多是半干的鱿鱼，背函箱子的大叔的脸皮没办法那么厚喽。

2人份（5分钟）

主原料 半干鱿鱼1条

芥末蛋黄酱原料 蛋黄酱3，芥末0.3

辣椒酱蛋黄酱原料 蛋黄酱3，辣椒酱0.5

难易度 ★☆☆

8人份

主原料 半干鱿鱼4条

芥末蛋黄酱原料 蛋黄酱1/2杯，芥末1.3

辣椒酱蛋黄酱原料 蛋黄酱1/2杯，辣椒酱2

特别干燥坚硬的鱿鱼不宜直接烤制，应先用喷雾器喷洒些水，再放进塑料袋中片刻，然后再取出烤制。

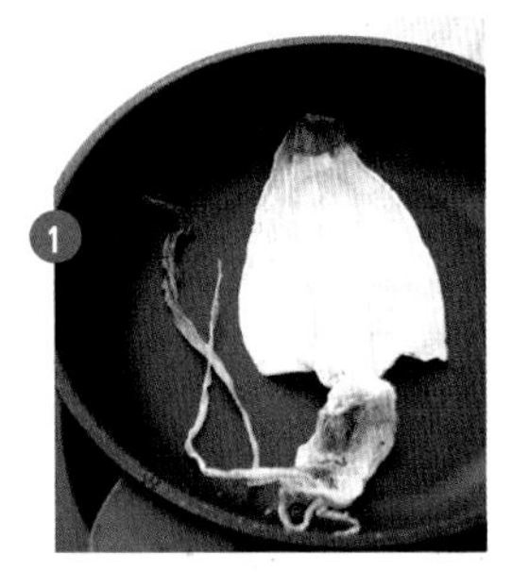

将1条半干鱿鱼放进锅内或烧烤网上，将正反面烤熟。

在碗中添加蛋黄酱3、芥末0.3，均匀搅拌制成芥末蛋黄酱。

在碗中添加蛋黄酱3、辣椒酱0.5，均匀搅拌制成辣椒酱蛋黄酱。

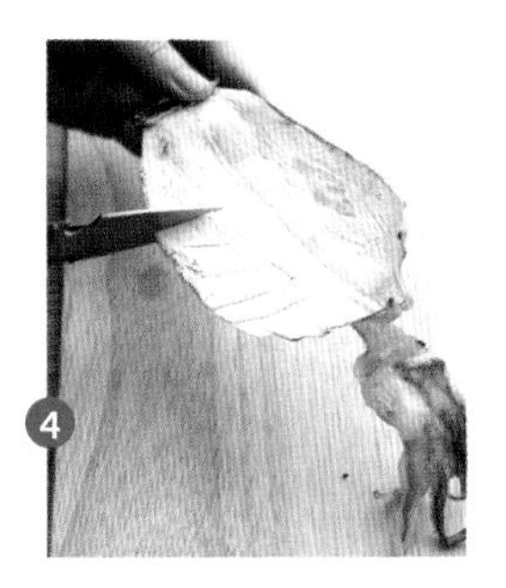

为便于食用，在鱿鱼上剪出刀口，佐以芥末蛋黄酱或辣椒酱蛋黄酱食用。

2人份（40分钟）

原料 土豆（小）2个，蛋黄1个，黄油1，牛奶2，欧芹粉、盐少许，泡菜1杯，洋葱1/8个，火腿50g，食用油适量，比萨芝士1/4杯

难易度 ★★☆

8人份

原料 土豆（小）6个，蛋黄3个，黄油4，牛奶1/2杯，欧芹粉、盐少许，泡菜3杯，洋葱1/4个，火腿150g，食用油适量，比萨芝士1杯

单调土气的土豆走开！

土豆泥与炒泡菜

江原道盛产土豆，因此人们把江原道人称作“土豆石头”。这是江原道人因为拥有像土豆一样单纯的性格而得到的昵称。这道料理在绵软的土豆泥中添加了泡菜，非常适合做下酒菜或小吃。

市面上有售土豆制成的土豆粉，即土豆泥粉。倒入热水或牛奶后，效果就像煮过的土豆一样。

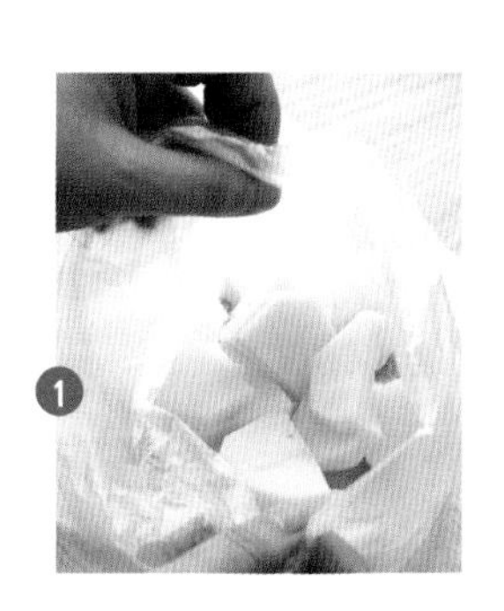

将2个土豆去皮后切成适当大小，装进塑料袋中，在微波炉内加热约3分钟，或放在锅内，加水将土豆煮熟，水量刚好漫过土豆即可。

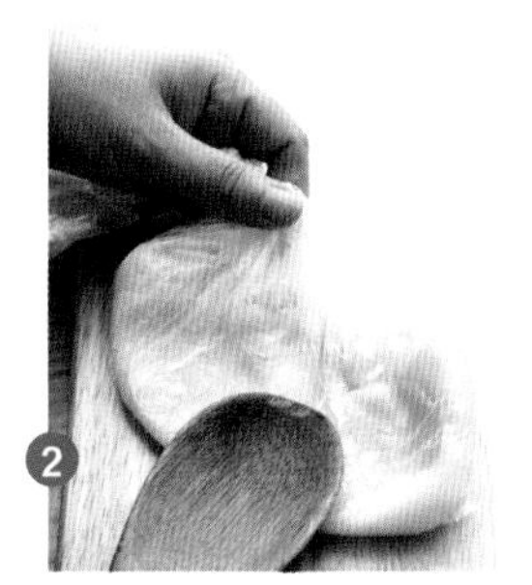

将土豆趁热研磨碎，加入蛋黄1个、黄油1、牛奶2、欧芹粉和盐少许，均匀搅拌。

将1杯泡菜、1/8个洋葱、50g火腿切丁后，在倒入食用油的油锅中翻炒。

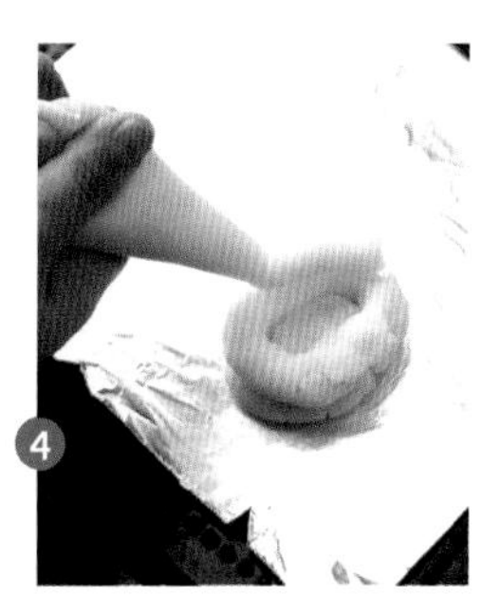

将❷填入挤花袋，在烘烤盘上挤出圆形碗状造型，将❸填到造型中间，均匀撒上1/4杯比萨芝士，在预热至200℃的烤箱中烘烤约10分钟。

当蔬菜变为下酒菜

烤蔬菜沙拉

2人份（30分钟）

原料 茄子1/2个，西葫芦1/2个，黄灯笼辣椒1/2个，红灯笼辣椒1/2个，橄榄油2，香醋1，罗勒末0.5，盐少许

难易度 ★☆☆

8人份

原料 茄子2个，西葫芦2个，黄灯笼辣椒2个，红灯笼辣椒2个，橄榄油1/2杯，香醋1/3杯，罗勒末1.5，盐少许

我们一般将蔬菜炒着吃或凉拌吃，但在西方，人们常将蔬菜烤着食用。将蔬菜烘烤后，不仅柔软，而且蔬菜原本的甜味得到很好的保留，适合用于制作三明治或沙拉。当然，种类繁多的蘑菇也适合烤着食用。

南瓜由于子多水分多，烤制时容易变得稀软，因此最好使用西葫芦。此外若没有罗勒末也可不添加。

1 将1/2个茄子、1/2个西葫芦切成便于食用的大小，撒上盐腌制。

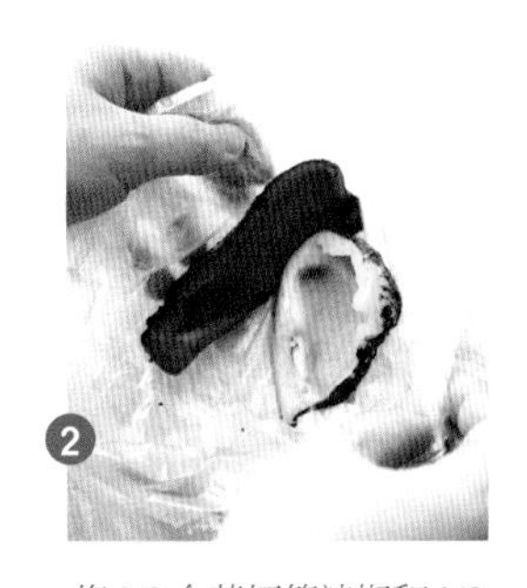

2 将1/2个黄灯笼辣椒和1/2个红灯笼辣椒烘烤至外层完全焦黑，套上塑料袋放置约5分钟后，去除外皮，切成便于食用的大小。

3 将腌制后的茄子和西葫芦沥干水分，在锅内烘烤。

4 将烤制后的各类蔬菜在盘中层层叠起，将橄榄油2、香醋1、罗勒末0.5混合搅拌后，浇在蔬菜上。

2 人份（20 分钟）

主原料 萝卜（5cm 长）1/4 块，笋尖 1 把，干海藻 1/4 杯，咸鳀鱼 2

调味料原料 酱油 2，葡萄籽油 1，醋 1，白糖 0.5，蒜泥 0.3，胡椒粉少许

难易度 ★☆☆

8 人份

主原料 萝卜（5cm 长）1 块，笋尖 3 把，干海藻 1 杯，咸鳀鱼 1/2 杯

调味料原料 酱油 1/2 杯，葡萄籽油 1/4 杯，醋 1/4 杯，白糖 3，蒜泥 2，胡椒粉少许

将毛虾或银鱼脯切成细丝也可以代替咸鳀鱼。

来一勺新鲜沙拉

钙质沙拉

补钙之王是可连同骨头一起吃的鳀鱼。鳀鱼经常用来炒制成小菜或添加在汤内食用，但即使把鳀鱼炒成小菜，我们也无法大量食用，这道料理就是为此开发的新吃法。但请不要将鳀鱼和菠菜同时食用。因为菠菜含有的草酸成分会影响到对鳀鱼中钙质的吸收。

将 1/4 块萝卜切丝后在凉水中浸泡片刻捞出，将 1 把笋尖在凉水中浸泡片刻后捞出，沥干水分。

将 1/4 杯干海藻在凉水中浸泡片刻，海藻变柔软后捞出，沥干水分。

将咸鳀鱼在锅中翻炒至焦脆装盘。

将酱油 2、葡萄籽油 1、醋 1、白糖 0.5、蒜泥 0.3、胡椒粉少许均匀搅拌，浇在准备好的主原料上，再次均匀搅拌。

变身为韩国风味的下酒菜

烤玉米粉饼

如果有既能当正餐吃又能做下酒菜的料理是再好不过的了。墨西哥玉米薄饼卷入食材后烘烤，既能够填饱肚子，又因为含有经过调味料烹饪的鸡肉而不失为一道美味的下酒菜。此外，由于添加了消除油腻口感的青阳辣椒，味道倍感纯净。

原料

难易度

★★☆

2人份（30分钟）

主原料 墨西哥玉米薄饼2张，鸡肉（里脊肉）2块，洋葱1/6个，蚝菇1/2把，青阳辣椒1/2个，食用油适量，盐、胡椒粉少许，比萨芝士1/2杯 **鸡肉调味料原料** 蚝油0.3，酱油0.3，糖稀0.5，胡椒粉少许

8人份

主原料 墨西哥玉米薄饼8张，鸡肉（里脊肉）8块，洋葱1个，蚝菇2把，青阳辣椒2个，食用油适量，盐、胡椒粉少许，比萨芝士2杯 **鸡肉调味料原料** 蚝油1，酱油1.5，糖稀2，胡椒粉少许

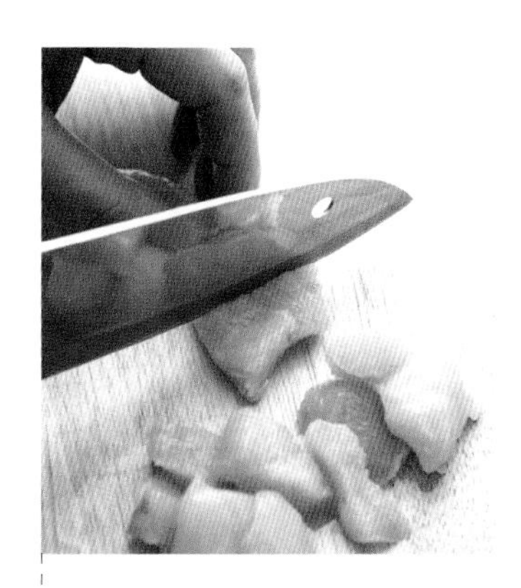

❶ 将2块鸡里脊肉切成1cm大小的肉片。

❷ 在鸡肉中添加蚝油0.3、酱油0.3、糖稀0.5，胡椒粉少许，腌制片刻。

❸ 将1/6个洋葱切丝，将1/2把蚝菇一根根撕开，将1/2个青阳辣椒切丝。

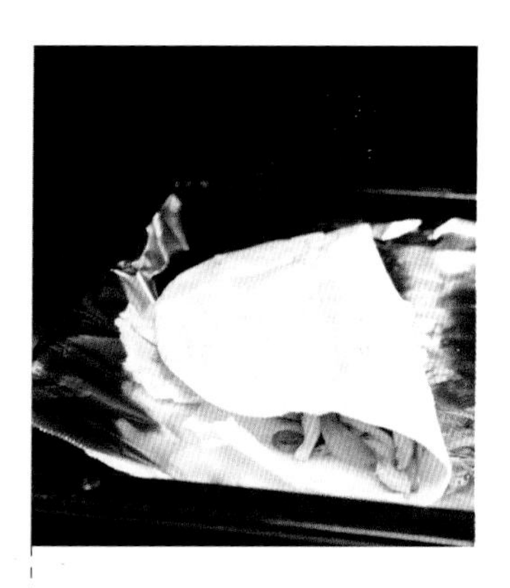

❹ 在锅内倒入少量食用油，将鸡肉炒至半熟，添加洋葱、蚝菇翻炒片刻，再加入盐和胡椒粉调味。

❺ 在墨西哥玉米薄饼上放置鸡肉、洋葱、蚝菇、青阳辣椒，再均匀撒上1/2杯比萨芝士后对折。

❻ 将❺放进预热至220℃的烤箱中烘烤7~8分钟。

小贴士

如果没有烤箱，可将玉米薄饼放置在锅内，盖上锅盖，用小火烘烤正反面，直至芝士熔化。

别小看它，它也是下酒菜

佛卡夏

在面包预拌粉面团上添加橄榄和迷迭香，涂抹丰富的橄榄油后烘烤的佛卡夏（Focaccia）近来极为受欢迎。此外可用来制作三明治或开胃薄饼，还可以代替正餐，蘸香醋食用。由于制作工序复杂，这里直接为您介绍一次性做大量佛卡夏的用料。

难易度

★★★

8 人份（2 小时）

原料 面粉（高筋面粉）500g，白糖 15g，盐 7g，酵母 10g，温水 335g，橄榄油 30g，橄榄 6 个，迷迭香 3

1. 在盆中添加 500g 面粉、15g 白糖、7g 盐，用手搅拌均匀后，添加 10g 酵母、335g 温水和面。和成面团后像洗衣服一样，一边揉搓一边和面约 10 分钟。

2. 在面团中缓缓加入 20g 橄榄油，再和 10 分钟面，直至面团产生韧性，用保鲜膜覆盖，放置在 32~35℃高温下，发酵约 40 分钟。

3. 一次发酵结束后，将面团分成 12 等份，将小面团揉成圆形，再进行 20 分钟的中间发酵。

4. 将面团翻过来，用手或擀面杖擀平，去除面团中的空气，将面团擀成厚厚的椭圆形。

5. 将擀好的面片放置在烘烤盘中，放置 20 分钟进行二次发酵。将 6 个橄榄等分切成圆形。

6. 二次发酵完成后，在面片表面用筷子叉出圆孔，用刷子涂抹上橄榄油，将迷迭香 3、橄榄放置在面片上，把面片放进预热至 200℃的烤箱中烘烤约 15 分钟。

面团的配料各有不同，在家中制作时也可采取制作面包的配料混合方式，再涂抹橄榄油，添加迷迭香和橄榄即可。

没有比这个更简单的料理

红薯与香草黄油

2 人份（35 分钟）

原料 红薯 2 个，迷迭香 1/2 把（或干迷迭香 0.5），黄油 3，白糖 0.3

难易度 ★☆☆

8 人份

原料 红薯 8 个，迷迭香 2 把（或干迷迭香 2），黄油 1/2 杯，白糖 1

这是位居一家家庭餐厅菜单榜首的一道极具声望的料理。在红薯中添加了黄油后，红薯的香甜加之黄油的绵软，令您可以同时享受到双重美味。

将黄油预先切成适当的长条状，保存在冷冻室内，使用时只需取出切割即可。保存时要格外留心密封，这样才能使之避免渗入冷冻室的腥味。

将 2 个红薯清洗干净，连皮放进预热至 250℃的烤箱烘烤约 30 分钟。

将 1/2 把迷迭香（使用干迷迭香时放入 0.5 的量）切成小段，混合入黄油 3、白糖 0.3 后均匀搅拌。

把烘烤后的红薯切开一道刀口，填充进❷。

2 人份（40 分钟）

原料 豆腐 40g（1/4 块），鸡蛋 1/3 个，面粉 100g，白糖 30g，黑芝麻 2，煎炸油适量

难易度 ★★☆

8 人份

原料 豆腐 80g（1/2 块），鸡蛋 2/3 个，面粉 200g，白糖 60g，黑芝麻 1/4 杯，煎炸油适量

健康的零食

豆腐小吃

在结账台旁边有出售豆腐小吃的豆腐料理专营店。虽然不是特别想吃，但总是不由自主地买来解馋。虽然醇香的豆腐变成了香脆的饼干，但也总觉得具有令人变得健康的魔力，所以在此介绍给大家。

根据豆腐的水分含量，适当调整鸡蛋的量。

将 40g 豆腐放置在案板上，将刀平放压碎豆腐后连同水分一同盛进碗内，添加 1/3 个鸡蛋，均匀搅拌。

将 100g 面粉用筛子过滤后，添加 30g 白糖，均匀搅拌，再加入黑芝麻 2 后，一同与❶均匀搅拌。

将❷包裹在保鲜袋中，放置 10~15 分钟。

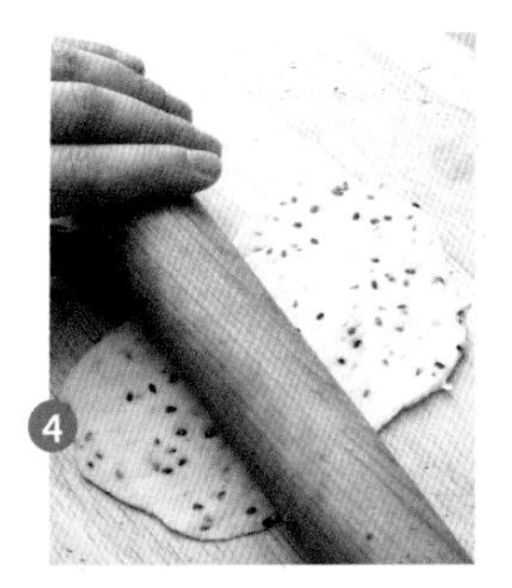

取出，放置在案板上，用擀面杖擀成 0.1cm 厚的面片，切成便于食用的大小后，放进 170℃的煎炸油中炸至酥脆。

竟不知道，它与啤酒如此般配

橄榄曲奇

这是一道散发橄榄清香的曲奇，雪白的面团中添加了颗颗黑色的橄榄，外形也十分美观。预先制作好面团后冷冻保存，在需要的时候取出进行烘烤，能成为一道上乘的佐酒佳品。

8人份（1.5小时）

原料 黄油190g，糖粉80g，牛奶20mL，面粉（低筋面粉）240g，杏仁粉130g，橄榄50g，白糖少许

难易度 ★★☆

橄榄在完全沥干水分后添加在面团中，面团在醒面过程中注意密封严实进行保存。

将190g黄油放置在室温下，变温软后添加80g糖粉，搅拌至黄油变为白色，再添加20mL牛奶、经过过滤的240g低筋面粉、130g杏仁粉，使用打蛋器进行搅拌。

将50g橄榄切成丁，添加在面团中，将面团放置于冰箱内，醒面1小时以上。

将醒好的面团用手捏成条状，用羊皮纸包裹后放入冷冻室，冷冻至变硬。

将冷冻后的条状面团取出，在表面均匀裹上白糖，切成0.7cm厚的片状，中间留出一定空隙摆放在烘烤盘上，放进预热至170℃的烤箱烘烤约15分钟。

2 人份（20 分钟）

主原料 金针菇 1 袋，蒜 5 瓣，食用油适量，盐、胡椒粉少许

调味料原料 橄榄油 2，香醋 1

难易度 ★☆☆

8 人份

主原料 金针菇 4 袋，蒜 20 瓣，食用油适量，盐、胡椒粉少许

调味料原料 橄榄油 1/2 杯，香醋 1/4 杯

为男人们准备的啤酒下酒菜

烤蒜沙拉

在古埃及、古罗马时代，蒜被认为是补充精力十分有效的提神剂。因此在建筑金字塔时，蒜对于做苦力的奴隶们属于特惠餐。生蒜吃起来带有辣味，但炒或炸过的蒜却不但没有辣味，反而带有甜味。

锅内温度过高易造成蒜烤煳，应注意控制温度，也可以在 180℃ 的煎炸油中将蒜炸熟。

将 1 袋金针菇的根部去除，用手一支支分开。

将蒜切成大瓣，放在倒入食用油的锅内烤至金黄。

将金针菇整齐摆放在盘内，添加盐、胡椒粉入味，再将烤制后的蒜放在金针菇上。

将橄榄油 2、香醋 1 略微煮过后撒在❸上即可。

我也是为啤酒锦上添花的美味

芝麻面包棒

这种意式面包棒（Grissini）是一种棍形长条糕点。由于添加了盐和芝麻，所以您可以同时享受咸香两种口味。若烘烤到位，就可以保存较长时间，因为制作的坯子要细长且厚度一致才能够达到良好的烘烤效果，所以一定要注意切成一致的厚度。

原料

难易度

★★☆

8 人份（1.5 小时）

主原料 高筋面粉 200g，低筋面粉 50g，酵母 2 小勺，白糖 15g，盐 1 小勺，温水 150mL，黄油 15g，食用油适量，白芝麻、黑芝麻适量

牛奶蛋液原料 蛋黄 1 个，牛奶 1 杯

1 将 200g 高筋面粉和 50g 低筋面粉混合后用筛子过滤，添加 2 小勺酵母、15g 白糖、1 小勺盐后，用手混合搅拌，添加 150mL 温水后，继续搅拌。

2 将 15g 黄油缓缓加入面团，揉搓面团至产生韧性。将面团揉成圆形，放进盆中，用布盖住后放置在室温下 40 分钟，进行一次发酵。

3 一次发酵完成后，将面团分成若干 20g 的小面团，再用布盖住进行 10 分钟左右的中间发酵。

4 中间发酵结束，用手将小面团揉搓成细长的棍子形状。

5 在烘烤盘内侧均匀涂抹一层食用油，或铺一层烤盘纸，将棍形条状面团依照一定间距摆放。用布盖住在室温下放置 20 分钟进行二次发酵。

6 将 1 个蛋黄和 1 杯牛奶混合搅拌制成牛奶蛋液，在完成二次发酵的面团表面均匀刷上牛奶蛋液，并均匀撒上白芝麻和黑芝麻，放进预热至 180℃的烤箱烘烤 12 分钟。

小贴士

将面团放置在烘烤盘中时，要注意保持间距，这样才能避免在烘烤过程中相互粘连。

滴答滴答——田螺姑娘的紧急下酒菜

金枪鱼沙拉

金枪鱼是营养价值非常高的食材。金枪鱼罐头最初上市时，人们利用它做酱汤、紫菜汤、三明治、沙拉，甚至将它作为过节时的馈赠佳品。但近来它的人气似乎有所回落。为了助推金枪鱼的第二次高峰，我制作出了这道料理。

原料

2 人份（20 分钟）

主原料 金枪鱼罐头（小罐）1 罐，双孢菇 2 个，黄瓜 1/4 根，洋葱 1/4 个，橄榄 1 个，菊苣少许

调味料原料 蛋黄酱 2，洋芥末 0.5，柠檬汁 0.3，盐、胡椒粉少许

难易度 ★☆☆

8 人份

主原料 金枪鱼罐头（大罐）2 罐，双孢菇 8 个，黄瓜 1 根，洋葱 1 个，橄榄 4 个，菊苣 2 把

调味料原料 蛋黄酱 1/2 杯，洋芥末 2，柠檬汁 1，盐、胡椒粉少许

若想去除洋葱的辣味，可以用盐腌制后，沥干水分使用。

将金枪鱼放在筛子中，过滤掉油分，粗略捣碎。

将 2 个双孢菇切片，再将 1/4 根黄瓜切半后斜着切片，将 1/4 个洋葱、1 个橄榄切丁，菊苣洗净。

将蛋黄酱 2、洋芥末 0.5、柠檬汁 0.3、少许盐和胡椒粉混合搅拌，制成调味料。

蔬菜加入调味料放置过久会产生大量水分，在吃之前将主原料和调味料倒入碗内，均匀搅拌即可。

接下来的 Service Menu 就要为您介绍品味啤酒时可以搭配享用的一系列美味可口的小食喽。

别出心栽的原料，纯净的口味

苤蓝腌黄瓜

有一种叫苤蓝的蔬菜，我们可能并不太熟悉。它的外形类似于萝卜，味道则像卷心菜和萝卜的混合体。它像萝卜一样，既有白色，又有紫色，可用于制作酸黄瓜或水泡菜，香脆可口。

Service Menu 1

2 人份（30 分钟）

原料 苤蓝 1 个，胡萝卜 1/2 个，芹菜 2 棵，洋葱 1/2 个，红辣椒 1 个

腌汁原料 水 1 杯，食醋 3/4 杯，盐 2，白糖 1 杯，腌渍酸香料（Pickling Spices）1

难易度 ★☆☆

小贴士 苤蓝，又名球茎甘蓝，含有丰富的蛋白质、钙质、维生素 C、铁等营养成分。可代替萝卜，适合用在腌萝卜块、生拌萝卜、萝卜泡菜、炖海鲜当中。腌渍酸香料是由多种香料混合而成的，在腌酸黄瓜时使用，非常便利。

1 将 1 个苤蓝、1/2 个胡萝卜用清水冲洗干净，去外皮后，切成 4cm 长、手指粗细的条。

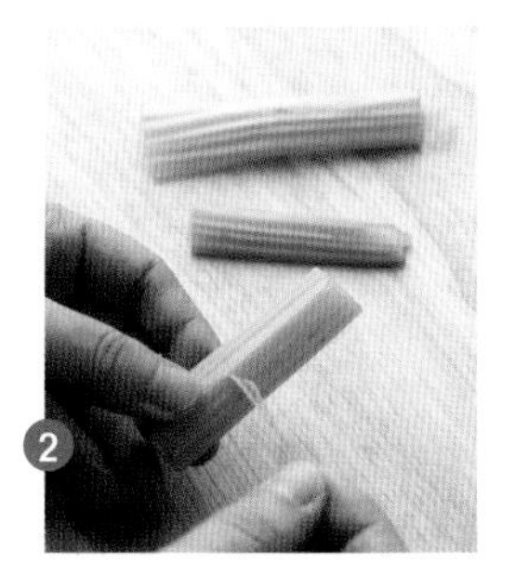

2 将 2 棵芹菜去除纤维后切成长条，将 1/2 个洋葱去皮后切成同其他蔬菜相似的大小，将1个红辣椒切丝。

3 在容器中放入处理好的各色蔬菜。

4 在锅中添加水 1 杯、食醋 3/4 杯、盐 2、白糖 1 杯、腌渍酸香料 1，将其煮沸后，趁热倒入❸中。

超正的卷心菜口味

卷心菜沙拉

据说在加拿大东部地区有一千座岛屿，那里就是被称作千岛（Thousand Island）的有名旅游胜地。其中一个岛上的一名主厨发明了一种被称为千岛酱（Thousand Island Dressing）的调味料。但在韩国，与这一由来不同，炸鸡店中常在卷心菜上搭配蛋黄酱和西红柿酱的混合调味料，并将其称为千岛酱。

Service Menu 2

2人份（10分钟）

主原料 卷心菜3片

调味料原料 蛋黄酱3、西红柿酱1、柠檬汁0.5、酸黄瓜末1、洋葱末1、白糖少许

难易度 ★☆☆

8人份

主原料 卷心菜1/4棵

调味料原料 蛋黄酱1杯、西红柿酱1/3杯、柠檬汁2、酸黄瓜末1/4杯、洋葱末1/4杯、白糖0.5

小贴士 整棵卷心菜可以使用礤床儿削丝，浇上沙拉酱凉拌后，十分可口。

1 将3片卷心菜用水冲洗干净，切成4cm长的丝。

2 将切好的卷心菜丝浸泡在水中，浸泡到生脆的程度后捞出，沥干水分。

3 将蛋黄酱3、西红柿酱1、柠檬汁0.5、酸黄瓜末1、洋葱末1、白糖少许均匀搅拌，制成调味料，浇在卷心菜丝上即可。

我是最亲和的下酒菜

煮花生

在韩国，正月十五人们都会吃炒花生。但炒花生如果放置过久会发生酸败。将生花生煮着吃，既可做下酒菜，也可当零食。制作方法简单，且香嫩可口，还有比这更亲和的下酒菜吗？

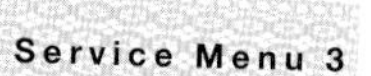

2 人份（20 分钟）

原料 生花生 2/3 杯，水 1 杯，胡椒籽 0.3，丁香 0.3，盐少许

难易度 ★☆☆

8 人份

原料 生花生 3 杯，水 5 杯，胡椒籽 1，丁香 1，盐 1

小贴士 丁香是多用于中国料理中的一种香料，在西方被称作 Clove，被用来同红茶一起煮着饮用。

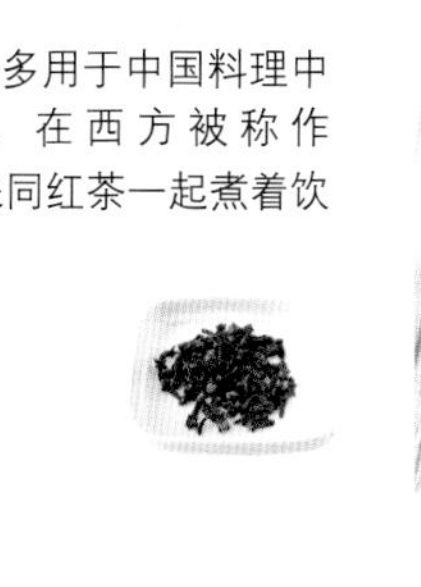

1 在锅内倒入 1 杯水，添加生花生 2/3 杯、胡椒籽 0.3、丁香 0.3、盐少许，一同煮。

2 花生煮熟后用筛子捞出，沥干水分即可。

如果你在寻觅减肥下酒菜

煮豆子魔芋

魔芋是用芋头科一种叫魔芋土豆的植物的淀粉制成的半透明状食物。由于几乎不含热量，且容易产生饱胀感，被人们奉为减肥佳品。但由于味道特殊，因此在制作料理之前，应先用沸水焯一下，然后再制作。

Service Menu 4

2 人份（20 分钟）

主原料 豌豆 1/4 杯，菜豆 1/4 杯，魔芋 1/4 块，海带（10cm×10cm）1 张

调味料原料 酱油 1.5，糖稀 1，白糖 0.5，胡椒粉少许，水 1 杯

难易度 ★☆☆

8 人份

主原料 豌豆 1 杯，菜豆 1 杯，魔芋 1 块，海带（10cm×10cm）2 张

调味料原料 酱油 1/2 杯，糖稀 1/4 杯，白糖 2，胡椒粉少许，水 $2\frac{1}{2}$ 杯

小贴士 干豆子需先在凉水中浸泡后使用，也可使用其他豆子代替豌豆或菜豆。

1 将 1/4 杯豌豆、1/4 杯菜豆用清水洗净后，沥干水分。

2 将 1/4 块魔芋切成便于食用的大小，在沸水中焯一下，去除魔芋的特殊味道。

3 将 1 张海带切成魔芋块大小。

4 在锅中添加酱油 1.5、糖稀 1、白糖 0.5、胡椒粉少许、水 1 杯、豆子和魔芋后，再放入海带，煮至快干时即可。

想喝一杯时请配上这道菜

日本银鱼片

Service Menu 5

2 人份 (20 分钟)

主原料 日本银鱼脯 2 张

调味料原料 辣椒酱 1，西红柿酱 1，料酒 0.5，糖稀 1，姜汁少许

难易度 ★☆☆

8 人份

主原料 日本银鱼脯 8 张

调味料原料 辣椒酱 1/4 杯，西红柿酱 1/4 杯，料酒 1.5，糖稀 3，姜汁少许

小贴士 也可以用蛋黄酱代替辣椒酱，涂抹后烤着食用。

我在上学时，妈妈给我准备的饭盒中就常备有这道菜。日本银鱼片是将银鱼薄薄平铺一层后制成的鱼脯，富含钙质。日本银鱼片可以直接食用，但涂抹辣椒酱和西红柿酱后烤着食用则更加美味。

混合搅拌辣椒酱 1、西红柿酱 1、料酒 0.5、糖稀 1、姜汁少许，制成调味料。

在 2 张银鱼脯上涂抹一层薄薄的调味料。

在烧烤箅子或平底锅上涂抹调味料后，将银鱼脯正反面烤至金黄。

将烤好的银鱼脯剪成便于食用的大小。

世界啤酒地图

在啤酒王国德国流传着这样一句话："每天喝一种德国生产的啤酒，要花费16年的时间。"不仅仅是德国，爱尔兰的吉尼斯黑啤（Guinness），还有真正的啤酒大师们选出的味道最纯正的比利时啤酒等，各个国家、地区各具魅力的啤酒正在展开一场世界啤酒大战。真正了解之后才能够更好地享用，那么接下来就让我们来一场世界巡回啤酒展吧。

英国

Stout 是紧随德国啤酒之后，在欧洲销量占据第二位的英国的代表性啤酒。较之黑啤，色彩更加浓重，散发苦味。

Porter 生啤的口感浓重，略带甜味。

爱尔兰

Guinness 这种啤酒的泡沫被称为艺术品，是世界上久负盛名的黑啤，同时也是爱尔兰的象征。

捷克

Pilsner 具有生啤的浓厚香味和纯净苦涩，是窖藏啤酒的典范。

德国

Becks 这是一款代表德国的正统储藏啤酒，具有新鲜的生啤香味和香醇的口感，余味纯净。此外还有黑啤品牌 Becks Dark。

Krombacher 包括具有强劲的生啤口感、色泽透明的 Pils，泡沫丰富、生啤口感浓重的黑啤 Alt，香味浓厚、味道丰富的小麦啤 Weisen。

比利时

Hoegaarden（豪格登） 14世纪在比利时一个叫豪格登的村庄酿制出的一款麦芽啤酒。黄色的光泽配以橙子的香甜，入口时的柔滑是其显著特征。

Duuel Duuel 的意思是恶魔，金黄的色泽配以柔和的口感是其特征。

荷兰

Heineken（喜力） 这是杰拉德·阿德里安·海尼根（Gerard Adriaan Heineken）在阿姆斯特丹创立的啤酒品牌。由水、大麦、酵母等酿制而成，有瓶装啤酒、罐装啤酒和散装桶酒。

美国

Budweiser（百威） 伴随一句"啤酒之王"的广告词迅速走红的这款正统美式窖藏典范啤酒，据说名字是移民至美国的捷克人从故乡的啤酒 Budweiser 中得到灵感而起的。

Miller 闪耀着黄色光芒的 Miller 和 Budweiser 并称为代表美国的啤酒品牌。清爽的口感和不容易引起饱胀感的特征深受女性的欢迎。

墨西哥

Corona（科罗娜） 这是一款可以在添加一片柠檬后细细品味的啤酒。

Sol（太阳啤酒） 这是一款麦芽香与隐隐的柑橘香、香草香完美结合的低热量的啤酒。

澳大利亚

Four X 在人均啤酒消费量占据世界第四的澳大利亚，这款啤酒从1924年开始生产至今，已经成为世界知名品牌。酒中添加了玉米，具有较强的生啤口感。

泰国

Singha（星哈） 1933年诞生于泰国的这款啤酒具有特别的清凉感，一直以来都是受到人们喜爱的品牌。

日本

Yebisu（惠比寿） 与朝日啤酒、麒麟啤酒、三得利啤酒一同被称作日本代表性啤酒的惠比寿，是札幌啤酒公司的金字塔级品牌。具有丰富的生啤香味和浓浓口感。

中国

青岛啤酒 生产于青岛的这款啤酒与德国的啤酒十分相似。其中有着这样一段历史背景：德国人在青岛长达99年的强制租借期间，发现青岛的地下水水质优越，于是从德国派来酿酒大师，并带来酿酒设备，建造起来酒厂，开始生产啤酒。

菲律宾

San Miguel（生力） 1890年开始生产的这款啤酒是世界十大啤酒之一。分为Light、Dark、Pale Pilsen等不同种类，余味清爽纯净。在菲律宾，人们主要在这款啤酒中添加冰块饮用，也用它来代替水饮用。

韩国人喜爱的啤酒

1. 荷兰 Heineken
2. 日本 朝日啤酒
3. 美国 Miller
4. 中国 青岛啤酒
5. 墨西哥 Corona
6. 德国 Becks
7. 爱尔兰 Guinness
8. 菲律宾 San Miguel
9. 比利时 Hoegaarden
10. 澳大利亚 Four X

啤酒字典

词源：来自拉丁语中的“饮用”。
以下词汇均是音译。

德国：比勒
法国：比艾勒
捷克、俄罗斯：比伯
意大利：比勒拉
丹麦：欧勒莱特
葡萄牙、西班牙：赛勒拜扎
中国：啤酒
日本：比鲁

烧酒

Soju

烧酒是将谷物或红薯等煮过后得到的蒸馏酒。无色透明且酒精含量较高，是在酒精中添加水和香料等制成的稀释型白酒。

烧酒是韩国的国酒。稠酒、红酒或啤酒的气势无论再怎样节节攀升，仍然无法逾越烧酒的堡垒。酱汤和五花肉历来被公认为是烧酒的绝配，但近来总觉得好像缺点什么。这里为您准备了全新的搭配烧酒的食物，当然，主要选取的是在家里也能够大放异彩的大众下酒菜。

红蛤豆腐汤
贝壳汤
鱼饼汤
明太鱼子莲夹
芝麻菠菜
凉拌海螺与素面
乌贼火锅
腌杭椒
炒贝壳蔬菜
白菜饼
海藻鱿鱼凉菜
炖青花鱼泡菜
烤酱猪肉
炖半干明太鱼
辣汤
凉拌贝壳蔬菜
嫩豆腐明太鱼子酱汤
荞麦冻糕
炒短蛸五花肉
烤秋刀鱼
辣椒酱饼
牛蒡芝麻汤
凉拌绿豆冻
菜包猪肉
蒸嫩豆腐鸡蛋
凉拌山蒜苹果
黄瓜泡菜
蒸豆腐贝壳
水果蔬菜杂菜
炒豆腐蘑菇
鳀鱼锅巴
凉拌韭菜

贝壳汤

贝类在发生热源效应时肉质达到最为饱满的状态。巴非蛤、文蛤、菲律宾蛤仔、毛蛤、鸟蛤、红蛤、白蛤、竹蛤……春天的贝类最为鲜美，春季贝类富含蛋白质和人体必需的氨基酸，煮汤食用，口感清爽香嫩，无须另放盐来调味。

2人份（20分钟）

原料 巴非蛤200g，盐少许，苦椒1/4个，红辣椒1/4个，蒜1瓣，大葱1/4根，水3杯

难易度 ★☆☆

8人份

原料 巴非蛤1kg，盐少许，苦椒1个，红辣椒1个，蒜3瓣，大葱1/2根，水7杯

剩余的贝类，可将肉取出冷冻保存，食用时解冻处理即可。

1 将200g巴非蛤在淡盐水中浸泡，去除污泥后，再用清水冲洗干净。

2 将1/4个苦椒和1/4个红辣椒斜切后，将1瓣蒜捣碎制成蒜泥，将1/4根大葱切成葱花。

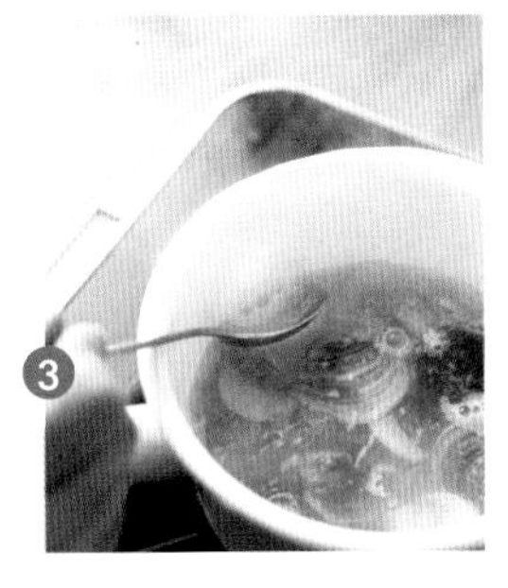

3 在锅内放入巴非蛤并倒入3杯水，当汤汁开始沸腾时，将火略微关小，并将漂浮的泡沫去掉。

4 当汤汁煮至白色时，添加蒜泥、苦椒、红辣椒、盐调味，再煮片刻后即可关火，最后撒上葱花。

2 人份（20 分钟）

主原料 鱼饼（小）1 袋，魔芋 1/4 个，条糕 1/2 条，萝卜（2cm 长）1/4 块，茼蒿少许

汤汁原料 水 3 杯，海带（5cm×5cm）1 张，干柴鱼脯（柴鱼干）1/3 把，酱油 2，盐少许

难易度 ★☆☆

8 人份

主原料 鱼饼（大）1 袋，魔芋 1 个，条糕 2 条，萝卜（2cm 长）1 块，茼蒿少许

汤汁原料 水 10 杯，海带（5cm×5cm）3 张，干柴鱼脯（柴鱼干）1 把，酱油 1/4 杯，盐少许

根据个人口味，可将芥末融入酱油，蘸着食用。

咕嘟咕嘟熬制的乐趣

鱼饼汤

曾几何时，鱼饼汤店热闹非凡。即煮即吃的各色鱼饼有趣又快捷，曾一度是极具人气的食品。鱼饼汤熬制过久反而会失去美味，所以只需熬制片刻即可，想念清淡的滋味时，只要将鱼饼在沸水中焯一下，沥干油脂即可。

准备 1 袋种类多样的综合鱼饼，大块的鱼饼切成便于食用的大小，将 1/4 个魔芋和 1/2 条条糕切成便于食用的大小。

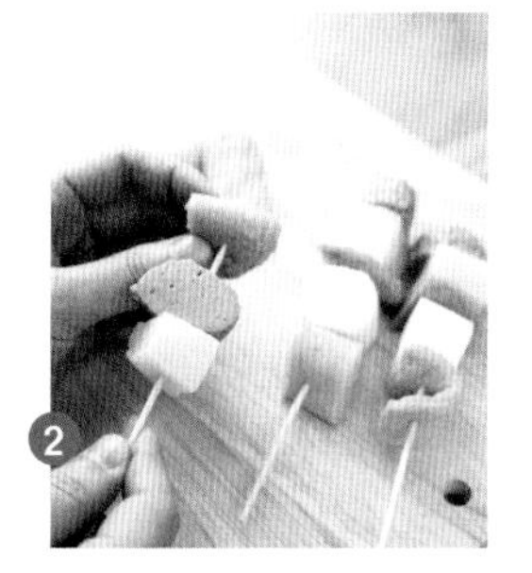

将 1/4 块萝卜等分成 2~3 份，在竹签上穿入鱼饼、魔芋、条糕，注意美观。

在锅中倒入 3 杯水，放进 1 张海带，水沸腾后捞出海带，放进 1/3 把干柴鱼脯后关火放置 5 分钟，当干柴鱼脯沉底后，将汤汁过滤好待用。

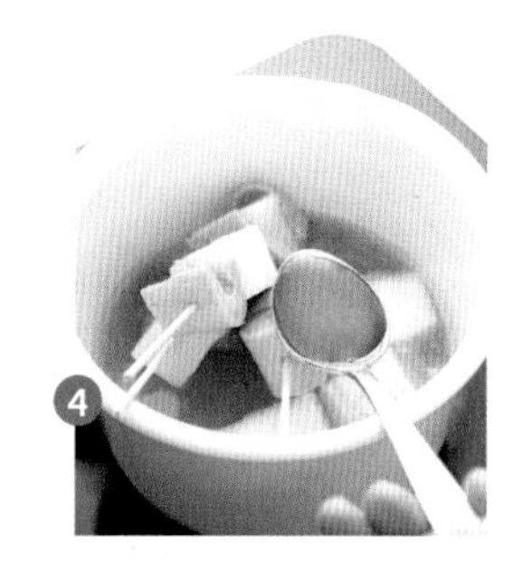

在锅中倒入过滤后的纯净汤汁，添加萝卜，煮片刻后放入鱼饼串继续煮。添加酱油 2 上色，添加少许盐调味，最后添加少许茼蒿即可。

全民的下酒菜

凉拌海螺与素面

无论是哪一种类型的酒，一提到下酒菜，肯定少不了凉拌海螺和素面。酸酸甜甜的滋味能给人带来好胃口，当然深受欢迎。由于啤酒屋的菜单上总是少不了它的身影，所以人们印象当中它是适合搭配啤酒的下酒菜，殊不知酸辣的味道也极其适合搭配烧酒。

2 人份（30 分钟）

主原料 海螺罐头（小）1 罐，明太鱼脯 1/2 把，素面 1 把，盐少许，大葱 1 根，黄瓜 1/4 根，芝麻叶 2 片

调味料原料 辣椒酱 2，辣椒粉 1，醋 2，白糖 1.5，糖稀 1，清酒 0.5，蒜泥 1，芝麻盐 0.3，胡椒粉少许

难易度 ★☆☆

8 人份

主原料 海螺罐头（小）2 罐，明太鱼脯 2 把，素面 3 把，盐少许，大葱 2 根，黄瓜 1 根，芝麻叶 10 片

调味料原料 辣椒酱 6，辣椒粉 3，醋 6，白糖 3，糖稀 3，清酒 2，蒜泥 3，芝麻盐 2，胡椒粉少许

在购买海螺罐头前，要认清是海螺还是田螺后再购买。生海螺煮过后可以将螺肉挑出制作料理。此外，素面选择较薄的种类，更容易入味，凉拌更美味。

将海螺罐头中的水分沥干，切成便于食用的大小；将 1/2 把明太鱼脯浸泡在海螺汤汁中，当略微变软后，沥干水分待用。

在沸水中添加少许盐，并添加 1 把素面，面煮熟后用凉水冲泡，截成短面条。

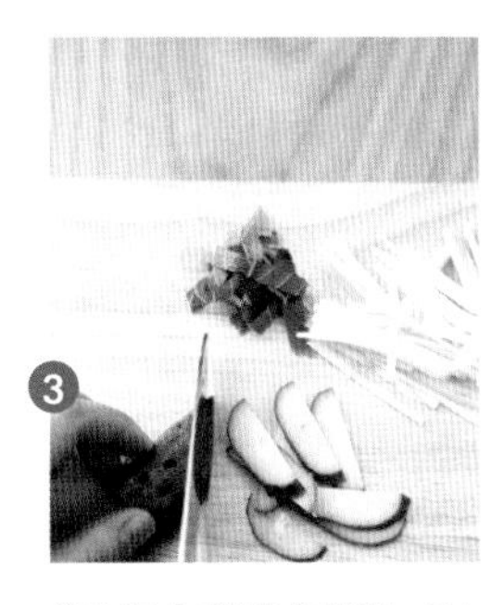

将 1 根大葱切成葱花，1/4 根黄瓜斜切成片，2 片芝麻叶切段。

将辣椒酱 2、辣椒粉 1、醋 2、白糖 1.5、糖稀 1、清酒 0.5、蒜泥 1、芝麻盐 0.3、胡椒粉少许混合搅拌，将海螺和黄瓜腌制在调味料中，稍后再放入明太鱼鱼脯和葱花腌制。最后添加芝麻叶，配以素面即可。

2 人份（20 分钟）

原料 莲藕 1/4 根，盐少许，细香葱 2 根，明太鱼子 1 块，香油 0.5，芝麻盐 0.5

难易度 ★☆☆

8 人份

原料 莲藕 1 根，盐少许，细香葱 5 根，明太鱼子 3 块，香油 2，芝麻盐 2

与长辈小酌的日子

明太鱼子莲夹

布满了一个个小孔的莲藕可以制作出非常多样化的料理。在莲藕孔中填充米饭、牛肉或明太鱼子制作出的下酒菜极为美观。莲藕富含维生素 C，可与柠檬一较高低，具备了充当下酒菜的资格。

挑选细细长长的莲藕，不仅便于填充食材，切片后的效果也美观。

将 1/4 根莲藕去皮后，在添加少许盐的沸水中焯一下，将 2 根细香葱清洗干净后切成葱花。

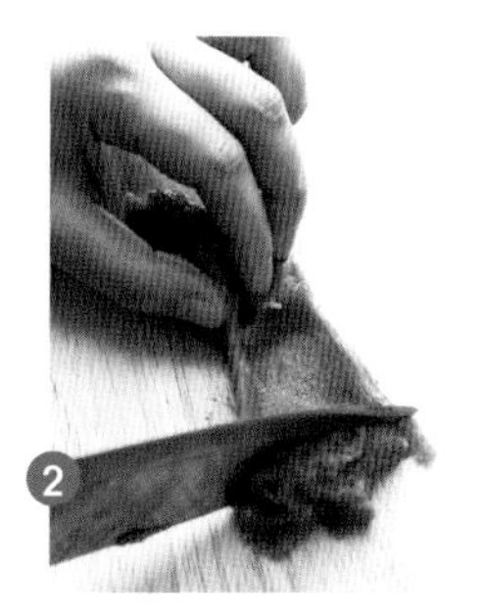

将 1 块明太鱼子的尾部切除，用刀将鱼子刮出后放进碗中，添加细香葱、香油 0.5、芝麻盐 0.5 后，均匀搅拌。

将❷填充进煮好的莲藕的孔中。

将莲藕切成 0.5cm 厚的藕片后盛盘。

比一棵人参还要贵重

乌贼火锅

有句话叫“一条乌贼堪比一棵人参”。还有人说，炎炎夏日下不堪重负的牛在倒地之后，只要喂它一条乌贼，它便立即能够重新站起劳作。您不妨也来品尝一下将乌贼缠绕在木签上以后烤出的乌贼串和将整条乌贼煮熟制成的软泡汤吧。

原料

2人份（30分钟）

主原料 乌贼1条，粗盐适量，巴非蛤100g，干香菇2个，蚝菇50g，洋葱1/6个，苦椒1/4个，红辣椒1/4个，水芹菜30g，水2杯，黄豆酱油0.5 **调味料原料** 辣椒酱0.5，辣椒粉1，黄豆酱油0.5，清酒1，葱花2，蒜末1，姜末、胡椒粉少许

难易度 ★★☆

8人份

主原料 乌贼3条，粗盐适量，巴非蛤200g，干香菇4个，蚝菇100g，洋葱1/2个，苦椒2个，红辣椒2个，水芹菜1把，水5杯，黄豆酱油2 **调味料原料** 辣椒酱1，辣椒粉2，黄豆酱油1，清酒2，葱花3，蒜末2，姜末、胡椒粉少许

1 将1条乌贼的墨斗和内脏剔除，用粗盐进行腌制后冲洗干净，切成5cm长的条状。

2 将辣椒酱0.5、辣椒粉1、黄豆酱油0.5、清酒1、葱花2、蒜末1、姜末和胡椒粉少许混合搅拌制成调味料，再与乌贼均匀搅拌。

3 将100g巴非蛤浸泡在淡盐水中去除污泥后清洗干净。

4 将2个干香菇浸泡在温水中，泡软后去除根蒂并切片，将50g蚝菇用手撕成一条一条的。

5 将1/6个洋葱切丝，1/4个苦椒和1/4个红辣椒切半后去籽，再切丝。将30g水芹菜清洗干净后切成4cm长的段。

6 在火锅内依次摆放进准备好的食材，倒入2杯水，添加黄豆酱油0.5调味。当煮至乌贼开始卷曲，巴非蛤外壳张开时，将火锅从火上移下即可。

小贴士

乌贼煮的时间过久容易变老，因此当调味料充分入味后立即从火上取下火锅即可。也可以用短蛸或鱿鱼代替乌贼。

充溢海的气息

海藻鱿鱼凉菜

2 人份（30 分钟）

主原料 干海藻 1/3 杯，鱿鱼 1 条，大葱 1/2 根

调味料原料 粒状芥末 2，白糖 1，醋 1，料酒 0.5，蒜泥 1

难易度 ★★☆

8 人份

主原料 干海藻 1 杯，鱿鱼 4 条，大葱 2 根

调味料原料 粒状芥末 6，白糖 3，醋 3，料酒 2，蒜泥 3

尝试一下形形色色的海藻类食材与鱿鱼组成的清爽凉拌菜吧！将鱿鱼去皮并斜切出刀口，这样不仅利于调味料的入味，做出的效果也美观。但鱿鱼切忌烹饪过熟，这样肉质易老，只需在沸水中略微焯一下，冷却后入菜即可。

可以用干海带或裙带菜、羊栖菜等代替干海藻。

将 1/3 杯干海藻浸泡在凉水中，待海藻变软后用清水冲洗干净，沥干水分。

将 1 条鱿鱼的内脏和外皮去除，划出刀口后切成 4cm 长的段，用沸水焯一下，沥干水分。

将 1/2 根大葱切成 4cm 长的段后切丝，在凉水中浸泡片刻后取出，沥干水分。

将粒状芥末 2、白糖 1、醋 1、料酒 0.5、蒜泥 1 混合搅拌，制成调味料，添加海藻、鱿鱼、大葱后均匀搅拌。

2 人份（20 分钟）

原料 白菜 2 片，菲律宾蛤仔 1 袋，盐少许，干香菇 2 个，红辣椒 1/4 个，蒜 1 瓣，姜 1/4 个，食用油适量，清酒 0.5，蚝油 0.5，香油 0.5，芝麻少许

难易度 ★☆☆

8 人份

原料 白菜 8 片，菲律宾蛤仔 2 袋，盐少许，干香菇 5 个，红辣椒 1 个，蒜 3 瓣，姜 1/2 个，食用油适量，清酒 2，蚝油 2，香油 1.5，芝麻少许

下酒菜下饭菜

炒贝壳蔬菜

对于已经习惯了泡菜的韩国人来说，将白菜炒着吃可能是一种比较生疏的方式，但将贝壳与白菜搭配炒出的菜肴既可以当下酒菜，也可以用来佐米饭食用。先将白菜帮下锅，随后再将白菜叶下锅翻炒是创造美味的秘诀。

也可以用卷心菜或小青菜代替白菜。

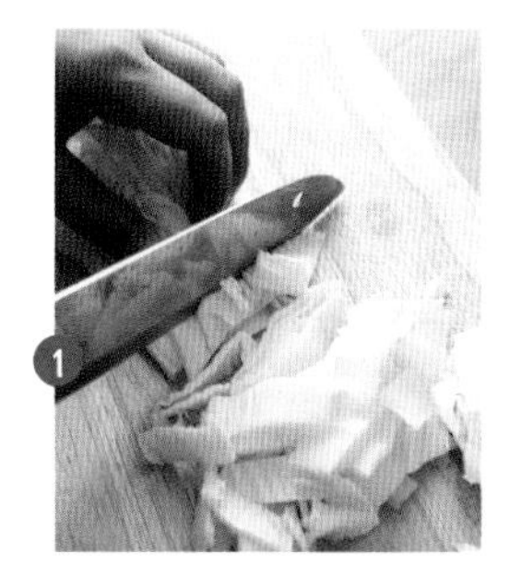

将 2 片白菜用清水洗干净，切成 1cm 宽段，将 1 袋菲律宾蛤仔浸泡在淡盐水中去除污泥后，再用清水清洗干净。

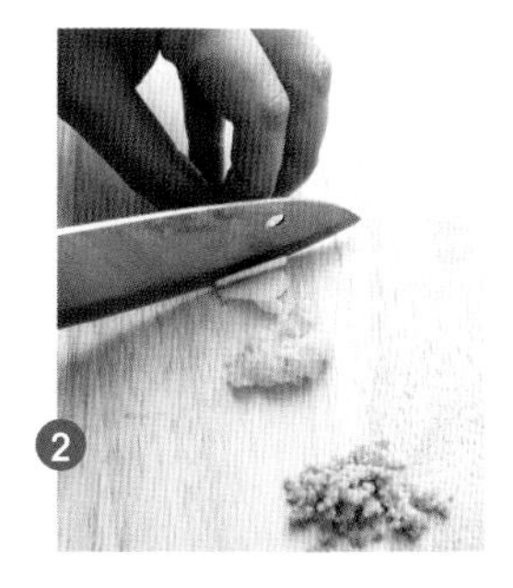

将 2 个干香菇浸泡在凉水中，香菇变软后去除根蒂并切丝，将 1/4 个红辣椒切段，1 瓣蒜和 1/4 个姜切成末。

在锅内倒入少许食用油，添加蒜末和姜末翻炒至溢出香味后，添加菲律宾蛤仔，当蛤仔壳张开后，添加白菜、香菇、清酒 0.5，继续翻炒。

白菜炒熟后，添加蚝油 0.5 和红辣椒，稍加翻炒后撒上香油 0.5 和芝麻。

香喷喷的味道

炖青花鱼泡菜

泡菜是韩国的代表性食物，泡菜富含多种营养，是胜似补药的食物。在天天吃也不会腻烦的泡菜中加入青花鱼，用小火炖，绵软可口，青花鱼的腥味也没有了。寒冷的冬日，将这道菜端上餐桌，说不定您能够听到“老婆，我爱你”的告白哦。

原料

2 人份（40 分钟）

主原料 青花鱼 1/2 条，盐少许，萝卜 100g，泡菜 1/4 棵，水 2 杯，苦椒 1/2 个，红辣椒 1/2 个，大葱少许 **调味料原料** 辣椒粉 1，黄豆酱油 0.3，料酒 1，蒜泥 1，胡椒粉少许

8 人份

难易度 ★★☆

主原料 青花鱼 2 条，盐少许，萝卜 300g，泡菜 1 棵，水 5 杯，苦椒 2 个，红辣椒 2 个，大葱 1/2 根 **调味料原料** 辣椒粉 3，黄豆酱油 1，料酒 2，蒜泥 2，胡椒粉少许

① 将 1/2 条青花鱼清洗整理干净后，切成两半，撒上少许盐。

② 将 100g 萝卜切成厚块。

③ 将萝卜放在锅底，再放置 1/4 棵泡菜和青花鱼后，倒入 2 杯水后开始炖。

④ 将辣椒粉 1、黄豆酱油 0.3、料酒 1、蒜泥 1、胡椒粉少许均匀搅拌，制成调味料后，一部分添加入③中继续炖。

⑤ 将 1/2 个苦椒、1/2 个红辣椒和少许大葱斜着切好待用。

⑥ 当萝卜变软后添加苦椒、红辣椒、大葱后，一边将剩余的调味料浇在食材上入味，一边继续炖至熟透即可。

小贴士

青花鱼用水清洗干净后，用厨房毛巾擦拭干净，有助于去除腥味。此外，海鲜在水中清洗时间过久，因水温原因容易产生腥味，所以应尽快清洗。

烧酒的好伙伴

烤酱猪肉

不知谁曾说过，真正喜欢肉的人，比起牛肉来更钟爱猪肉。因为熟透后，牛肉稍显老，不易咀嚼，而猪肉则松软无比。下雨的日子，当您想小酌一杯烧酒之时，尝试一下涂抹了大酱的猪肉如何呢？

原料

2人份（30分钟）

主原料 猪肉（猪脖子肉）300g，山蒜20g，食用油1

调味料原料 自制大酱1，白糖0.3，辣椒粉0.5，蒜泥0.5，香油0.5，浓汁酱油0.5，糖稀0.5，料酒0.5，姜末、胡椒粉少许

难易度 ★★☆

8人份

主原料 猪肉（猪脖子肉）1kg，山蒜100g，食用油3

调味料原料 自制大酱3，白糖1，辣椒粉2，蒜泥2，香油1.5，浓汁酱油1.5，糖稀1.5，料酒1.5，姜末、胡椒粉少许

也可以用短果茴香、马蹄菜、芝麻叶、笋或韭菜来代替山蒜。

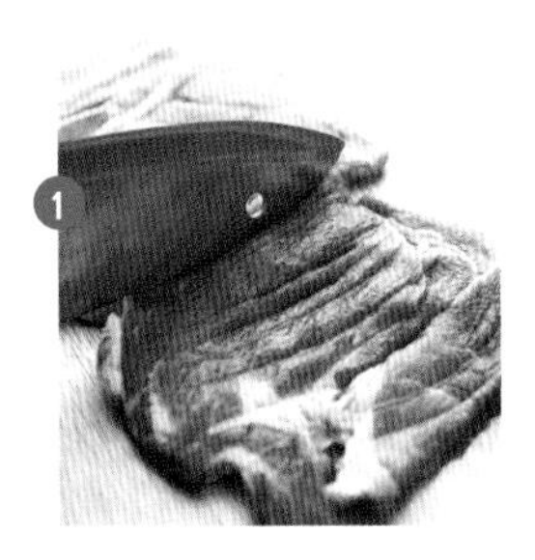

将300g猪脖子肉切成厚0.5cm的肉片，用刀背将肉质拍松。

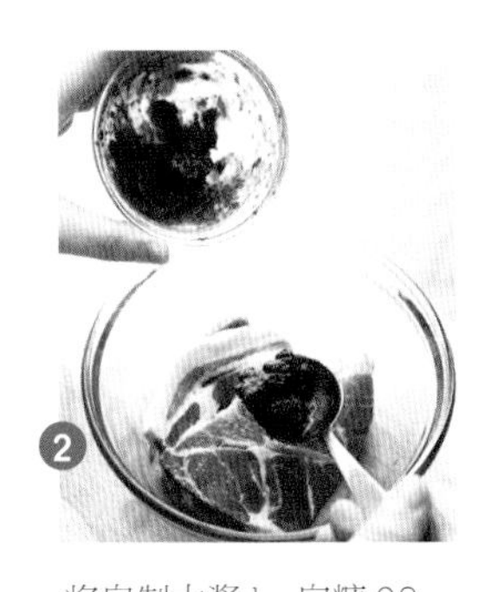

将自制大酱1、白糖0.3、辣椒粉0.5、蒜泥0.5、香油0.5、浓汁酱油0.5、糖稀0.5、料酒0.5、少许姜末和胡椒粉混合搅拌，制成调味料添加入猪肉中，均匀搅拌腌制，使调味料充分入味。

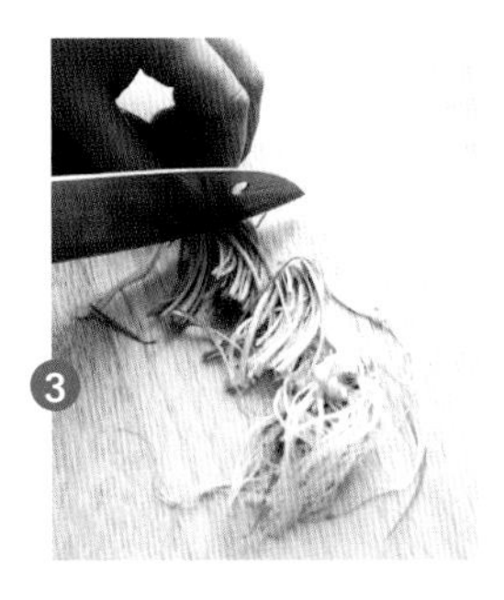

将20g山蒜清理干净后切成4cm长的段。

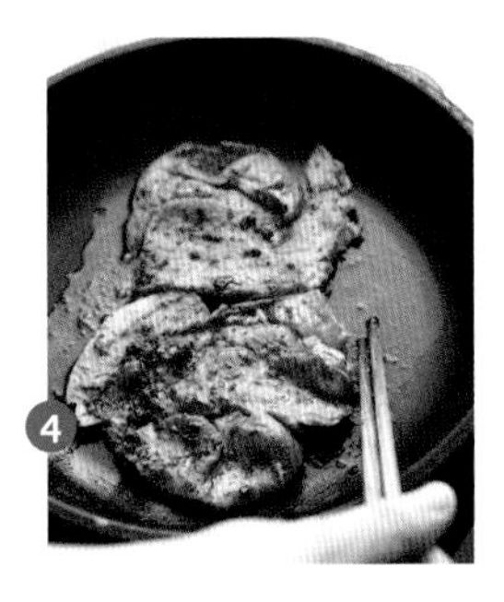

在锅里倒入食用油，将猪肉炒熟盛盘，再将山蒜撒在猪肉上。

2 人份（30 分钟）

主原料 豆腐（小块）1 块，盐少许，淀粉 1/4 杯，食用油适量，蚝菇 1/2 把，金针菇 1/2 袋，细香葱 2 根，洋葱 1/4 个，黑芝麻少许

调味料原料 蚝油 1，蒜泥 0.3，白糖 0.3，胡椒粉、香油少许

难易度 ★☆☆

8 人份

主原料 豆腐（大块）2 块，盐少许，淀粉 1/2 杯，食用油适量，蚝菇 2 把，金针菇 2 袋，细香葱 6 根，洋葱 1/2 个，黑芝麻少许

调味料原料 蚝油 3，蒜泥 1，白糖 1，胡椒粉、香油少许

料理中使用的淀粉选择土豆或红薯淀粉比较合适，不仅能够增添柔韧感，且能够添加光泽。

炒豆腐蘑菇

如果只是简单地将豆腐煎着吃，那它不过是一道佐饭料理。如果将各类蘑菇或其他蔬菜炒熟后搭配在豆腐上，不仅可以做下酒菜，还可以成为待客餐桌上的主菜。黄豆制成的豆腐可以补充以米饭为主食时蛋白质和脂肪供给的不足，无疑是餐桌上的最佳选择。

将 1 块豆腐切成长方形，均匀撒上盐，水分溢出时用厨房毛巾擦干水分，均匀蘸裹上 1/4 杯淀粉后，放进倒入食用油的锅内煎至黄色。

将 1/2 把蚝菇撕成便于食用的大小，将 1/2 袋金针菇去除根蒂后撕成条，2 根细香葱清洗干净后切成 3cm 长的段，1/4 个洋葱切丝。

将蚝油 1、蒜泥 0.3、白糖 0.3、胡椒粉和香油少许均匀搅拌，制成调味料。

在锅内倒入少许食用油，先翻炒洋葱、蚝菇、金针菇，片刻后添加调味料继续翻炒，再添加煎好的豆腐和细香葱略微翻炒，撒上黑芝麻即可。

炖半干明太鱼

当凉风习习的天气到来之时，市场上开始出现众多半干海鲜，这其中最为引人注意的要数半干明太鱼了。妈妈常买来硬硬的半干明太鱼挂在门口，没有下饭菜时，常用它制成炖半干明太鱼。

2 人份（20 分钟）

主原料 半干明太鱼 1 条，苦椒 1/2 个

调味料原料 辣椒粉 1，酱油 1.5，清酒 1，白糖 0.5，葱花 1，蒜泥 0.5，水 1 杯，胡椒粉少许

难易度 ★☆☆

8 人份

主原料 半干明太鱼 3 条，苦椒 2 个

调味料原料 辣椒粉 2.5，酱油 3，清酒 3，白糖 1.5，葱花 3，蒜泥 2，水 2 杯，胡椒粉少许

小贴士

市面上销售的冷冻的半干明太鱼较多，使用前应先解冻。在制作量较多的料理时，调味料不要一次性添加，应分两三次添加。

将 1 条半干明太鱼切成便于食用的大小。

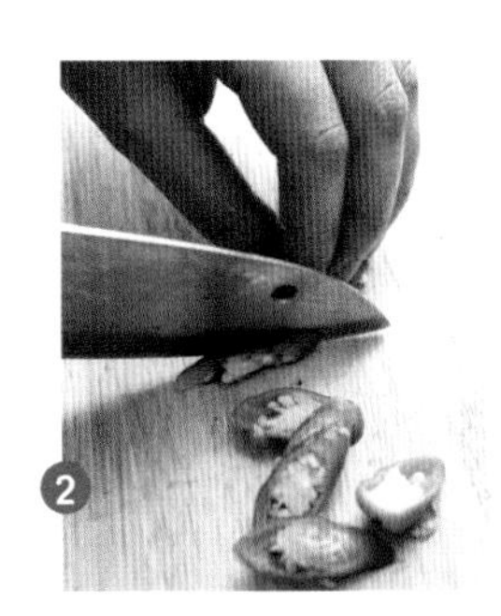

将 1/2 个苦椒斜着切好。

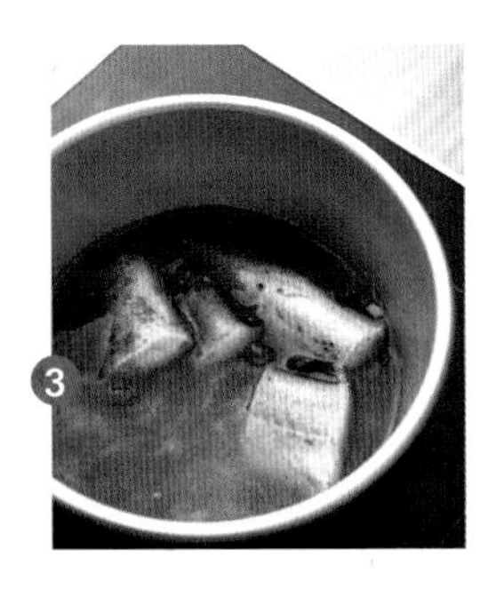

在锅中放入半干明太鱼，并添加辣椒粉 1、酱油 1.5、清酒 1、白糖 0.5、葱花 1、蒜泥 0.5、水 1 杯，胡椒粉少许，用小火炖。

半干明太鱼将要炖熟时，添加苦椒后再炖片刻。

筷子在柔和的美味中起舞

凉拌绿豆冻

将绿豆泡软去皮后研磨成粉末状，放在水中浸泡后，淀粉会沉淀在水底。可使用这种淀粉熬制成绿豆冻。近来，由于制作绿豆冻较为烦琐，市面上多销售用豇豆制成的白色豇豆冻，但这种豇豆冻少了那份鲜嫩柔和的味道。

2 人份（10 分钟）

原料 绿豆冻 1/2 块，红辣椒 1/4 个，芝麻 0.5，盐少许，香油 1，烤海苔丝 2

难易度 ★☆☆

8 人份

原料 绿豆冻 2 块，红辣椒 1 个，芝麻 2，盐少许，香油 3，烤海苔丝 1/2 杯

冷冻保存的绿豆冻，切好后用沸水稍微焯一下，变软后添加调味料即可。绿豆冻的内部不容易入味，因此调味料的口味应该稍重些。

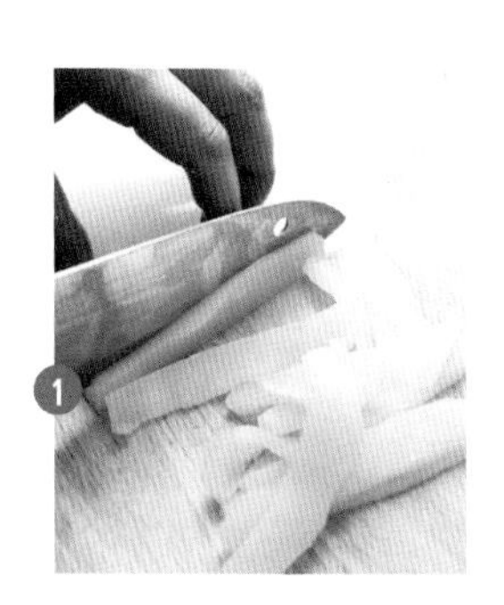

1 将 1/2 块绿豆冻切成长条状，在沸水中焯一下，沥干水分。

2 将 1/4 个红辣椒去籽后切丝。

3 在绿豆冻中添加盐少许、香油 1 调味。

4 添加烤海苔丝 2 和红辣椒后均匀搅拌，撒上芝麻 0.5。

牛蒡芝麻汤

牛蒡芝麻汤不仅是下酒菜，更可视为一道进补料理。一般牛蒡都是用来炖着吃的，但如果用小火长时间煮，令牛蒡的味道充分溢出，再加入满满的芝麻粉，就能够制出一道养生佳肴。一碗浓浓的汤下肚后，头上会冒出一层密实的汗珠，身上立即便生出很多力气。明天也要加油哦！

难易度

★★☆

2 人份（40 分钟）

原料 牛蒡 1/2 根，双孢菇 2 个，香菇 2 个，豆腐 1/4 块，水芹菜 4 棵，白芝麻油 2，海带（5cm×5cm）1 张，水 5 杯，黄豆酱油 0.5，白芝麻粉 1/4 杯，条糕片 1/2 杯，盐、胡椒粉少许

8 人份

原料 牛蒡 2 根，双孢菇 5 个，香菇 8 个，豆腐 1 块，水芹菜 1 把，白芝麻油 4，海带（5cm×5cm）2 张，水 15 杯，黄豆酱油 2，白芝麻粉 1 杯，条糕片 2 杯，盐、胡椒粉少许

1 将 1/2 根牛蒡清洗干净并用刀背刮皮后，切成便于食用的大小，可以斜着切片，也可切块。

2 将 2 个双孢菇和 2 个香菇切成便于食用的大小，将 1/4 块豆腐煎至金黄后切成便于食用的大小。

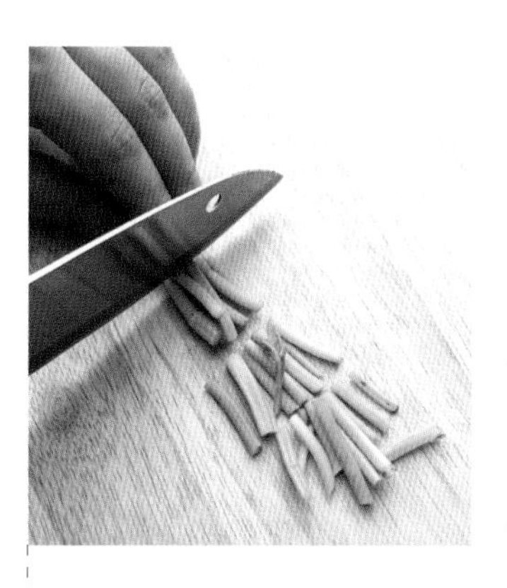

3 将 4 棵水芹菜去头部后切成 2cm 长的段。

4 在锅中倒入白芝麻油 2，放入牛蒡，用中火炒至溢出香气，再添加香菇和 1 张海带继续炒。

5 向4中添加 1 杯水，用大火继续煮，煮至沸腾后转为小火炖。当汤汁变白并翻滚后添加黄豆酱油 0.5，并倒入剩余 4 杯水继续炖。

6 牛蒡变软后，添加双孢菇、豆腐、1/4 杯白芝麻粉、1/2 杯条糕片、少许盐和胡椒粉。最后添加水芹菜后关火即可。

在炖汤时，一次性倒入大量水不利于炖出浓汤，先倒入少量水，待炖出浓香汤汁后，再将剩余的水倒入即可。

一闪一闪亮晶晶

烤秋刀鱼

2人份(20分钟)

原料 秋刀鱼1条，盐0.3，柠檬1片(或2片)

难易度 ★☆☆

8人份

原料 秋刀鱼4条，盐2，柠檬4片(或8片)

即使是专营新鲜生鱼片的饭店中还是会有一道极具人气的料理，那就是烤秋刀鱼。虽说由于在祭祀桌上不能摆放有“ci”（秋刀鱼的韩语发音中第二个音节是ci——译者注）字的海鲜，因此秋刀鱼无法出现在祭祀供桌上，但美味又营养的烤秋刀鱼，无论在哪里都深受人们喜爱。

制作过程中，在距离秋刀鱼较高的位置撒盐，利于均匀入味。此外，在烧烤架或烤箱中烤秋刀鱼时，鱼头和鱼尾部位比较容易烤煳，因此包裹铝箔纸操作为宜。

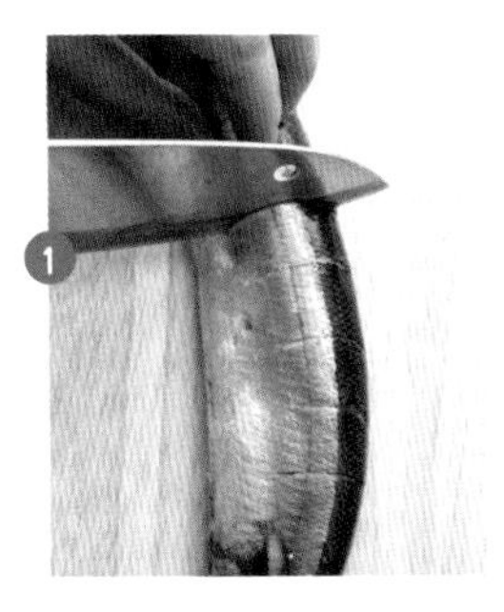

将1条秋刀鱼的内脏清除并清洗干净后，依照一定的间距将正反两面划出刀口。

在秋刀鱼的正反两面均匀撒上盐0.3。

在烧热的烧烤架或烧烤箅子上摆放秋刀鱼，将之烤至金黄。

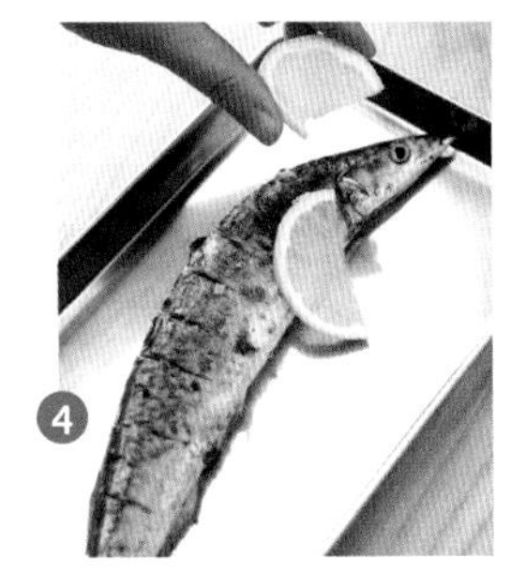

将烤好的秋刀鱼盛盘后，佐以柠檬食用。

辣椒酱饼

炎炎夏日，在面粉中添加辣椒酱，再配以苦椒、芝麻叶或排草香、南瓜等，即可以制成辣椒酱饼。辛辣的滋味能够恰当地填补蔬菜稍显单调的滋味。当家中突然需要准备下酒菜时，再没有比辣椒酱饼令人心生感激的简易料理了。

原料

2人份（20分钟）

原料 苦椒2个，芝麻叶10片，煎炸粉1/2杯，水1/2杯，辣椒酱1，盐少许，食用油适量

难易度 ★☆☆

8人份

原料 苦椒10个，芝麻叶30片，煎炸粉2杯，水2杯，辣椒酱4，盐少许，食用油适量

小贴士

辣椒酱饼容易煎煳，应尽量煎薄饼，因此适宜将面糊制作得稍稀薄一些。此外，煎饼时，倒入食用油后，待锅烧热后再下锅煎，饼才不会大量吸油。

1. 将2个苦椒去蒂，连同苦椒籽一同切碎，10片芝麻叶去蒂切成粗条。
2. 在碗中倒入1/2杯煎炸粉、1/2杯水搅拌成面糊，再添加辣椒酱1、盐少许，继续均匀搅拌。
3. 在面糊中添加苦椒、芝麻叶，均匀搅拌。
4. 在锅内倒入食用油，待锅热后，用勺子舀出一勺一勺的面糊倒入锅内，煎出黄色小圆饼。

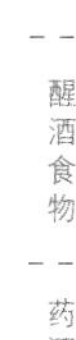

烧酒下酒菜界的新宠

红蛤豆腐汤

2人份（20分钟）

原料 红蛤200g，水3杯，豆腐1/4块，苦椒1/2个，红辣椒1/2个，大葱1/4根，盐少许

难易度 ★☆☆

8人份

原料 红蛤500g，红蛤肉100g，水5杯，豆腐1块，苦椒1个，红辣椒1个，大葱1根，盐少许

您会首先沉醉于这道料理中清爽的汤汁，随之会被鲜嫩的红蛤迷倒。仅仅在红蛤中加水煮汤，也能够制作出爽口的汤汁，因此在冬季的大排档，这无疑是一道深受大众喜爱的料理。在家中，您不妨添加豆腐制成更为美味的汤汁，尽情享用。

寒冷冬季新鲜的时令红蛤若放到春天会产生毒素，失去鲜美味道。当制作量较大的红蛤汤时，将红蛤和红蛤肉混合煮汤，方便操作且味道更鲜美。

① 将200g红蛤用清水冲洗干净，去除夹杂在外壳中的细毛。

② 将1/4块豆腐切成便于食用的大小，将1/2个苦椒、1/2个红辣椒和1/4根大葱斜着切好。

③ 在锅内倒入红蛤和3杯水煮汤，去除漂浮在表层的泡沫后继续煮。

④ 先添加豆腐，片刻后添加苦椒、红辣椒和大葱，稍煮一会儿，加盐调味即可。

清清爽爽凉拌菜

凉拌山蒜苹果

2 人份（20 分钟）

主原料 山蒜 100g，苹果 1/2 个

调味料原料 鳀鱼酱汁 1，辣椒粉 0.5，白糖 0.3，海带水 0.5，蒜泥 0.3，姜汁少许

难易度 ★★☆

8 人份

主原料 山蒜 300g，苹果 2 个

调味料原料 鳀鱼酱汁 4，辣椒粉 2，白糖 1，海带水 1，蒜泥 1，姜汁少许

预示着春天到来的山蒜是一款春季蔬菜。但近来，我们一年四季都能够看到它的身影。山蒜仅仅搭配醋食用也美味无比。

在山蒜中添加调味料后轻缓搅拌，山蒜才不会产生生涩的口感。

将 100g 山蒜清洗干净，沥干水分后，切成 4cm 长的段。

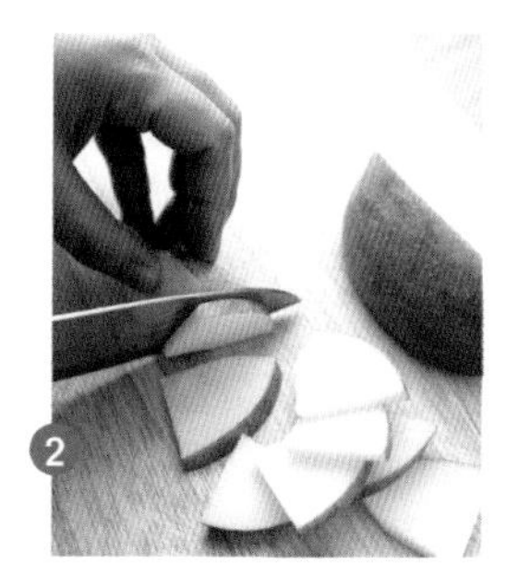

将 1/2 个苹果连同果皮清洗干净后四等分，去除果核后切成不厚不薄的片状。

将鳀鱼酱汁 1、辣椒粉 0.5、白糖 0.3、海带水 0.5、蒜泥 0.3、姜汁少许均匀搅拌，制成调味料。

在碗中放入山蒜和苹果，倒入调味料后均匀搅拌。

令人垂涎欲滴

凉拌贝壳蔬菜

柔软的水芹菜配以清淡柔嫩的贝壳肉，无疑是一道美味料理。吃到酒足饭饱也不用担心肚子会长赘肉。

2 人份（20 分钟）

主原料 菲律宾蛤仔肉 100g，水芹菜 100g，梨 1/8 个，黄瓜 1/4 根，盐少许

醋辣椒酱原料 辣椒酱 2，醋 1.5，辣椒粉 0.5，白糖 0.5，葱花 1，蒜泥 0.5，芝麻盐少许

难易度 ★☆☆

8 人份

主原料 菲律宾蛤仔肉 400g，水芹菜 400g，梨 1/4 个，黄瓜 1 根，盐少许

醋辣椒酱原料 辣椒酱 5，醋 4，辣椒粉 2，白糖 2.5，葱花 3，蒜泥 2，芝麻盐少许

首先在蛤仔肉中添加部分调味料搅拌，再添加蔬菜和剩余的调味料一同均匀搅拌，这样有利于调味料充分入味，同时保持蔬菜的香脆。

将 100g 菲律宾蛤仔肉在沸腾的淡盐水中焯一下，再用筛子捞起，沥干水分。

将 100g 水芹菜清洗干净切成 4cm 长的段，将 1/8 个梨切成厚片，1/4 根黄瓜切成 4cm 长的段后再切半除籽后切成厚 0.5cm 的片。撒上少许盐稍微腌制，待变得咔嚓咔嚓脆的时候，用手挤出水分。

将辣椒酱 2、醋 1.5、辣椒粉 0.5、白糖 0.5、葱花 1、蒜泥 0.5、芝麻盐少许均匀混合，制成醋辣椒酱。

在菲律宾蛤仔肉中添加一半醋辣椒酱，均匀搅拌后，再添加水芹菜、梨、黄瓜及另一半醋辣椒酱，均匀搅拌。

2 人份（20 分钟）

原料 鸡蛋 2 个，海带水 1/2 杯，料酒 1，虾酱 0.5，盐少许，嫩豆腐 1/4 袋，混合蔬菜成品 1/4 杯

难易度 ★☆☆

8 人份

原料 鸡蛋 5 个，海带水 2 杯，料酒 2，虾酱 2，盐少许，嫩豆腐 1 袋，混合蔬菜成品 1 杯

混合蔬菜成品是将玉米、豌豆、胡萝卜等稍微做熟，冷冻后销售的产品。由于都是用各类新鲜蔬菜快速冷冻制成的产品，所以营养成分保存得比较好，在非产季使用也很方便。买不到混合蔬菜成品时，也可选用自己喜欢的时令蔬菜切丁后使用。

鲜嫩，鲜嫩，鲜嫩的

蒸嫩豆腐鸡蛋

妈妈曾经常在不锈钢碗中倒入鸡蛋液，并搭配虾酱，在蒸饭时，给我蒸出一份鸡蛋羹。鸡蛋羹蒸的时间久了，变成了黄绿色，口感变得具有韧性。直到现在，我还偶尔会怀念那时的鸡蛋羹。每当想起它时，我就会在鲜嫩的鸡蛋中添加更为鲜嫩的嫩豆腐，制成这道料理。

将 2 个鸡蛋打碎搅拌后加入 1/2 杯海带水，均匀搅拌。

在鸡蛋液中添加料酒 1、虾酱 0.5、盐少许，搅拌入味。

将❷的鸡蛋液倒入蒸碗中，将 1/4 袋嫩豆腐用勺子盛放进鸡蛋液中，再添加 1/4 杯混合蔬菜成品，轻缓搅拌。

将保鲜膜覆盖在蒸碗上，放进冒热气的蒸锅，蒸 10~15 分钟，或放进微波炉，按下蒸鸡蛋按钮。

传说中的经典下酒菜

菜包猪肉

每次都为该叫“远海爸爸”家的还是“洪夫哥哥”家的菜包猪肉外卖而犹豫不决，最后往往是选择外卖速度快的一家。虽然不是特别喜欢吃猪肉，但偶尔还是想用酸泡菜或腌白菜、腌包菜卷上一片软软的煮五花肉，来一口菜包猪肉。

难易度

★★☆

2 人份（1 小时）

主原料 五花肉（整块）300g，洋葱 1/2 个，大葱 1 根 **五花肉腌料原料** 蒜 2 瓣，清酒 1，胡椒籽少许 **大葱调味料原料** 咸辣调味料 1，醋 1.5，辣椒粉 0.5，白糖 1，糖稀 1，蒜泥 1，芝麻盐 0.3，香油 0.5

8 人份

主原料 五花肉（整块）1.2kg，洋葱 2 个，大葱 3 根 **五花肉腌料原料** 蒜 6 瓣，清酒 4，胡椒籽少许 **大葱调味料原料** 咸辣调味料 3，醋 4.5，辣椒粉 1.5，白糖 3，糖稀 3，蒜泥 2，芝麻盐 1.5，香油 1.5

① 将 2 瓣蒜切片后与清酒 1、胡椒籽少许混合搅拌。

② 将 300g 五花肉用①腌制约 20 分钟。

③ 将 1/2 个洋葱切成厚片，放置在烘烤盘上，将五花肉放置在洋葱片上，放进预热至 200℃的烤箱中烤 30~35 分钟。

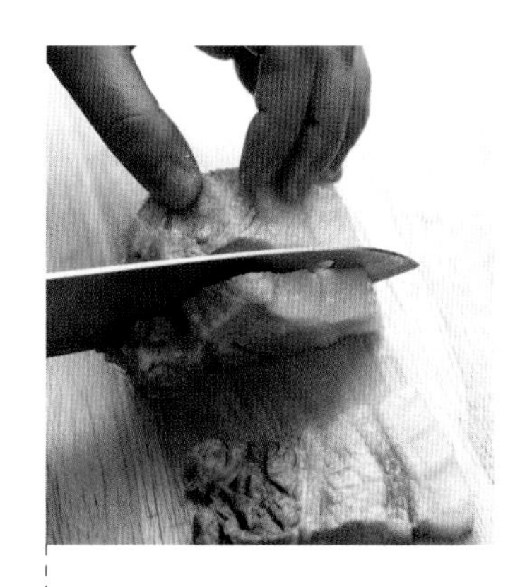

④ 将烤熟的五花肉切成便于食用的大小。

⑤ 将 1 根大葱切成 5cm 长的段后切丝，添加咸辣调味料 1、醋 1.5、辣椒粉 0.5、白糖 1、糖稀 1、蒜泥 1、芝麻盐 0.3、香油 0.5，均匀搅拌。

⑥ 将五花肉盛装在大盘中，搭配葱丝食用。

如果不选择用烤箱，而是用水煮五花肉，则可以在凉水中添加 2 瓣蒜、少许胡椒，大约需要中火煮 30 分钟，煮至五花肉熟透。水煮猪肉会散发出膻味，添加胡椒或月桂树叶或一两勺大酱，能够去除膻味。

烧酒在后，仅此一道菜就能填饱肚子

水果蔬菜杂菜

杂菜是一道令料理新手偶尔会束手无策的料理。将各种炒好的蔬菜和煮熟的粉条拌在一起进行调味，可是当端上桌后，我们会发现，好像是谁在菜上洒了水一般，寡然无味。因为粉条变凉后会变粗，调味料自然也会显得淡然无味。如果在我们熟悉的粉条中添加苹果和蘑菇，即使味道变淡，也能够制作出焕然一新的杂菜。

难易度
★★☆

2 人份（30 分钟）

主原料 粉条 150g，香油 2，苹果 1/4 个，白菜 2 片，香菇 2 个，蚝菇 1/2 把，洋葱 1/4 个，胡萝卜 1/8 个，黄瓜 1/2 根，食用油适量，盐少许，芝麻 1 **调味料原料** 酱油 1/4 杯，白糖 1，糖稀 1，海带（10cm×10cm）1/4 张，胡椒粉少许

8 人份

主原料 粉条 500g，香油 1/4 杯，苹果 1 个，白菜 5 片，香菇 6 个，蚝菇 2 把，洋葱 1 个，胡萝卜 1/4 个，黄瓜 2 根，食用油适量，盐少许，芝麻 3 **调味料原料** 酱油 1 杯，白糖 4，糖稀 4，海带（10cm×10cm）1 张，胡椒粉少许

1. 将 150g 粉条放在凉水中浸泡约 20 分钟，变软后切成便于食用的长度在沸水中煮熟，然后沥干水分，撒上香油 2 腌制。

2. 将 1/4 个苹果用清水冲洗干净，连同果皮切成 4cm 长的细条状，将 2 片白菜切成相似的细条。

3. 将 2 个香菇去除根蒂后切片，1/2 把蚝菇撕成一条一条，1/4 个洋葱和 1/8 个胡萝卜去皮后切丝。

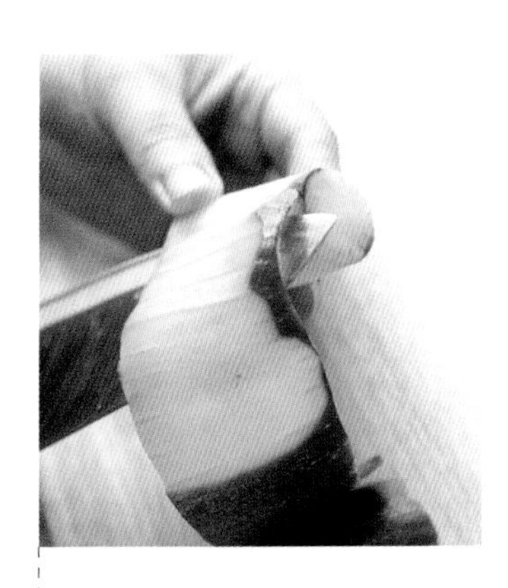

4. 将 1/2 根黄瓜旋转去皮，切成 4cm 长的段后切丝。

5. 在锅内倒入食用油，分别将白菜、香菇、蚝菇、洋葱、胡萝卜、黄瓜炒熟，并添加盐入味。将酱油 1/4 杯、白糖 1、糖稀 1、海带 1/4 张、胡椒粉少许混合拌成调味料。

6. 在粉条中添加 1/4 杯调味料，搅拌后添加炒熟的蔬菜，均匀搅拌后添加苹果，再次搅拌后撒上芝麻。

粉条煮熟后用凉水冷却时易分散，所以将其整体捞出后沥干水分，再添加调味料即可。每种食材炒熟需要的时间不同，放盐的多少也不同，因此适宜使用大火分别翻炒。

帮助懒懒的你

蒸豆腐贝壳

2 人份（10 分钟）

主原料 菲律宾蛤仔 1 袋，盐少许，软豆腐 1/2 袋

调味料原料 酱油 1，料酒 0.5，白糖 0.3，辣椒粉 0.3，葱花 0.5，蒜泥 0.3，苦椒末、红辣椒末少许，香油 1，胡椒粉少许

难易度 ★☆☆

8 人份

主原料 菲律宾蛤仔 3 袋，盐少许，软豆腐 2 袋

调味料原料 酱油 1/4 杯，料酒 2，白糖 1，辣椒粉 1，葱花 2，蒜泥 1，苦椒末、红辣椒末少许，香油 3，胡椒粉少许

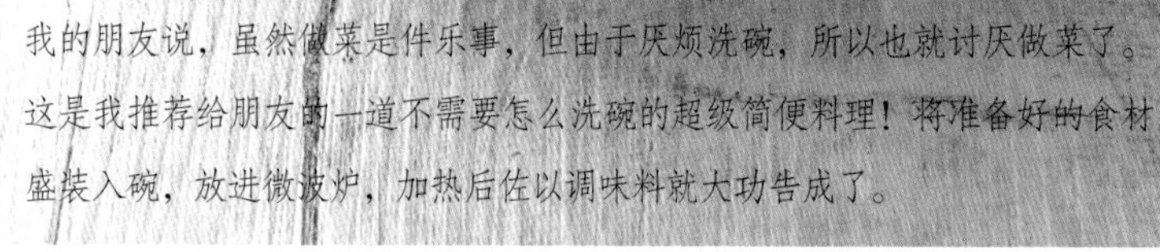

我的朋友说，虽然做菜是件乐事，但由于厌烦洗碗，所以也就讨厌做菜了。这是我推荐给朋友的一道不需要怎么洗碗的超级简便料理！将准备好的食材盛装入碗，放进微波炉，加热后佐以调味料就大功告成了。

如果将包装袋中的软豆腐挤出，那么豆腐很容易碎掉，应依照剪裁线剪开口，将豆腐整个倒入碗中，再用勺子一块块舀出即可。

1 将 1 袋菲律宾蛤仔浸泡在淡盐水中，去除污泥后用清水清洗干净。

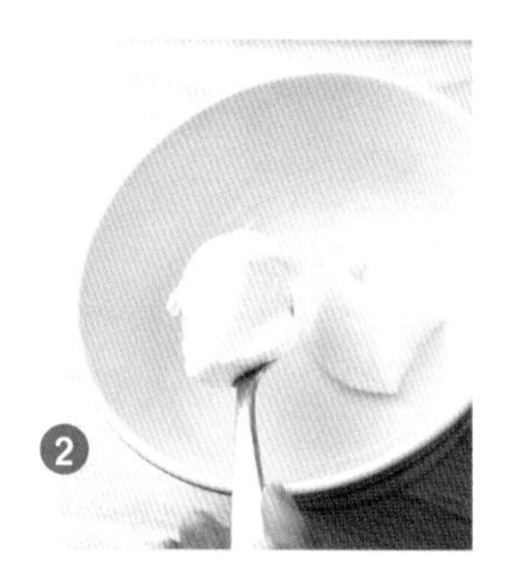

2 将 1/2 袋软豆腐一勺勺舀出盛进碗内。

3 碗中放入软豆腐和菲律宾蛤仔后，将保鲜膜覆盖在碗上，放进微波炉内加热约 3 分钟。

4 将酱油 1、料酒 0.5、白糖 0.3、辣椒粉 0.3、葱花 0.5、蒜泥 0.3、苦椒末和红辣椒末少许、香油 1、胡椒粉少许，均匀搅拌制成调味料，搭配软豆腐和蛤仔食用。

2 人份（30 分钟）

主原料 荞麦煎炸粉 1 杯，水 1 1/4 杯，盐少许，酸白菜泡菜 3 片，香油 1，白糖少许，芝麻盐 0.5，萝卜（4cm 长）1/2 块，食用油适量

萝卜调味料原料 香油 1，盐少许，葱花 0.5，蒜泥 0.3

难易度 ★★☆

8 人份

主原料 荞麦煎炸粉 3 杯，水 4 杯，盐少许，酸白菜泡菜 1/6 棵，香油 3，白糖 0.5，芝麻盐 2，萝卜（4cm 长）2 块，食用油适量

萝卜调味料原料 香油 3，盐少许，葱花 2，蒜泥 1

萝卜的量过多，内部不容易熟，可以将锅盖盖上片刻，待水分充分渗透后再翻炒。

来自济州岛的下酒菜

荞麦冻糕

济州岛产的各种冻以甜美且鲜脆而著称。济州岛的祭祀供桌上有一道料理是必不可少的，那就是将荞麦粉制成薄冻，翻炒后，包裹进萝卜，层层卷起制成的荞麦冻糕。脆脆的萝卜与荞麦冻可谓天作之合。

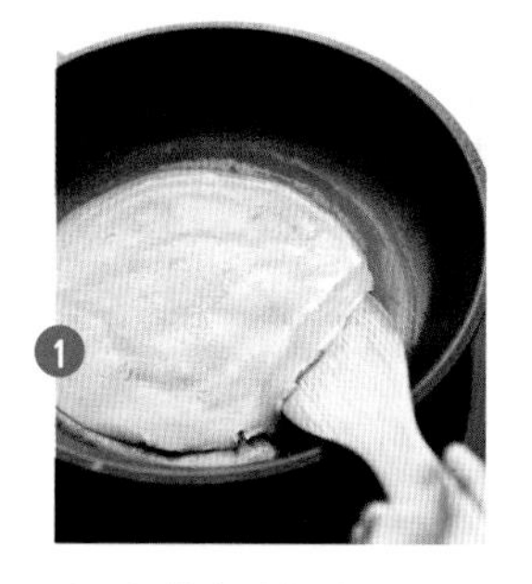

1 将 1 杯荞麦煎炸粉与 1 1/4 杯水相混合搅拌，避免产生结块，添加少许盐调味。在锅内倒入少许食用油，用勺子将面糊舀入锅内，煎成圆薄饼。

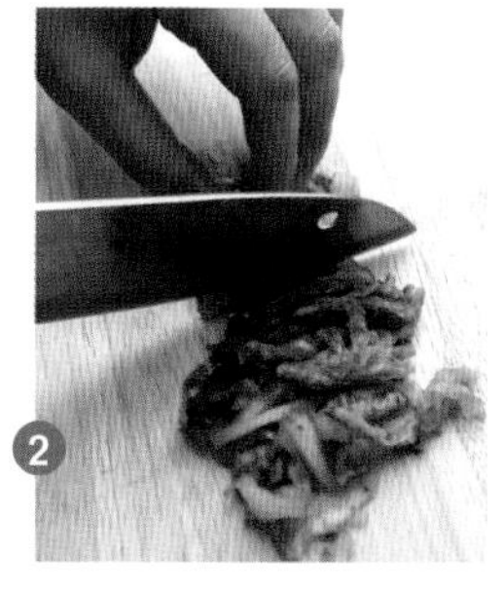

2 将 3 片酸白菜泡菜挤掉水分切碎，添加香油 1、白糖少许、芝麻盐 0.5，腌制片刻后下锅翻炒。

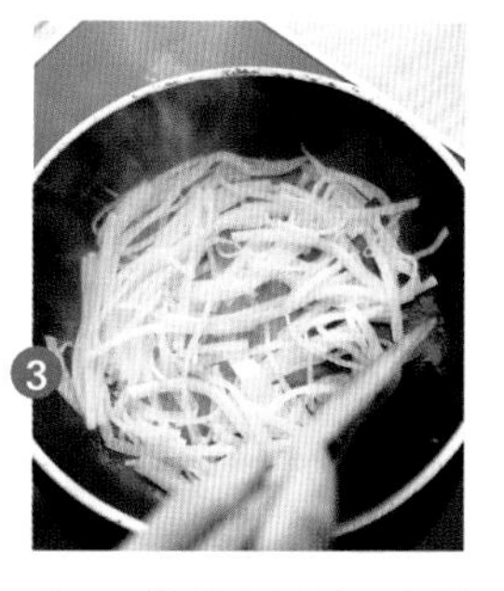

3 将 1/2 块萝卜切丝，在锅内倒入香油 1，萝卜丝下锅翻炒至透明，添加少许盐、葱花 0.5、蒜泥 0.3，继续翻炒。

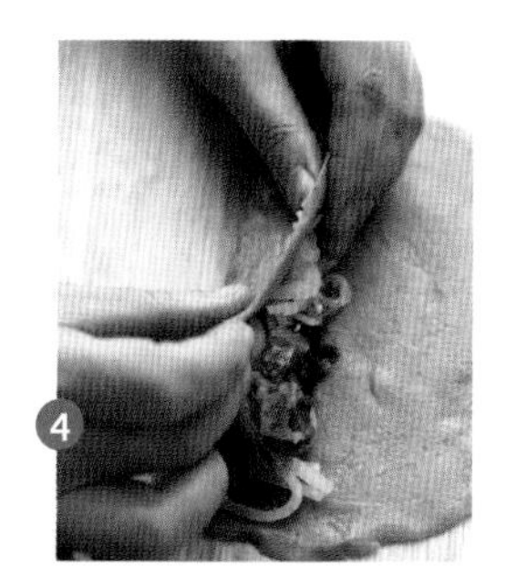

4 在饼上放置炒熟的萝卜和泡菜后卷起，切成便于食用的大小，盛盘即可。

辣汤料理的至尊

嫩豆腐明太鱼子酱汤

烧酒佐以爽口的汤汁料理可谓绝配。虽然吃的是滚烫的食物，但韩国人却惯用爽口来表达这种痛快淋漓的感觉，这款料理可谓是货真价实的爽口料理。添加了明太鱼子煮出的这款汤是简单的酱汤，无须再另外熬制汤汁。

原料

2 人份（20 分钟）

原料 明太鱼子2块，萝卜（2cm长）1/2 块，苦椒 1/2 个，红辣椒 1/2 个，细香葱 1 根，水 2 杯，嫩豆腐 1/2 块，虾酱 1，蒜泥 0.3，盐少许，香油 0.3

难易度 ★☆☆

8 人份

原料 明太鱼子6块，萝卜（2cm长）2 块，苦椒 1 个，红辣椒 1 个，细香葱 4 根，水 6 杯，嫩豆腐 2 块，虾酱 3，蒜泥 1，盐少许，香油 1.5

如果没有虾酱，也可用鳀鱼酱汁、玉筋鱼酱汁、咸辣调味料等任意一种代替。

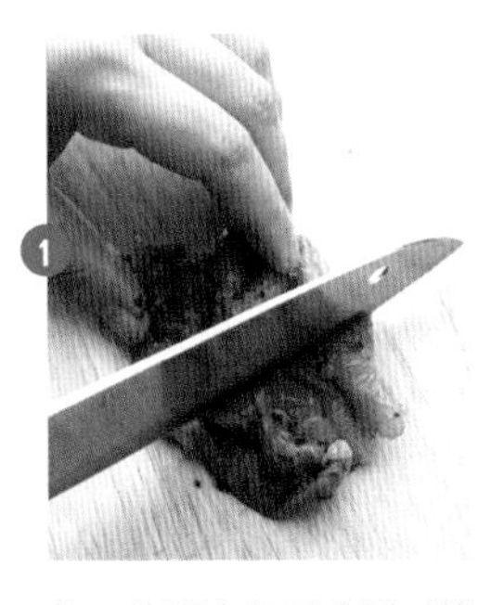

1 将 2 块明太鱼子分别三等分，将 1/2 块萝卜切块，1/2 个苦椒和 1/2 个红辣椒去除根蒂，斜着切好，1 根细香葱切成 3cm 长的段。

2 在锅内倒入 2 杯水，水沸腾后放入萝卜，萝卜半熟后添加明太鱼子，将表面漂浮的泡沫去除后继续煮。

3 用勺子将 1/2 块嫩豆腐一勺勺舀进锅中，添加虾酱 1 调味。

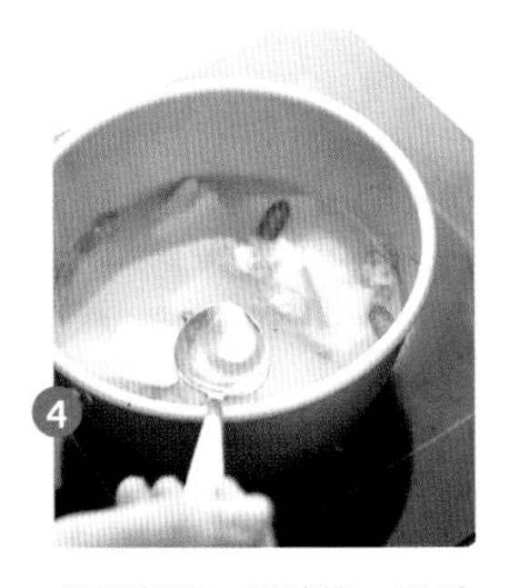

4 添加苦椒、红辣椒、细香葱和蒜泥 0.3，添加盐调味后，撒上香油 0.3 即可。

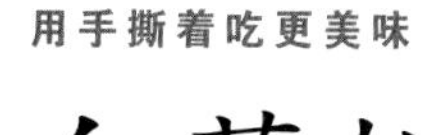

白菜饼

2 人份（30 分钟）

原料 白菜心 8 片，盐少许，面粉 1/2 杯，水 1/2 杯，食用油适量

难易度 ★☆☆

8 人份

原料 白菜心 25 片，盐少许，面粉 2 杯，水 2 杯，食用油适量

为了冬天能够收获制作泡菜的白菜，每到夏天，要在家中院内栽种白菜秧。心中常念叨着：这小小的秧苗何时才能长成做泡菜用的大白菜呢。不知不觉中，它就长成了饱满的大白菜了。在制作泡菜前，黄嫩的菜心可以直接生吃，而裹上面粉下锅煎成白菜饼，吃起来别提有多香了。

根据个人口味，可配上醋酱油或醋辣椒酱食用，醋酱油是由酱油、料酒、醋混合制成的，味道鲜美。

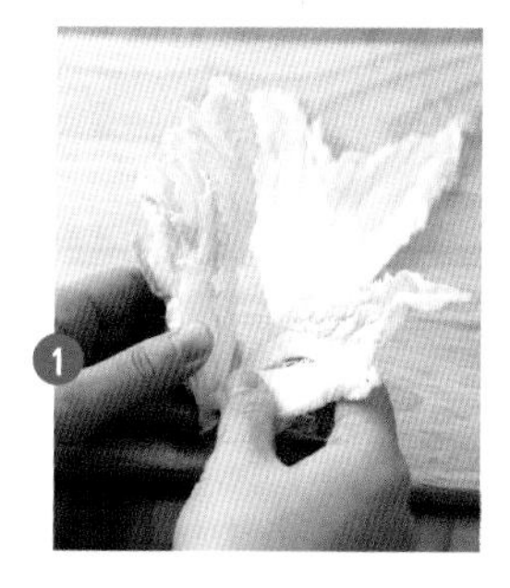

将 8 片白菜心保持原样，一片片分离，较为粗实的茎叶用擀面杖敲软。

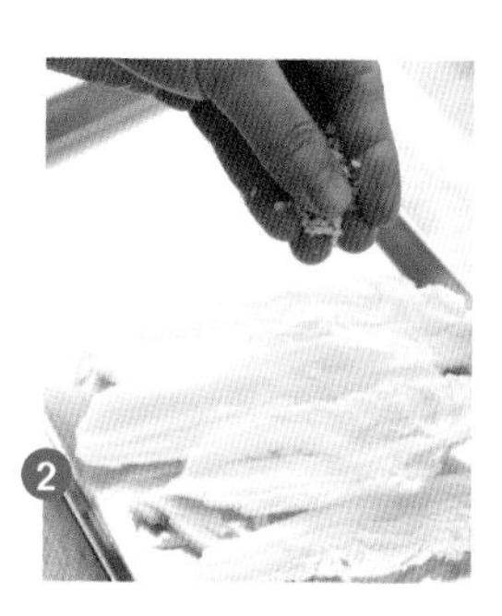

在白菜心上撒上盐，腌制片刻后清洗干净，沥干水分。

将 1/2 杯面粉与 1/2 杯水混合搅拌成稍稠的面糊，添加盐调味。

将白菜心裹上面糊，在锅内倒入食用油，将白菜心下锅煎至金黄即可。

海鲜与猪肉的巧妙搭配

炒短蛸五花肉

“Jusam”“Osam”（均为海鲜与肉类搭配的料理的韩语缩略词汇——译者注）等词语出现的时候我们还在奇怪：“那究竟是什么菜式呢？”而时至今日，它们已经演变成了再熟悉不过的名称。将海鲜与肉一起炒着吃的地方恐怕还真不多，但那又如何呢？味道契合又可以助酒兴，这不是最佳效果吗？近来章鱼与五花肉组合的“Nagsam”，排骨与章鱼组合的“Karnag”也竞相华丽登场。

原料

难易度 ★★☆

2 人份（30 分钟）

主原料 短蛸 4 条，粗盐少许，五花肉（或猪脖子肉）200g，洋葱 1/4 个，大葱 1/2 根，芝麻叶 6 片，蒜 2 瓣，苦椒 1/2 个，红辣椒 1/2 个，食用油适量，芝麻盐、香油少许 **调味料原料** 辣椒酱 3，辣椒粉 1，白糖 1，糖稀 1，料酒 1，蒜泥 2，姜末、胡椒粉少许

8 人份

主原料 短蛸 20 条，粗盐少许，五花肉（或猪脖子肉）600g，洋葱 1 个，大葱 1 根，芝麻叶 20 片，蒜 6 瓣，苦椒 2 个，红辣椒 2 个，食用油适量，芝麻盐、香油少许 **调味料原料** 辣椒酱 2/3 杯，辣椒粉 1/3 杯，白糖 3，糖稀 3，料酒 3，蒜泥 4，姜末 0.3，胡椒粉少许

1 将 4 条短蛸的内脏去除，用粗盐揉搓清洗后，切成大块。

2 将 200g 五花肉切成便于食用的大小。

3 将辣椒酱 3、辣椒粉 1、白糖 1、糖稀 1、料酒 1、蒜泥 2、姜末和胡椒粉少许混合搅拌，添加短蛸和五花肉后，均匀搅拌。

4 将 1/4 个洋葱切片，1/2 个大葱斜切，6 片芝麻叶去除根蒂切成适当大小，2 瓣蒜切片，1/2 个苦椒和 1/2 个红辣椒斜切。

5 锅热后倒入食用油，添加洋葱用中火翻炒，片刻后添加 3 中腌制后的短蛸和五花肉，改用大火翻炒。

6 锅中再添加大葱、苦椒、红辣椒、蒜片、芝麻叶翻炒，待炒熟后添加芝麻盐、香油，均匀搅拌翻炒片刻即可。

小贴士

春天的短蛸最为鲜美，因此主要在春季吃短蛸，到了秋季可用章鱼代替短蛸。

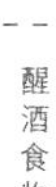
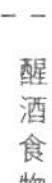

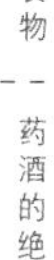
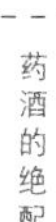
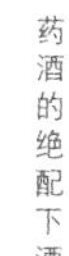
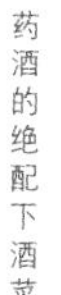
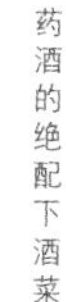
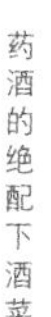

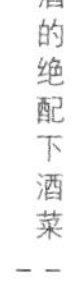
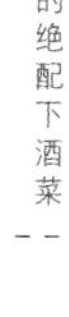

爽口辛辣的汤汁盛宴

辣汤

美味由清爽的豆芽和萝卜负责，高蛋白质的明太鱼子则负责营养的供给，辣汤做下酒菜再合适不过了。添加辣椒粉煮出的海鲜汤，香醇辛辣，再添加少许大酱，海鲜的味道能恰到好处地得到提升，所以请不要忘记大酱哦。

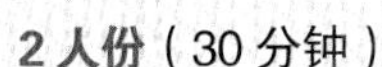

原料

难易度 ★☆☆

2 人份（30 分钟）

主原料 明太鱼子 4 块，豆芽 1 把，萝卜（3cm）1/2 块，大葱 1/4 根，红辣椒 1/2 个，苦椒 1/2 个，水芹菜 1/2 把，水 4 杯，大酱 0.5，盐、胡椒粉少许 **调味料原料** 辣椒粉 1.5，蒜泥 1

8 人份

主原料 明太鱼子 400g，豆芽 2 袋，萝卜（6cm）1 块，大葱 1 根，红辣椒 2 个，苦椒 2 个，水芹菜 2 把，水 12 杯，大酱 2，盐、胡椒粉少许 **调味料原料** 辣椒粉 1/3 杯，蒜泥 3

1 将 4 块明太鱼子在水中轻缓清洗干净，大块的可切半。

2 将豆芽的头尾去除。

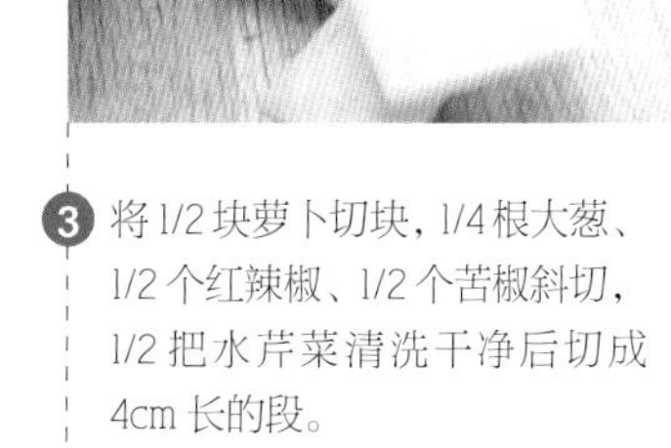

3 将 1/2 块萝卜切块，1/4 根大葱、1/2 个红辣椒、1/2 个苦椒斜切，1/2 把水芹菜清洗干净后切成 4cm 长的段。

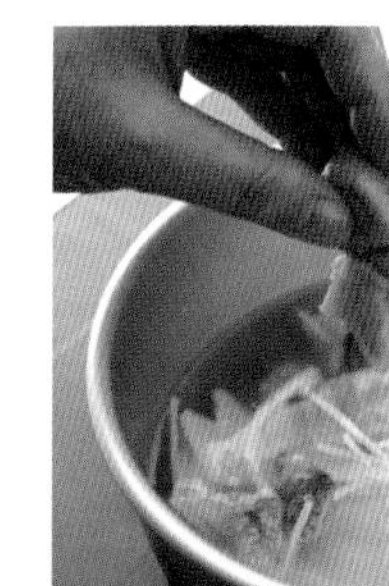

4 在锅内倒入 4 杯水，水沸腾后加入萝卜，萝卜半熟时添加大酱 0.5 搅拌。添加豆芽和明太鱼子，用勺子去除表面漂浮的泡沫继续煮。

5 将辣椒粉 1.5 和蒜泥 1 混合搅拌，制成调味料。

6 明太鱼子煮熟后添加调味料，随即加入大葱、红辣椒、苦椒，片刻后加入水芹菜，再加入盐和胡椒粉调味。

小贴士

使用适量明太鱼子入汤即可，冷冻的明太鱼子解冻后，需去除大量水分，这样才能避免料理出现腥味。此外，用新鲜明太鱼或鳕鱼代替明太鱼子，即可制成明太鱼汤或鳕鱼汤。

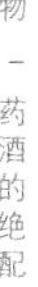

接下来的 Service Menu 就要为您介绍品味烧酒时可以搭配享用的一系列美味可口的小食喽。

简单却独具魅力

黄瓜泡菜

我偶尔去的一家饭店，虽然主营料理是肉，但有不少老顾客却是被这家店的黄瓜泡菜深深吸引而光顾的。您不妨也尝试着用可口的黄瓜泡菜来吸引丈夫早早回家享用美食吧。

Service Menu 1

10 人份（1 小时）

主原料 黄瓜 5 根，粗盐少许

腌黄瓜汁原料 水 5 杯，粗盐 1/4 杯

馅料原料 胡萝卜少许，苦椒 1 个，红辣椒 1 个，梨 1/4 个，水芹菜 50g，蒜 2 瓣，姜 1/2 个，盐少许

面糊原料 水 1/4 杯，面粉 0.5

汤汁原料 矿泉水 $2\frac{1}{2}$ 杯，海带水 1 杯，蒜泥 0.5，梨 1/2 个，盐少许

难易度 ★★☆

小贴士 黄瓜白泡菜常温下放置半天左右，再放进冰箱保存即可。

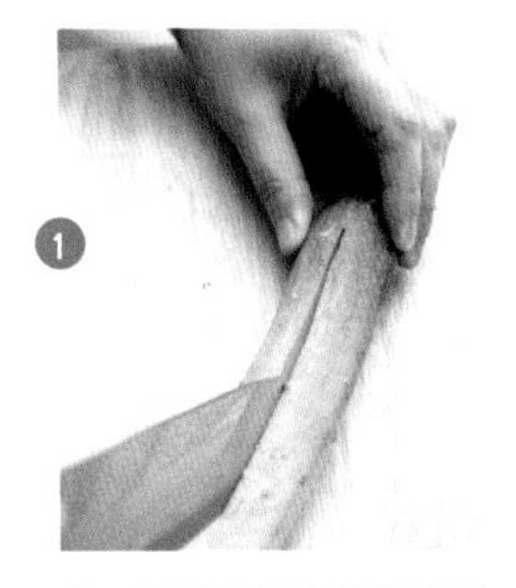

① 将 5 根黄瓜用粗盐搓洗后用清水洗干净，在 5 杯水中溶化 1/4 杯粗盐，将黄瓜腌制在盐水中，将黄瓜中间部位用刀划出十字。

② 将少许胡萝卜、1 个苦椒、1 个红辣椒切丝，1/4 个梨去皮后切丝。将 50g 水芹菜清洗干净切成 3cm 长的段，与 2 瓣蒜和 1/2 个姜一同切丝。

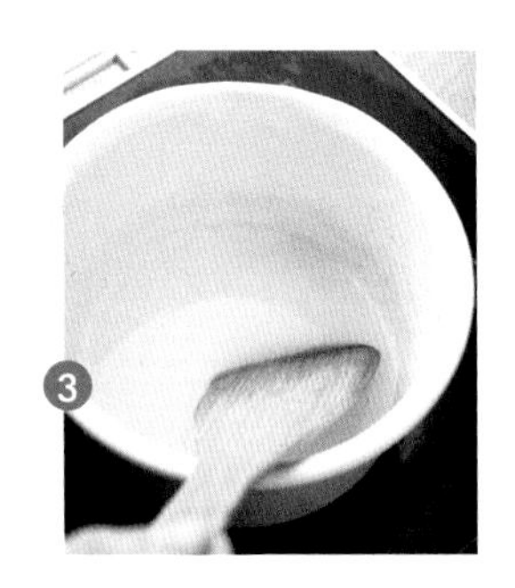

③ 在 1/4 杯水中添加面粉 0.5，用饭勺均匀搅拌。在面糊中添加胡萝卜、苦椒、红辣椒、梨、水芹菜、蒜、姜、少许盐，均匀搅拌。

④ 在黄瓜中填充③后放进泡菜桶中；将 $2\frac{1}{2}$ 杯矿泉水、1 杯海带水、蒜泥 0.5、1/2 个梨、少许盐混合搅拌，制成汤汁，将汤汁浇在泡菜桶内。

嘎嘣嘎嘣高钙之选

鳀鱼锅巴

小时候，妈妈把锅巴收集起来，油炸后撒上白糖，给我做出了最美味的零食。现在已经进入买锅巴吃的时代，甚至还有能够在家制作锅巴的机器。用平底锅或烤箱烤出的香脆锅巴也不失为一道绝美下酒菜。

Service Menu 2

2 人份（30 分钟）

原料 坚果碎片（核桃、南瓜子、松子等）适量，米饭 1/2 碗，香油少许，干鳀鱼 2

难易度 ★☆☆

8 人份

原料 坚果碎片（核桃、南瓜子、松子等）2，米饭 2 碗，香油 2，干鳀鱼 1/2 杯

小贴士 也可使用海米或日本银鱼片代替鳀鱼。此外，坚果类油分大，捣碎时适宜垫上厨房毛巾，再用刀切碎。

在 1/2 碗米饭中添加少许香油，均匀搅拌。

添加干鳀鱼 2 和坚果碎片，均匀搅拌。

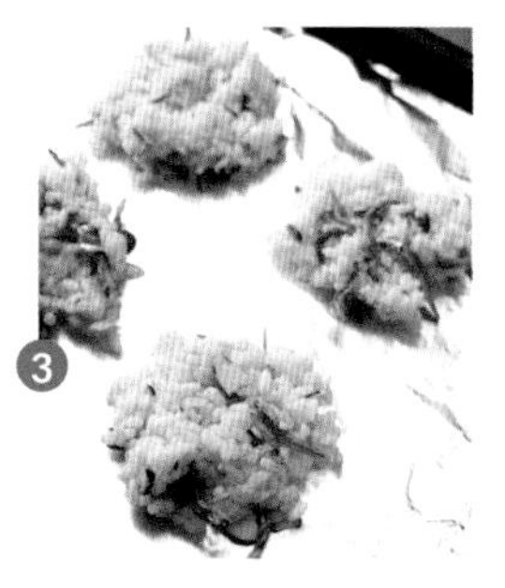

在烘烤盘中将米饭摆成圆形团状。

在预热至 200℃的烤箱中烘烤 20 分钟，或下锅，用小火将正反面烤至金黄。

腌杭椒

每当回想起妈妈当年的手艺时，这道料理总是会浮现在脑海里。在蒸米饭时，米饭上面放卷起的细香葱和杭椒，细香葱和杭椒上粘着颗颗米粒，就被妈妈端上了餐桌。现在出现了微波炉和烤箱，再不用像妈妈当年那样，把食材放在米饭上了。

Service Menu 3

2 人份（20 分钟）

主原料 杭椒 50g，面粉 1，水 1

调味料原料 红辣椒 1/4 个，酱油 1，香油 1，葱花 0.3，芝麻盐 0.3

难易度 ★☆☆

8 人份

主原料 杭椒 200g，面粉 3，水 3

调味料原料 红辣椒 1/2 个，酱油 3，香油 2，葱花 1，芝麻盐 1

小贴士 苦椒尚未完全成熟，仍然脆嫩时，切半后裹上面粉蒸，晾干后下油炸，即可做出美味炸辣椒。

1 将 50g 杭椒去除根蒂，用清水洗干净后，沥干水分。

2 在面粉 1 中添加水 1，搅匀后添加进杭椒，均匀搅拌。

3 将杭椒盛进耐热容器，放进微波炉加热 2 分钟左右。

4 将 1/4 个红辣椒切末，添加酱油 1、香油 1、葱花 0.3、芝麻盐 0.3 均匀搅拌，制成调味料，将调味料倒入杭椒中混合搅拌。

大力水手的最爱

芝麻菠菜

菠菜无论对谁来说都是一种了不起的蔬菜。菠菜适合搭配芝麻盐或香油，但因为含有草酸，所以最好在沸水中焯一下再食用。

Service Menu 4

2 人份（20 分钟）
主原料 菠菜 1/2 捆，盐少许
调味料原料 炒芝麻 2，蛋黄酱 1，酱油 0.5，盐少许

难易度 ★☆☆

8 人份
主原料 菠菜 2 捆，盐少许
调味料原料 炒芝麻 1/4 杯，蛋黄酱 3，酱油 1，盐 1

小贴士 炒芝麻在制作料理前先捣碎，才能充分保留香气和味道。

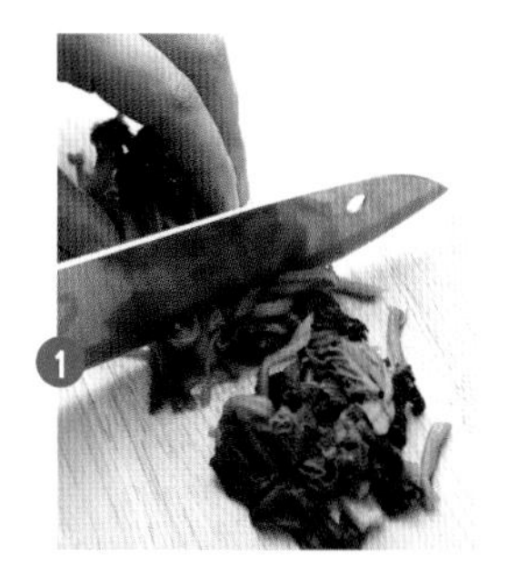

将 1/2 捆菠菜在加入少许盐的沸水中焯过，再用凉水冲洗后，挤掉水分，切成便于食用的大小。

将炒芝麻放进臼中捣碎。

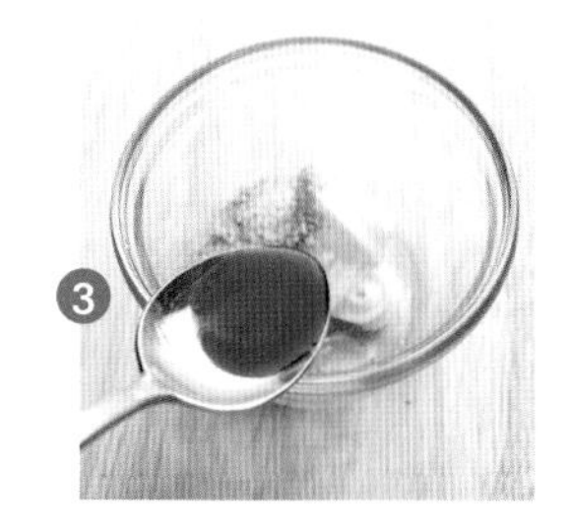

碗中添加捣碎的芝麻、蛋黄酱 1、酱油 0.5、盐少许，均匀搅拌。

在焯过的菠菜中添加❸，均匀搅拌。

轻轻凉拌的速食下酒菜

凉拌韭菜

韭菜如同洋葱或大葱一样具有辣味，因此制作泡菜时，可以不另外添加洋葱或大葱。中国韭菜厚实且长，适合做炒韭菜。韩国韭菜适合制作饼、泡菜或汤，薄薄的细韭菜适合制作凉菜或用于调味。

Service Menu 5

2 人份（10 分钟）

主原料 细韭菜 50g，黄瓜 1/2 根，粗盐少许，红辣椒 1/4 个

调味料原料 大酱 1，香油 1，醋 1，白糖 0.3，料酒 1，芝麻盐 1

难易度 ★☆☆

8 人份

主原料 细韭菜 200g，黄瓜 2 根，粗盐少许，红辣椒 1 个

调味料原料 大酱 3，香油 3，醋 3，白糖 1，料酒 3，芝麻盐 3

小贴士 也可用山蒜、水芹菜、大葱等代替细韭菜。调味用大酱更适合用市面上销售的大酱而不是自制大酱，这样咸味不重，味道更佳。

将 50g 细韭菜清洗干净，切成 4cm 长的段。

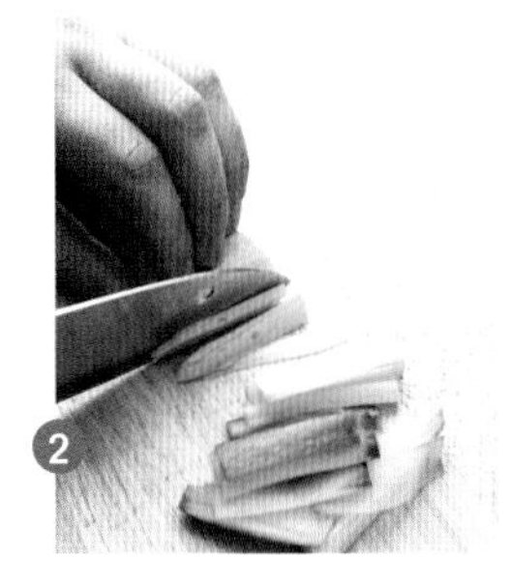

将 1/2 根黄瓜用粗盐搓洗后用清水洗干净，切成 4cm 长的条状，将 1/4 个红辣椒切半后切丝。

将大酱 1、香油 1、醋 1、白糖 0.3、料酒 1、芝麻盐 1 均匀搅拌，食用之前，和细韭菜、黄瓜、红辣椒混合，细细搅拌腌制。

八道烧酒总览

烧酒毫无疑问是韩国的国民酒。韩国成年人平均每人每年要喝掉 74 瓶烧酒（2008 年统计标准），约合每五天喝一瓶。即使是经济萧条时期，能够抚慰人们心灵的烧酒也似乎根本不存在不景气的状况。正如同法国各地有各种代表地方特色的红酒，在韩国，八道（历史沿袭的道制是韩国的行政区划基础，韩国人常用“八道”来表示全国各地——译者注）也各有名酒！让我们这就踏上一览八道烧酒的旅程吧！

爱酒之人推荐的红薯烧酒

江原道洪川是红薯烧酒的产地。红薯烧酒是单纯将紫薯经过发酵，不添加任何甜味剂和添加剂，用纯蒸馏方式酿制的烧酒，后味纯净是其显著特点。
酒精度数 19.6%

首尔

真露 使用竹子活性炭过滤，喝下去时温纯无比的烧酒。
酒精度数 20.1%

江原道

初饮初乐 采用大观岭山麓的纯净夹心岩水，利用碱还原工艺制成。
酒精度数 19.5%

忠北

溪原 采用世界三大矿泉水之一的洁净夹心岩水酿制而成是其主要特征。
酒精度数 19.5%

忠南

O_2 林 氧溶法酿造工艺不仅在韩国，而且在日本、中国都已经获得特许。此酒氧含量高，口味温纯。
酒精度数 19.2%

大邱・庆北

真烧酒 添加了缓解宿醉的天门冬酰胺、木糖醇等成分，后味纯净。
酒精度数 19.5%

光州・全南

枫叶酒 添加了加拿大枫树汁液即有机农枫浆的温纯烧酒。
酒精度数 19.5%

釜山

C1 富含矿物质的海洋深层水，经音响震动熟成工艺制成的烧酒，口感清新。
酒精度数 16.7%

济州

汉拿山水纯净烧酒 采用汉拿山天然夹心岩水蒸馏制成的原液，盛装在橡木桶中长期熟成的烧酒。
酒精度数 19.8%

蔚山・庆南

White 在智异山天然夹心岩水中添加天门冬酰胺等制成的烧酒。
酒精度数 19.9%

全北

海特 添加木糖醇成分，口感清凉柔和。
酒精度数 19.5%

洋酒

Liquor

洋酒是由西方引进的，经西方酿造工艺制成的酒，如威士忌、干邑酒等。

威士忌、干邑酒、龙舌兰、朗姆、伏特加、鸡尾酒、白兰地……洋酒的种类繁多。但提到洋酒，在我们印象中，与其说是在家中畅饮的酒种，不如说更多是在社交场合品味的酒种。可能是因为它们跨洋而至，所以我们在制作与其搭配的下酒菜时，常显得信心不足。因此，在这里就要为大家提供一些在家中也能够制作的简单洋酒配菜。

烤春卷
紫色苤蓝白泡菜
橄榄黄瓜沙拉
凉拌白芝麻南瓜
生蔬菜与调味酱
虾皮饼干
芝士棒
三鲜锅巴
蒸柠檬猪肉
牛排块
炖牛腱子年糕
鸡肉凉菜
凉拌芝麻西蓝花
洋葱脆皮烙菜
烤杭椒五花肉
海鲜与柠檬盐
火腿寿司
比目鱼生鱼片
香草蒜鸡肉与土豆
炒鸡蛋虾仁细香葱
布里芝士与核桃
金枪鱼塔
炸鱿鱼沙拉
烤蒜
泡菜蛋卷饭
甜菜开那批
松子冻
火腿薄煎饼
烤柠檬海鱼

高品位的洋葱菜谱

洋葱脆皮烙菜

脆皮烙菜（Gratin）是在面粉和黄油翻炒制成的外壳中，添加牛奶或鲜奶油，再添加绵软的白沙司和各种食材，放进烤箱中烤制的一款料理。这里介绍的料理是将洋葱制成外壳（碗），既可以吃洋葱，又可以免去为寻找合适的碗而带来的烦恼，不失为一道令人心情愉悦的下酒菜。

2人份（30分钟）

原料 新鲜洋葱1个，虾肉1/3杯，培根1片，面包粉1/3杯，欧芹粉0.5，橄榄油2，芝士粉1，牛奶1/2杯，面粉1，橄榄油适量，混合蔬菜成品1/2杯，盐、胡椒粉少许

8人份

难易度 ★★☆

原料 新鲜洋葱4个，虾肉1杯，培根4片，面包粉2杯，欧芹粉2，橄榄油5，芝士粉4，牛奶1 1/2杯，面粉4，橄榄油适量，混合蔬菜成品2杯，盐、胡椒粉少许

❶ 将1个新鲜洋葱切半，放进微波炉加热1分钟，取出中间部分，做成小碗状。

❷ 将1/3杯虾肉和1片培根分别切好待用。

❸ 将1/3杯面包粉、欧芹粉0.5、橄榄油2、芝士粉1均匀搅拌。

❹ 将面粉1添加进1/2杯牛奶中，放在火上，一边搅拌，一边加热2~3分钟，当变得浓稠后，从火上移下。

❺ 在锅中倒入橄榄油，先翻炒虾肉和培根，再倒入1/2杯混合蔬菜成品，少许盐和胡椒粉翻炒，随后与❹混合搅拌。

❻ 在❶中倒入❺，再覆盖上❸，放进预热至180℃的烤箱中烘烤约15分钟。

小贴士

洋葱既有细长的，也有扁圆的，制作脆皮烙菜时，应选用扁圆的洋葱。硬实的洋葱买来后在阴凉处保存为宜。

醋辣椒酱，拜拜！

比目鱼生鱼片

生牛肉片（Carpaccio）是西方国家的人们热衷的一道生肉类料理，类似韩国的凉拌生牛肉的做法。现在人们也尝试将海鲜配上用柠檬汁调制的调味料生吃，代替了常用的醋辣椒酱。

2人份（20分钟）

主原料 比目鱼（或鲷鱼）1/2条

调味料原料 洋葱1/6个，柠檬汁5，蜂蜜2，橄榄油1，盐、胡椒粉、柠檬片少许

难易度 ★★☆

8人份

主原料 比目鱼（或鲷鱼）2条

调味料原料 洋葱1/2个，柠檬汁1/2杯，蜂蜜5，橄榄油1/3杯，盐、胡椒粉、柠檬片少许

料理中使用的比目鱼生鱼片，需要切成薄片后配上调味料，如果操作有困难，可以购买超市或海鲜市场上销售的比目鱼生鱼片。

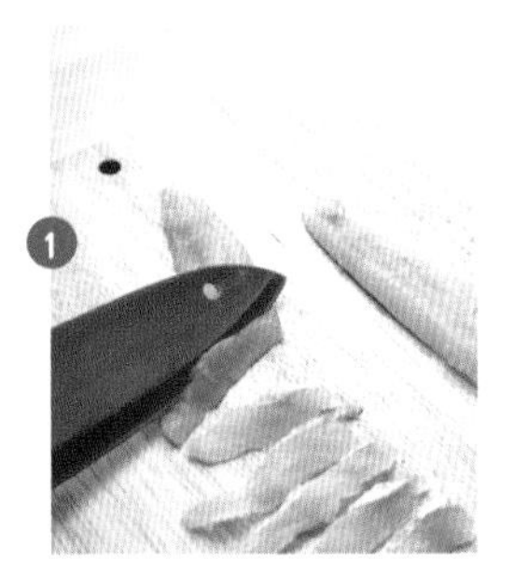

将1/2条比目鱼切成片状。

将1/6个洋葱切丁，添加柠檬汁5，蜂蜜2，橄榄油1，盐、胡椒粉和柠檬片少许均匀搅拌。

将切好的比目鱼生鱼片摆放在盘中，浇上调味料。

原料

4人份（10分钟）

原料 布里芝士1块，核桃适量，焦糖酱1

难易度 ★☆☆

切、炒、摆即可完成

布里芝士与核桃

布里芝士原产于法国西部地区。味道柔和，可以直接食用，也可裹上面粉、鸡蛋液和面包粉炸着吃，还能切成薄片搭配开那批食用。

小贴士

布里芝士与卡芒贝芝士均为法国具有代表性的软质芝士。原产于巴黎近郊的布里地区，依照熟成的程度，从绵软的口味到具有刺激性的口味，种类繁多。制造过程中撒上一种叫Penicillium Candidum的青霉菌，因此熟成过程中会产生像绒毛一样的白色外皮。

将1块布里芝士切成便于食用的大小。

将核桃在没有添加油的锅内翻炒。

将布里芝士装盘，浇上焦糖酱。

在芝士上摆放核桃。

堆得高高的健康之塔

金枪鱼塔

金枪鱼的确是非常好的海鲜，因此名字中才加了一个“참（在韩语中含义为‘的确，真的’——译者注）”字。虽然随着远洋渔业的发展，金枪鱼变得并不罕见，但鱼体不同部位的味道和价格不尽相同，非常特别。这里选用脂肪含量低、蛋白质含量高的金枪鱼，为您奉上一道健康下酒菜。

2 人份（30 分钟）

主原料 冷冻金枪鱼（生鱼片）1/4 袋，黄瓜 1/4 根，黄灯笼辣椒 1/4 个，黑橄榄 2 个，蔬菜嫩芽少许

原参调味料原料 原参 1 根，橄榄油 3，醋 1.5，白糖 1，盐少许

难易度 ★★☆

8 人份

主原料 冷冻金枪鱼（生鱼片）1 袋，黄瓜 1 根，黄灯笼辣椒 1 个，黑橄榄 8 个，蔬菜嫩芽少许

原参调味料原料 原参 2 根，橄榄油 1/3 杯，醋 4，白糖 2，盐 0.5

市面上销售的一般是冷冻金枪鱼，根据使用量解冻即可。解冻后的金枪鱼不宜再次冷冻。

将 1/4 袋金枪鱼切成小骰子形状。

将 1/4 根黄瓜、1/4 个黄灯笼辣椒切成金枪鱼一般大小，将 2 个黑橄榄切半后再切片。

将 1 根原参切碎后，添加橄榄油 3、醋 1.5、白糖 1、盐少许，均匀搅拌制成原参调味料。

在盘中放置一个圆形模具或杯子，分别层层添加金枪鱼、黄瓜、黄灯笼辣椒、黑橄榄，将模具去除后即完成造型。用蔬菜嫩芽进行装饰，并配以原参调味料。

2人份（1小时）

原料 猪肉（猪脖子肉或五花肉）150g，熏肠4根，洋葱1/4个，苹果1/4个，腌卷心菜100g，柠檬汁1/4杯，白糖1，盐0.3，月桂叶2片，干罗勒0.3

难易度 ★★☆

8人份

原料 猪肉（猪脖子肉或五花肉）600g，熏肠10根，洋葱1个，苹果1个，腌卷心菜250g，柠檬汁1/2杯，白糖3，盐1，月桂叶4片，干罗勒1.5

难易度 ★★☆

蒸柠檬猪肉可放进电饭锅中或预热至230℃的烤箱中加热约30分钟至熟。

酸酸甜甜的料理

蒸柠檬猪肉

在寒冷的欧洲东部地区，人们在享用烈酒的同时，习惯配以口味浓重的肉类料理，这款料理由此而生。猪肉、牛肉、鸡肉等多种肉类都可用来搭配制作这道菜。如果有喝剩下的啤酒，尽可代替柠檬汁添加入料理中。

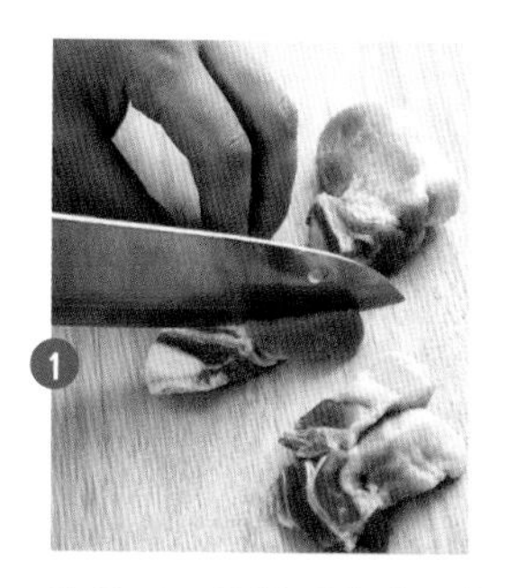

准备150g猪脖子肉或五花肉，切成厚肉条，将4根熏肠切半。

将1/4个洋葱和1/4个苹果切块。

将洋葱、苹果、猪肉、熏肠、100g腌卷心菜放入碗中，再添加柠檬汁1/4杯、白糖1、盐0.3、月桂叶2片、干罗勒0.3，均匀搅拌。

将搅拌好的食材倒入电饭锅中，按下蒸饭按钮。

谢绝油腻的牛排

牛排块

人们大多以为牛排块是在并不十分新鲜的肉类中添加蔬菜，配上浓浓的调味料而制成的料理，其实这纯属误会。新鲜肉块被切成便于食用的大小搭配蔬菜，相对于高档次的牛排，牛排块是一道更适合做下酒菜的让人吃起来毫无负担的佳品。

2 人份(30 分钟)

主原料 牛肉(里脊肉)200g,橄榄油适量,双孢菇 3 个,青菜椒 1/2 个,红菜椒 1/2 个,洋葱 1/4 个,盐、胡椒粉少量 **调味料原料** 西红柿酱 3,辣酱 1,芥末 1

8 人份

难易度 ★★☆

主原料 牛肉(里脊肉)800g,橄榄油适量,双孢菇 12 个,青菜椒 2 个,红菜椒 2 个,洋葱 1 个,盐、胡椒粉少量 **调味料原料** 西红柿酱 1 杯,辣酱 1/3 杯,芥末 1/3 杯

1 准备 200g 牛里脊肉,切成便于食用的大小,浇上橄榄油。

2 将 3 个双鲍菇分别四等分。

3 将 1/2 个青菜椒、1/2 个红菜椒去籽后切成便于食用的大小,1/4 个洋葱切成便于食用的大小。

4 在锅内倒入适量橄榄油,翻炒蔬菜,并添加盐、胡椒粉调味后装盘。

5 将西红柿酱 3、辣酱 1、芥末 1 混合搅拌,制成调味料。

6 在锅内倒入适量橄榄油,牛肉翻炒片刻后添加调味料再继续翻炒。牛肉炒熟后,添加蔬菜继续翻炒至熟。

也可使用蚝菇或杏鲍菇代替双孢菇,使用西红柿调味料代替西红柿酱。

鸡肉凉菜

提到夏季养生料理，首先想到的便是参鸡汤或清炖鸡。温暖脾胃的鸡肉搭配蒜，不但促进消化，而且能够起到排毒作用，守护我们一夏的健康。那么就请您来品尝一下这道养生凉菜吧。

2 人份（30 分钟）

主原料 鸡胸脯肉 1 块，绿豆芽 100g，苦椒 4 个，食用油适量，盐、芝麻少许

调味料原料 酱油 0.3，醋 2，白糖 1.5，料酒 0.5，蒜泥 1，盐少许

难易度 ★★☆

8 人份

主原料 鸡胸脯肉 3 块，绿豆芽 400g，苦椒 10 个，食用油适量，盐、芝麻少许

调味料原料 酱油 1，醋 1/3 杯，白糖 1/4 杯，料酒 2，蒜泥 3，盐少许

如果您忙碌到没有煮鸡肉的时间，不妨使用鸡胸脯肉罐头来入菜。

将 1 块鸡胸脯肉在淡盐水中煮熟，沥干水分后撕成细条状。

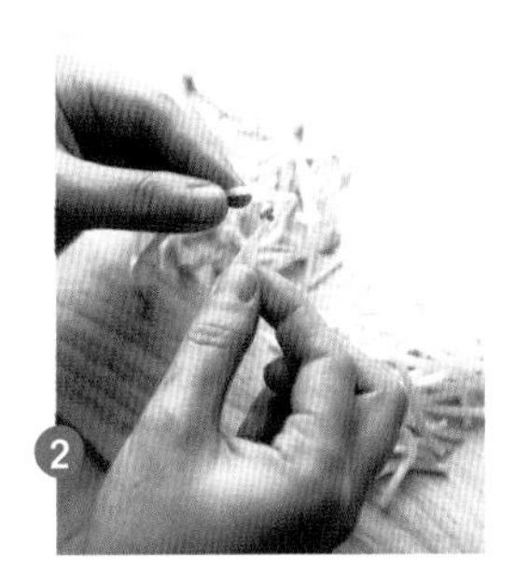

将 100g 绿豆芽去除头尾，在盐水中焯一下，用凉水浸泡后，沥干水分。

将 4 个苦椒切半去籽，切丝后入油锅炒至鲜脆，添加盐调味后盛盘。

将准备好的食材装盘，将酱油 0.3、醋 2、白糖 1.5、料酒 0.5、蒜泥 1、盐少许均匀搅拌，制成调味料，将调味料浇在食材上，并撒上芝麻。

2 人份（20 分钟）

主原料 西蓝花 1/2 棵，盐少许，虾皮 2

调味料原料 芝麻粉 2，大酱 1，醋 0.5，白糖 0.5，香油 0.5

难易度 ★☆☆

8 人份

主原料 西蓝花 2 棵，盐少许，虾皮 1/3 杯

调味料原料 芝麻粉 1/4 杯，大酱 3，醋 2，白糖 2，香油 2

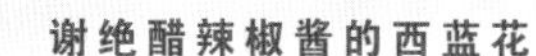

谢绝醋辣椒酱的西蓝花

凉拌芝麻西蓝花

西蓝花被《时代》杂志评选为健康食品后人气暴增。但您是否除了将焯过的西蓝花搭配辣椒酱之外，想不到其他的制作方法呢？

西蓝花不仅花朵可以食用，富含纤维质的茎干也同样美味。但茎干部位韧性强，剥去外皮后切成块状食用为宜。

将 1/2 棵西蓝花掰成小块，在加了少量盐的沸水中焯一下，再用凉水浸泡后，沥干水分。

将虾皮 2 收拾干净后，在没有添加油的锅内稍稍翻炒一下。

将芝麻粉 2、大酱 1、醋 0.5、白糖 0.5、香油 0.5 混合搅拌，制成调味料。

将西蓝花和虾皮盛入碗中，再添加调味料，轻缓搅拌。

以光泽和口感取胜

炒鸡蛋虾仁细香葱

虾的鲜香与细香葱的甜美搭配鸡蛋，造就了这道美味。鲜美的味道配以橘红色、墨绿色和黄色，令您酒兴大增。要想吃到鲜嫩的鸡蛋，需要在热油中快速翻炒。

原料

2 人份（20 分钟）

原料 鸡蛋 2 个，料酒 1，盐、胡椒粉少许，虾肉 1/4 杯，细香葱 3 根，食用油适量，蒜泥 0.5

难易度 ★☆☆

8 人份

原料 鸡蛋 8 个，料酒 3，盐、胡椒粉少许，虾肉 1 杯，细香葱 1 把，食用油适量，蒜泥 1.5

小贴士

春季，可以用各类野菜代替细香葱。

❶ 将 2 个鸡蛋搅拌均匀后，添加料酒 1、少许盐和胡椒粉调味。

❷ 将 1/4 杯虾肉在淡盐水中清洗干净，沥干水分，将 3 根细香葱清洗干净后，切成 3cm 长的段。

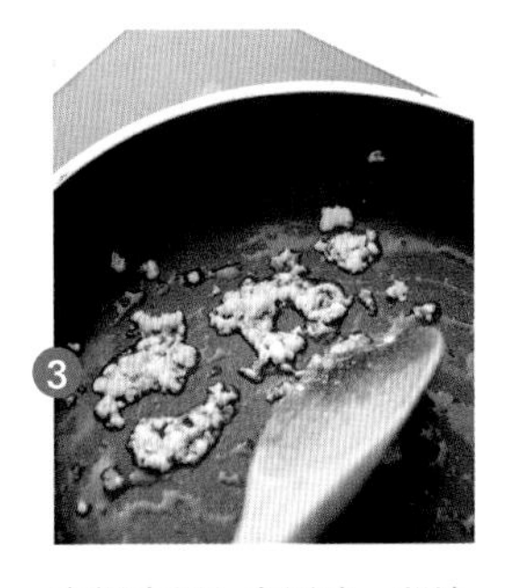

❸ 在锅内倒入食用油，翻炒蒜泥 0.5 至溢出香味，再放入虾肉翻炒。

❹ 在❸中倒入鸡蛋，翻炒至鸡蛋快熟时，添加细香葱，翻炒片刻即可。

令酒味更浓的魅力食物

烤柠檬海鱼

原料

4人份（1小时）

主原料 海鱼（大条）1条，蛋白1个，粗盐$1\frac{1}{2}$杯

调味料原料 清酒2，盐、胡椒粉少许，柠檬汁1

难易度 ★★☆

8人份

主原料 海鱼（大条）2条，蛋白2个，粗盐3杯

调味料原料 清酒3，盐、胡椒粉少许，柠檬汁2

这是粗盐和蛋白搅拌后包裹整条海鱼烤制出的一道料理。撒上柠檬汁或各类香料，您就可以享用各种口味的烤海鱼了。虽然包裹着纯白的盐，但您大可不必担心味道过咸，而且剩余的盐可以磨细后再次利用。

海鱼需要整条烤制，因此应去除内脏及鳞片。选取合适的白肉海鱼即可，如鲷鱼、石斑鱼等，也可选用鸡肉制作料理。

1 将海鱼的内脏及鱼鳍等去除后清洗干净，撒上清酒2、少许盐和胡椒粉，并均匀撒上柠檬汁1。

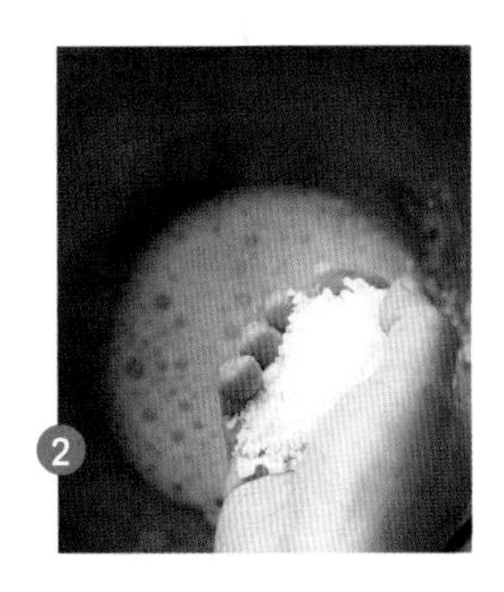

2 利用打蛋器将1个蛋白充分打出泡沫，添加$1\frac{1}{2}$杯粗盐，均匀搅拌。

3 在烘烤盘中放置海鱼后，倒上❷，将海鱼裹住。

4 放进预热至200℃的烤箱中，烘烤约30分钟。

在家制成的

火腿寿司

看着电视上的火腿广告，不禁垂涎三尺。热腾腾的米饭上放上几片美滋滋的火腿，这样完美的搭配简直是天上美味。您可以尝试用鸡胸脯肉制成寿司，并在上方添加鲜嫩的鸡蛋。无论是作为下酒菜还是零食，都是惹人爱的全新料理。

2人份（30分钟）

主原料 米饭1碗，鸡肉火腿（或意大利熏火腿）10片，鸡蛋1个，蛋黄酱1，盐、胡椒粉少许，食用油适量

甜酸调味料原料 醋2，白糖1，盐0.3，柠檬汁0.3

难易度 ★★☆

8人份

主原料 米饭4碗，鸡肉火腿（或意大利熏火腿）35片，鸡蛋3个，蛋黄酱3，盐、胡椒粉少许，食用油适量

甜酸调味料原料 醋1/3杯，白糖4，盐1.5，柠檬汁1

火腿以牛肉或猪肉制成的居多，随着人们健康意识的提高，市面上开始出现以鸡胸脯肉制成的低脂肪、高蛋白的全新火腿。如同培根一样，火腿也被削成薄片，使用真空包装，方便使用。

准备1碗蒸好的、温度适宜的米饭，添加醋2、白糖1、盐0.3、柠檬汁0.3混合制成的甜酸调味料，均匀搅拌。

将1个鸡蛋搅拌均匀，添加蛋黄酱1、少许盐和胡椒粉，在锅内倒入食用油，用筷子一边搅拌鸡蛋一边倒入锅内翻炒。

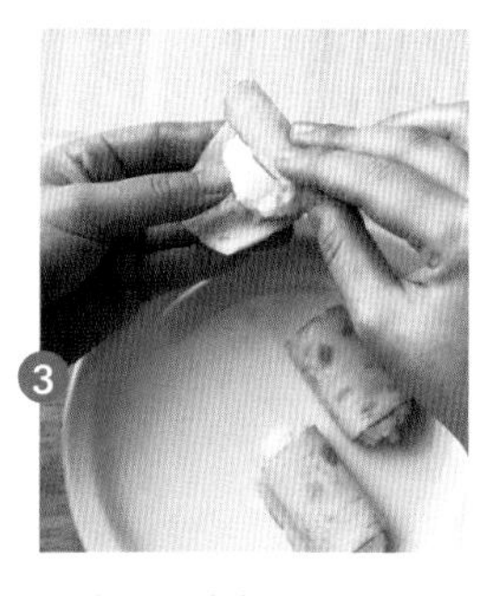

用火腿片卷起一口米饭，卷好后盛装在盘中，将保鲜膜罩在盘子上，把寿司中间部位按压平整。

在寿司上面摆放炒好的鸡蛋。

2 人份（20 分钟）

原料 猪肉（五花肉）150g，杭椒 10 个，蒜粉、盐、胡椒粉少许

难易度 ★☆☆

8 人份

原料 猪肉（五花肉）600g，杭椒 40 个，蒜粉、盐、胡椒粉少许

特别的烤五花肉下酒菜

烤杭椒五花肉

韩国人因为实在是热衷烤五花肉，因此烤肉的方法花样翻新、层出不穷。有的人家利用稻草烧烤，有的人家将五花肉用红酒腌制，抑或蘸大酱后烧烤。我们家里则是卷起杭椒后烤着吃。

也可以用五花肉包裹蒜薹或芦笋代替杭椒烤着吃。五花肉应先切成薄片，如果太厚，里面不容易烤熟，也要避免肉卷卷得过厚。

准备150g 五花猪肉并切半。

将 10 个杭椒清洗干净，沥干水分。

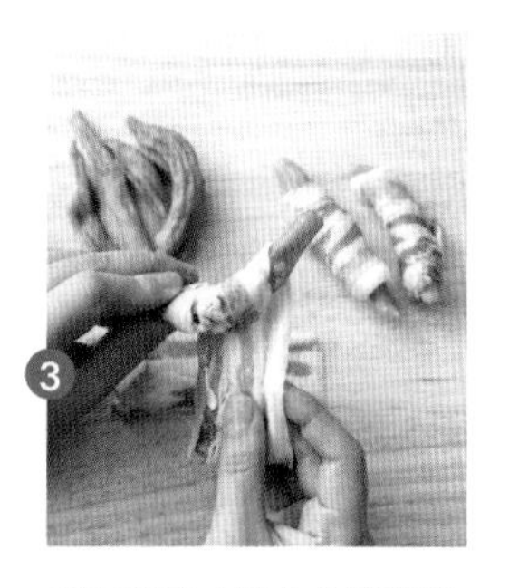

在五花肉上撒上少许蒜粉、盐、胡椒粉后，包裹杭椒并卷成卷。

将五花肉卷放入锅内，转圈烤至黄色即可。

绝顶美味料理

香草蒜鸡肉与土豆

置身国外，常听别人说韩国人身上散发着蒜味。难道外国人就不吃蒜吗？大概因为外国人食用的是用蒜制成的各种酱料，而并不吃生蒜，所以对蒜的味道不太适应吧。除添加到泡菜中或配以烤肉或生鱼片之外，是否有其他的适合用蒜搭配的料理呢？

难易度
★★☆

2 人份（40 分钟）

主原料 土豆 1 个，香草盐少许，橄榄油适量，鸡腿 4 个，散面粉 1/4 杯，食用油适量 **鸡肉调味料原料** 酱油 2，料酒 0.5，白糖 0.3，水 2，盐、胡椒粉少许 **香草外皮原料** 黄油 2，蒜泥 2，面包粉 1/4 杯，欧芹粉少许

8 人份

主原料 土豆 3 个，香草盐少许，橄榄油适量，鸡腿 8 个，散面粉 1/4 杯，食用油适量 **鸡肉调味料原料** 酱油 1/4 杯，料酒 2，白糖 2，水 4，盐、胡椒粉少许 **香草外皮原料** 黄油 1/2 杯，蒜泥 1/2 杯，面包粉 1 杯，欧芹粉 2

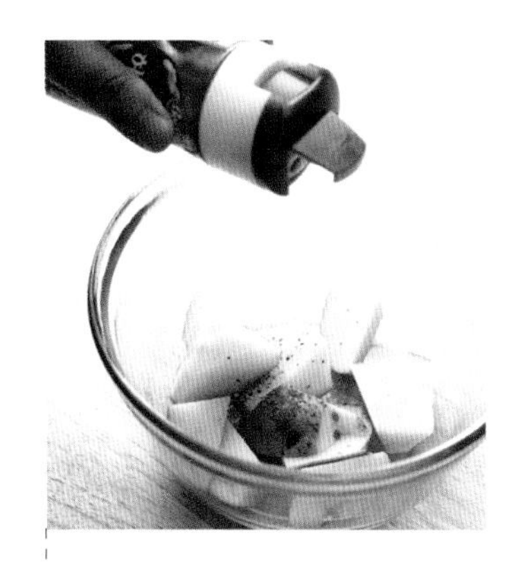

❶ 将1个土豆清洗干净，连皮切块，撒上橄榄油和少许香草盐。

❷ 将土豆放进预热至 200℃的烤箱中烘烤约 20 分钟。

❸ 去除 4 个鸡腿的骨头，划出刀口，添加酱油 2、料酒 0.5、白糖 0.3、水 2、少许盐和胡椒粉，腌制约 10 分钟，再包裹上 1/4 杯散面粉，放进锅内用食用油煎至黄色。

❹ 将黄油 2 熔化后，添加蒜泥 2、面包粉 1/4 杯、欧芹粉少许，制成香草外皮。

❺ 在煎好的鸡腿上包裹香草外皮，放进预热至 180℃的烤箱中烘烤约 10 分钟。

❻ 将烤过的土豆装盘，在上面摆放❺即可。

香草盐是牛至、胡椒籽、蒜、辣椒等混合加工而成的一种盐。主要用于肉类食品的烹饪，带有香醇及辛辣的味道。

从西方传来的下酒菜

火腿薄煎饼

韩国人喜欢在烙饼里夹进各种蔬菜，做成饼夹菜，而在西方，人们喜欢在薄煎饼中添加各种食材制成料理（Crepe）。您也不妨来享用香肠、马哈鱼、芝士、鸡蛋等多种口味的薄煎饼吧。

2 人份（30 分钟）

主原料 熏肠 2 个，莫扎瑞拉芝士 1/4 杯，鹌鹑蛋 4 个，盐、胡椒粉、葱花少许，食用油适量

难易度 ★★☆

8 人份

主原料 熏肠 8 个，莫扎瑞拉芝士 1 杯，鸡蛋 4 个，盐、胡椒粉、葱花少许，食用油适量

薄煎饼面糊原料（4 人份） 面粉（低筋面粉）25g，黄油 55g，鸡蛋 1/2 个，白糖 12g，牛奶 90mL，盐 0.5g，食用油适量

小贴士

1. 制作 8 人份和 2 人份的薄煎饼时，面糊原料根据 4 人份的量酌情增减。
2. 莫扎瑞拉芝士原本是由水牛奶制成，近来多以牛奶为原料，不经过熟成，直接销售，口感十分新鲜。

1 首先制作薄煎饼，将面粉用筛子过滤，黄油用中火熔化。将鸡蛋搅拌均匀后添加白糖、面粉、黄油、牛奶、盐，均匀搅拌至不产生结块。

2 在锅内滴入食用油，晃动均匀后，将❶的面糊用勺子舀入锅中，摊成薄薄的圆形煎饼。

3 将 2 个熏肠斜切成片，放进薄煎饼中，再添加 1/4 杯莫扎瑞拉芝士。

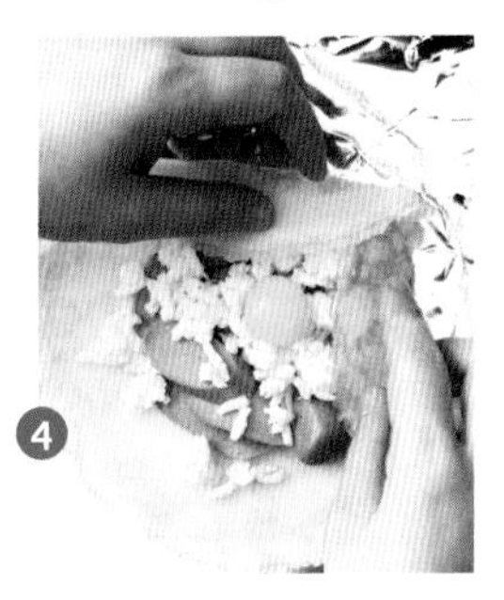

4 添加 4 个鹌鹑蛋后，将薄煎饼折叠，放进预热至 180℃的烤箱烘烤约 10 分钟。食用时撒上盐、胡椒粉和葱花。

用西洋蔬菜装扮出美感

甜菜开那批

4 人份（45 分钟）

原料 法式长棍面包（小）1/2 个，黄油（或奶油芝士）少许，红甜菜 1/2 个，洋葱末（1/4 个的量），细香葱末少许，香醋 2，橄榄油、帕玛森芝士粉适量

难易度 ★★☆

8 人份

原料 法式长棍面包（小）1 个，黄油（或奶油芝士）少许，红甜菜 1 个，洋葱末（1/2 个的量），细香葱末少许，香醋 4，橄榄油、帕玛森芝士粉适量

说起甜菜，人们可能会觉得生疏，但提起市场上卖的红色萝卜，大家可能不会陌生。如同萝卜一样，甜菜也可用于多种料理，可以煮成粉红色的甜菜汤，做熟还可以制成美味沙拉。如果有帕玛森芝士或拜勒克芝士这种硬芝士，您也可以使用削皮器将其削成薄片，搭配甜菜食用。

原产于地中海，根部光滑坚硬、表面无疤痕、大小适中的红甜菜是做这道料理的最佳选择。甜菜叶和茎干可以用来制作沙拉。

将 1/2 个法式长棍面包切成适宜的大小，在一面涂抹黄油，放进烤箱烤至黄油熔化；再将另一面涂抹上黄油，稍微烘烤即可。

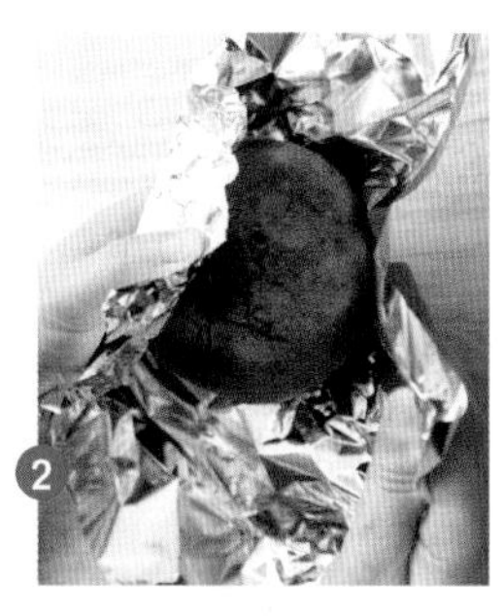

用烘烤铝箔纸包裹 1/2 个红甜菜，放进预热至 200℃ 的烤箱中烘烤 30 分钟后取出，切成小块。

将洋葱末、细香葱末、香醋 2、橄榄油和帕玛森芝士粉、烤熟的红甜菜混合搅拌。

在烤好的面包片上放置❸即可。

鱿鱼墨汁的礼物

炸鱿鱼沙拉

2 人份（30 分钟）

主原料 鱿鱼 1 条，酱油 0.5，蒜泥 0.3，煎炸粉 1/3 杯，圆生菜 1/4 棵，豆苗少许，煎炸油适量

调味料原料 蛋黄酱 2，料酒 1，酱油少许

难易度 ★★☆

8 人份

主原料 鱿鱼 3 条，酱油 1.5，蒜泥 1，煎炸粉 1 杯，圆生菜 1 棵，豆苗 1 袋，煎炸油适量

调味料原料 蛋黄酱 1/3 杯，料酒 3，酱油 1

在鱿鱼墨汁比较稀缺的时候为了制作鱿鱼墨汁料理，我曾经专程去江陵买了一箱新鲜鱿鱼，结果取出墨汁，却剩下了一大堆鱿鱼。为了处理这些鱿鱼，有一阵子，我家的饭桌上简直成了鱿鱼盛宴。而这道料理则是最受欢迎的。

将鱿鱼去皮切圈后可以再用沸水焯一下。

1 将1条鱿鱼收拾干净切圈，用酱油 0.5、蒜泥 0.3 腌制片刻后，裹上1/3杯煎炸粉，放进 170℃的煎炸油中炸至黄色。

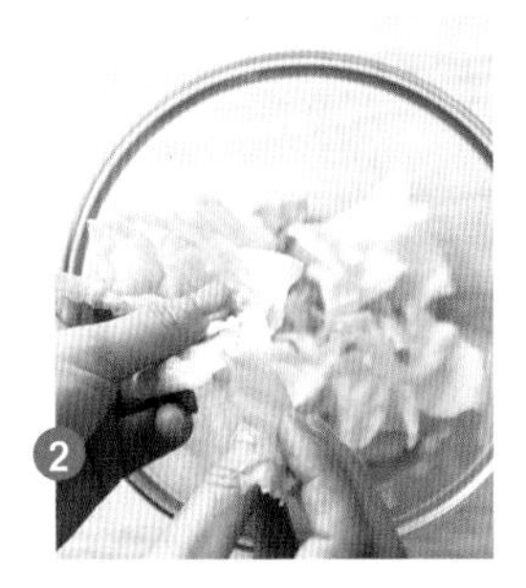

2 将 1/4 棵圆生菜用手撕成便于食用的大小，将豆苗用水冲洗干净。

3 将蛋黄酱 2、料酒 1、少许酱油混合搅拌，制成调味料。

4 将炸鱿鱼装盘，再放入蔬菜后，撒上调味料。

2 人份（20 分钟）

原料 整蒜 3~4 头，橄榄油适量，盐少许

难易度 ★☆☆

8 人份

原料 整蒜 16 头，橄榄油适量，盐少许

烤蒜

蒜中含有一种叫大蒜素的成分，刺激性较强。大蒜烤着吃能够增加甜味，口感也会更加柔软。肉类料理中烤蒜是必不可少的，不但味道相得益彰，而且一颗颗排列整齐的蒜粒组合而成的烤蒜放在盘中，着实令餐桌大放异彩。

整蒜烤制后压碎，添加盐、胡椒粉等调味后，可制成蒜调味酱，用途相当广泛。

1 将 3~4 头整蒜连同外皮用水冲洗干净后切半。

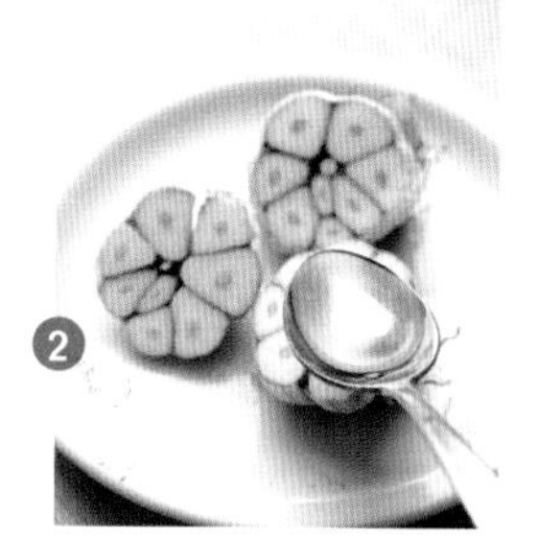

2 在蒜的横截面上均匀撒上橄榄油和盐。

3 将蒜放置在烘烤盘中，放进预热至 230℃的烤箱中烘烤约 15 分钟至呈黄色。

芝士棒

芝士（奶酪）是西方颇具代表性的牛奶制品。就工艺而言，芝士是经乳酸菌发酵的牛奶；就营养而言，芝士是浓缩的牛奶，其营养价值颇高，富含一种叫甲硫氨酸的人体必需氨基酸，非常适合作为洋酒的下酒菜的原料。

8人份（1小时）

原料 面粉（中筋面粉）180g，黄油200g，凉水2大勺，散面粉少许，橄榄油2大勺，蛋白1个，帕玛森芝士粉1/3杯，盐2½小勺，黑芝麻1大勺，欧芹粉1大勺

难易度 ★☆☆

为了准确计量请使用量勺。

1. 在180g面粉中添加1/2小勺盐后再添加200g黄油，切成仅有黄豆大小的颗粒，添加2大勺凉水后和面。

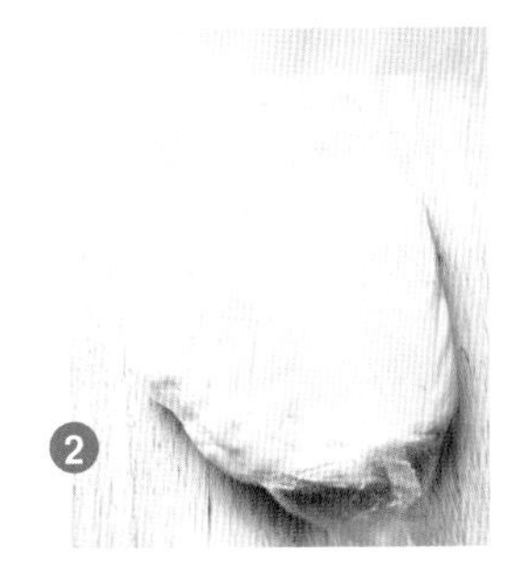

2. 在面团上撒上散面粉，用擀面杖擀成扁平的长方形，用保鲜袋包裹后放进冰箱，醒面15分钟。

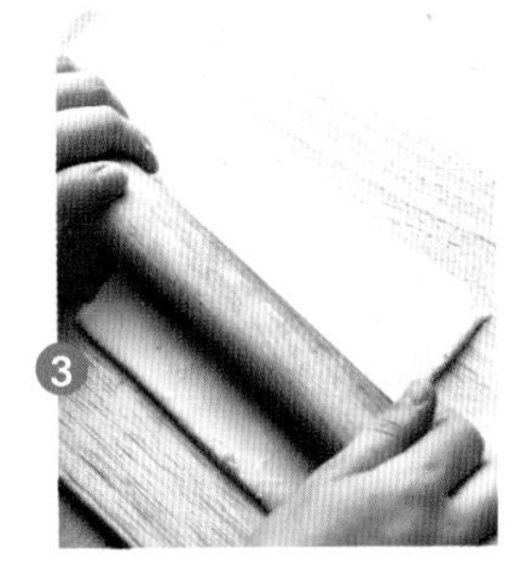

3. 将面团折叠三次，用擀面杖擀成厚0.5cm的面片，涂抹2大勺橄榄油，再折叠三次，擀成0.5cm厚的面片，在面片表面涂抹1个蛋白。

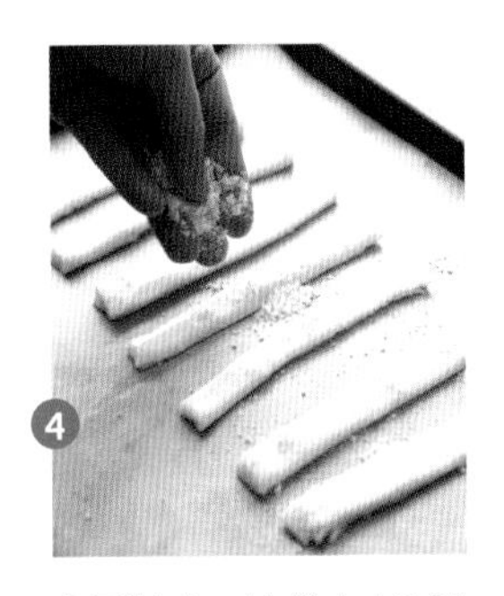

4. 在面片上一次撒上1/3杯帕玛森芝士粉、2小勺盐、1大勺黑芝麻、1大勺欧芹粉。用刀切成1cm宽的细长条，放进预热至200℃的烤箱中烘烤10~12分钟至变为褐色。

2 人份（30 分钟）

原料 鸡蛋 2 个，白菜泡菜 200g，洋葱 1/4 个，山蒜少许，细香葱 2 根，食用油适量，米饭 1/2 碗，飞鱼子 2，蚝油 0.5，香油 1，芝麻 0.5，盐、胡椒粉少许

难易度 ★★☆

8 人份

原料 鸡蛋 8 个，白菜泡菜 600g，洋葱 1 个，山蒜 1 把，细香葱 8 根，食用油适量，米饭 2 碗，飞鱼子 1/2 杯，蚝油 2，香油 2，芝麻 2，盐、胡椒粉少许

解决一顿饭的下酒菜

泡菜蛋卷饭

炸丸子（Croquette）、炸肉排（Cutlet）、煎蛋卷（Omelet）这类食物传入韩国后，不仅是味道甚至连名字的发音都发生了变化。其中煎蛋卷是对鸡蛋料理的统称，但添加了米饭的煎蛋卷在西方却是找寻不到的。泡菜蛋卷饭也仅有韩国才存在吧？

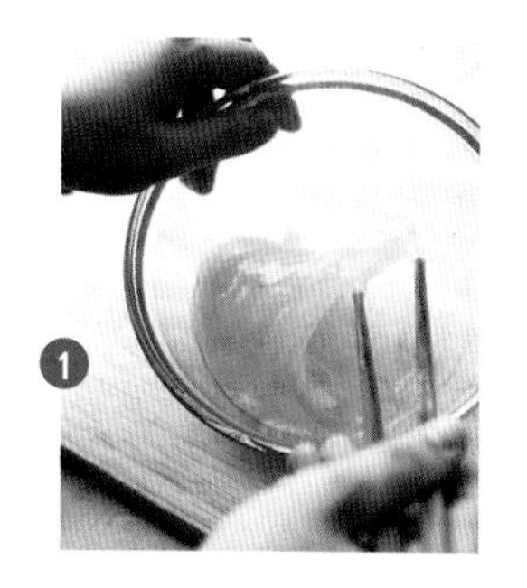

❶ 在2个鸡蛋中添加少许盐，搅拌均匀。将少许山蒜切碎后均匀搅进鸡蛋液中。

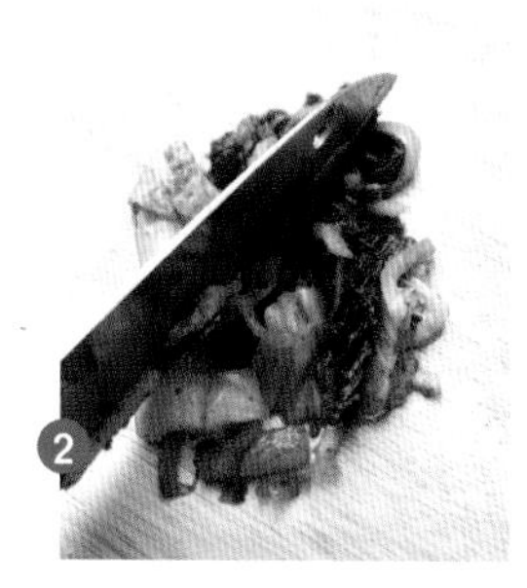

❷ 将 200g 白菜泡菜切碎，沥干水分，将 1/4 个洋葱切碎，将 2 根细香葱切碎。

❸ 在锅内倒入食用油，翻炒白菜泡菜，再添加洋葱翻炒，随后倒入 1/2 碗米饭，均匀翻炒。最后添加飞鱼子 2 和细香葱后，再分别倒入蚝油 0.5、香油 1、芝麻 0.5、少许盐和胡椒粉。

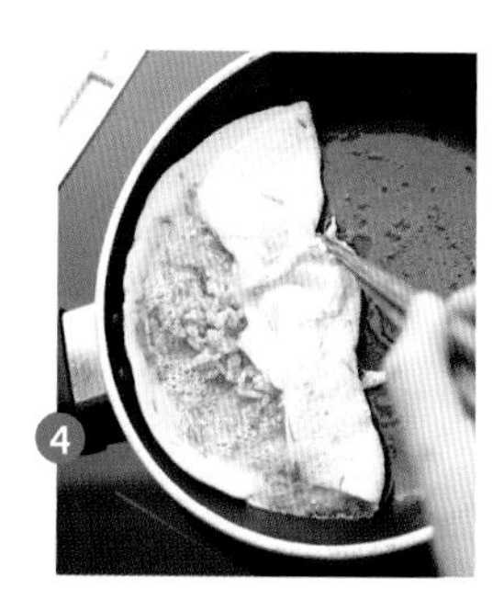

❹ 在锅内倒入食用油，将❶薄薄摊平煎熟后，倒入❸，摆出造型后盛盘。

下酒菜的季节新星

炖牛腱子年糕

这是一般在节日时才吃的食物，与较浓烈的洋酒十分搭配。因为添加了年糕，所以也是很好的充饥食物。美味的秘诀在于将筋道的牛腱子肉煮软。若没有时间，可以用高压锅，便于操作。

原料

难易度 ★★★

4 人份（2.5 小时）

主原料 牛肉（牛腱子肉）600g，条糕 2 条，萝卜（4cm 长）1 块，栗子 5 个，干辣椒 2 个 **炖牛肉汤汁原料** 水 5 杯，洋葱 1/2 个，苹果 1/2 个，大葱 1 根，蒜 1 头，姜 1 个 **调味料原料** 酱油 5，白糖 2，糖稀 2，料酒 2，香油、胡椒粉少许

8 人份

主原料 牛肉（牛腱子肉）1.2kg，条糕 4 条，萝卜（4cm 长）1/2 个，栗子 10 个，干辣椒 3 个 **炖牛肉汤汁原料** 水 8 杯，洋葱 1 个，苹果 1 个，大葱 1 根，蒜 1 头，姜 2 个 **调味料原料** 酱油 1/2 杯，白糖 1/4 杯，糖稀 1/4 杯，料酒 1/4 杯，香油、胡椒粉少许

1 准备 600g 牛腱子肉，切出细密的刀口，在凉水中浸泡 1 小时取出，在沸水中焯一下后，沥干水分。

2 在锅内倒入 5 杯水，将牛腱子肉、1/2 个洋葱、1/2 个苹果、1 根大葱、1 头蒜、1 个姜全都整个放入锅内，煮 1 小时，直至牛腱子肉变软。

3 将 2 条条糕切成便于食用的大小。

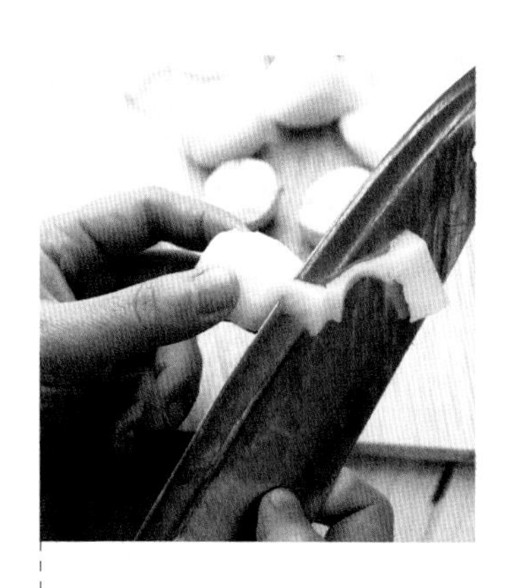

4 将 1 块萝卜切成栗子般大小，切除边角，修圆滑，将 5 个栗子的壳剥掉。

5 将酱油 5、白糖 2、糖稀 2、料酒 2、香油和胡椒粉少许混合搅拌，制成调味料。

6 当牛腱子肉煮软煮熟后，捞出洋葱、苹果、大葱，添加大半碗调味料，再添加萝卜、栗子、条糕、2 个干辣椒，改用小火煮。汤汁变少后，再添加剩余调味料，一边尝味道一边煮。

小贴士

炖牛腱子肉或排骨时，小火慢炖才是制作美味的关键。用排骨代替牛腱子肉即制作出炖排骨，排骨预先在沸水中焯一下为宜。在招待客人时，添加荷包蛋，或将红辣椒切成菱形进行装饰，更能令餐桌熠熠生辉。

松子冻

8人份（30分钟）

原料 松子1/4杯，绿豆粉1/2杯，水3杯，盐0.5

难易度 ★★☆

去加拿大旅行时，曾拜访过一个村庄。由于盛产苹果，所以村子中的苹果派工厂声名远扬。说起这道松子冻，我想向您推荐盛产松子的韩国加平郡。蘸着美味的调味料，松子冻既可以下酒，也适合作为全家人的营养食品。

松子和绿豆粉，搭配水的比例以1:（6~7）为宜。

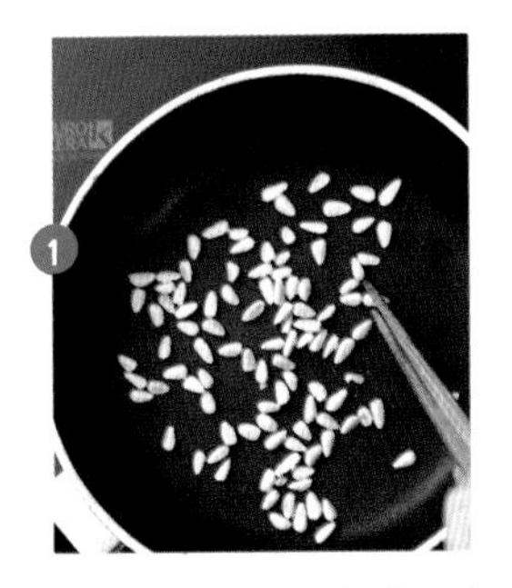

将1/4杯松子倒入锅内翻炒至褐色，用研磨机研磨成黏稠液体。

在研磨后的松子中添加1/2杯绿豆粉，均匀搅拌后添加3杯水，均匀混合。

在❷中添加盐0.5，如同熬糨糊一样，一边搅拌一边煮，避免沉底。

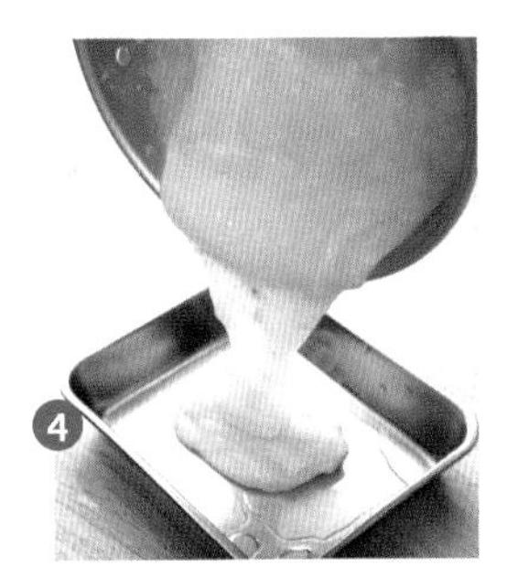

呈黏稠状后，换用小火，一边搅拌一边熬制约5分钟，然后倒入适当的容器内凝固即可。

2 人份（30 分钟）

主原料 虾 5 只，鱿鱼 1/2 条，巴非蛤 1 袋，白葡萄酒 1/4 杯，盐少许

柠檬盐原料 红辣椒 1/4 个，青阳辣椒 1/4 个，柠檬汁 2，盐花 0.5

难易度 ★☆☆

8 人份

主原料 虾 20 只，鱿鱼 2 条，巴非蛤 3 袋，白葡萄酒 1/2 杯，盐少许

柠檬盐原料 红辣椒 1 个，青阳辣椒 1 个，柠檬汁 1/2 杯，盐花 2

海鲜如果烹饪时间过久，肉质易老，味道也不鲜美。在选择盐时，宜选择优质海盐或炒盐等。

本真料理

海鲜与柠檬盐

人类使用历史最为悠久的调味料和储存原料是盐。16 世纪的意大利，能够将盐放在餐桌上的无疑只有贵族家庭。在盐中添加柠檬汁，不仅保持了盐的原味，也能够激发海鲜的纯美原味。

1 将 5 只虾的内脏去除后用清水洗干净，将 1/2 条鱿鱼去除内脏和外皮。

2 将 1 袋巴非蛤浸泡在淡盐水中去除污泥，再用清水洗干净。

3 将虾、鱿鱼、巴非蛤放进锅内，倒入 1/4 杯白葡萄酒、少许盐，将海产品烹饪熟。

4 将 1/4 个红辣椒、1/4 个青阳辣椒切半后切丝，加入柠檬汁 2、盐花 0.5 混合后，搭配海鲜食用。

三鲜锅巴

在中国料理店中满足度较低的菜式往往是三鲜锅巴。虽然人们渴望吃到美味佳肴，但相对于昂贵的价格而言，菜量却很小。因此下了很大决心之后，决定自己在家中一试身手，尝试着开始做三鲜锅巴。当厨房中飘出三鲜锅巴的袅袅清香之时，不觉想来上一杯酒。

原料

4人份（30分钟）

主原料 香菇2个，洋葱1/4个，胡萝卜少许，西蓝花1/4棵，鱿鱼1/2条，虾8只，菲律宾蛤仔1袋，盐少许，大葱1/4根，蒜1瓣，煎炸油适量，糯米锅巴8个 **调味料原料** 食用油1，酱油1，清酒2，蚝油1，白糖0.3，水1杯，香油0.5，胡椒粉、淀粉水少许

难易度
★★☆

8人份

主原料 香菇4个，洋葱1/2个，胡萝卜少许，西蓝花1/2棵，鱿鱼2条，虾20只，菲律宾蛤仔2袋，盐适量，大葱1/2根，蒜2瓣，煎炸油适量，糯米锅巴16个 **调味料原料** 食用油2，酱油2，清酒3，蚝油2，白糖0.5，水2杯，香油1，胡椒粉、淀粉水少许

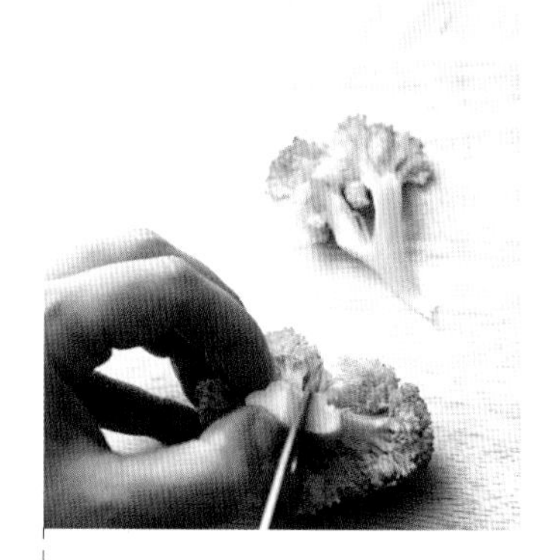

❶将2个香菇去除根蒂后切片，1/4个洋葱、少许胡萝卜切片，1/4棵西蓝花在沸水中焯一下，切成便于食用的大小。

❷在1/2条鱿鱼上划出刀口，再将鱿鱼切成便于食用的大小，用竹签挑出8只虾的内脏，将1袋菲律宾蛤仔在淡盐水中浸泡去除污泥后，沥干水分。

❸将1/4根大葱、1瓣蒜切丝。

❹将食用油1倒入锅内，放进大葱、蒜、香菇、洋葱、胡萝卜翻炒，倒入酱油1、清酒2后继续翻炒。倒入虾、鱿鱼、菲律宾蛤仔，炒片刻后，添加蚝油1、白糖0.3、1杯水、香油0.5、胡椒粉继续煮。

❺当汤汁沸腾后，添加西蓝花，缓缓添加淀粉水并注意调整浓度。

❻将8个糯米锅巴放入170℃煎炸油中炸熟后装盘。将❺趁热浇在糯米锅巴上。

小贴士

糯米制成的锅巴下锅炸后，颜色发白，且会膨胀起来，变得香脆可口。一次性炸过多锅巴，放置久会失去香味，因此炸够食用的量即可。将熬煮的食材趁热浇在刚出锅的锅巴上，才会发出声音，锅巴的口感才会酥脆。

需要花些工夫的

虾皮饼干

8人份（40分钟）

原料 面粉（低筋面粉）120g，盐0.3，黄油3，虾皮1杯，牛奶1/4杯

难易度 ★★☆

饼干是一种老少咸宜的大众零食，饼干上添加不同的食材可以创造很多独特的美味。这里给您介绍的是一款添加了大量虾肉，可以随时烘烤食用，令您忍不住上瘾的饼干。

将虾皮在锅内翻炒或用烤箱烘烤去掉腥味后，再研成碎末使用，效果更佳。

在120g面粉中添加盐0.3，混合搅拌后用筛子过滤。

将黄油3在室温下放置到变软，添加❶，用手搅拌至呈细小颗粒状即可。

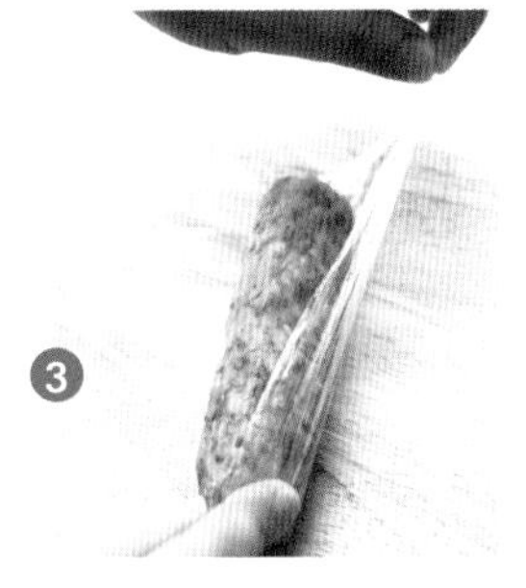

在❷中添加1杯虾皮，混合搅拌后倒入1/4杯牛奶，当形成一团面团后，揉成条状。用保鲜膜包裹后放入冷冻室。

将冷冻后的面团切成0.2~0.3cm厚的片状，放进预热至170℃的烤箱中烘烤约10分钟。

接下来的 Service Menu 就要为您介绍品味洋酒时可以搭配享用的一系列美味可口的小食喽。

令人大快朵颐的美味

生蔬菜与调味酱

我们喝酒的时候，搭配的下酒菜往往过于油腻。因此蔬菜也就成了必需的配菜。让我们在品尝新鲜蔬菜的同时，守护我们的健康吧！

Service Menu 1

2 人份（30 分钟）

主原料 黄瓜 1/2 根，胡萝卜 1/4 根，芹菜 1/2 棵

调味酱原料 整蒜 2 头，橄榄油 0.5，香醋 0.5，盐、胡椒粉、欧芹粉少许

难易度 ★☆☆

8 人份

主原料 黄瓜 2 根，胡萝卜 1 根，芹菜 2 棵

调味酱原料 整蒜 5 头，橄榄油 2，香醋 2，盐、胡椒粉、欧芹粉少许

难易度 ★☆☆

小贴士 除了黄瓜、胡萝卜、芹菜外，还可以使用菜椒、红灯笼辣椒、卷心菜、白菜等各类时令蔬菜。

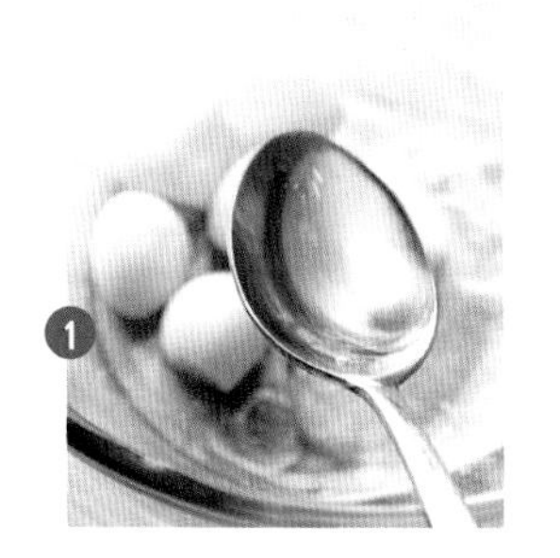

1 将 2 头整蒜的头部去除，撒上橄榄油 0.5 和少许盐，放进预热至 230℃的烤箱中烘烤约 15 分钟。

2 去除蒜心，用勺子或叉子将蒜压碎，倒入香醋 0.5、盐、胡椒粉和欧芹粉，混合搅拌制成蒜调味酱。

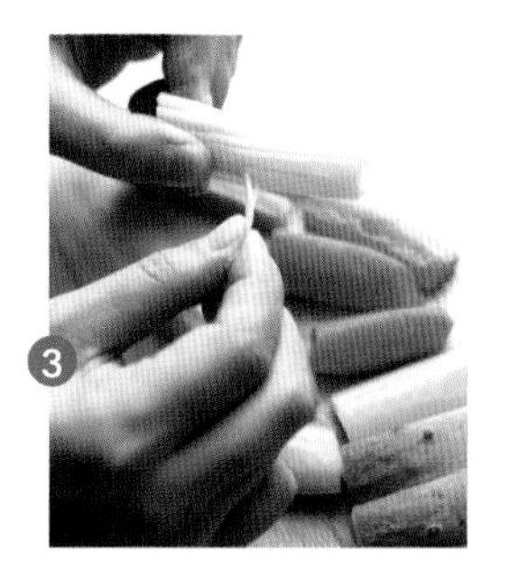

3 用削皮器将 1/2 根黄瓜的凸起部位去掉，将 1/4 根胡萝卜去皮，切成 6cm 长的段后分为 4~6 等份，将 1/2 棵芹菜的外皮撕掉后，切成 6cm 长的段。

4 将蔬菜装盘，搭配调味酱食用。

凉拌白芝麻南瓜

芝麻叶可以包裹烤五花肉食用，白芝麻可以榨成白芝麻油，还可以研磨成白芝麻粉，芝麻就是这样一种无私奉献的蔬菜。用白芝麻调拌出的南瓜与洋酒堪称绝妙的搭配。

Service Menu 2

2 人份（20 分钟）

原料 南瓜 1/4 个，盐少许，橄榄油 2，白芝麻粉 2，料酒 1

难易度 ★★☆

8 人份

原料 南瓜 1 个，盐少许，橄榄油 1/4 杯，白芝麻粉 1/2 杯，料酒 3

小贴士 白芝麻粉分为带皮芝麻研磨出的粉和去皮研磨出的粉两种。为了制作出味道更香醇的料理，建议将白芝麻去皮翻炒后使用。

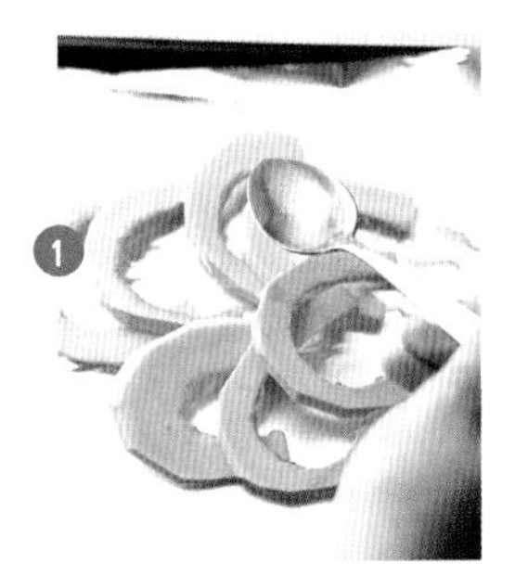

1 将 1/4 个南瓜用水冲洗干净去子，切成 0.5cm 厚的片，撒上少许盐和橄榄油 2。

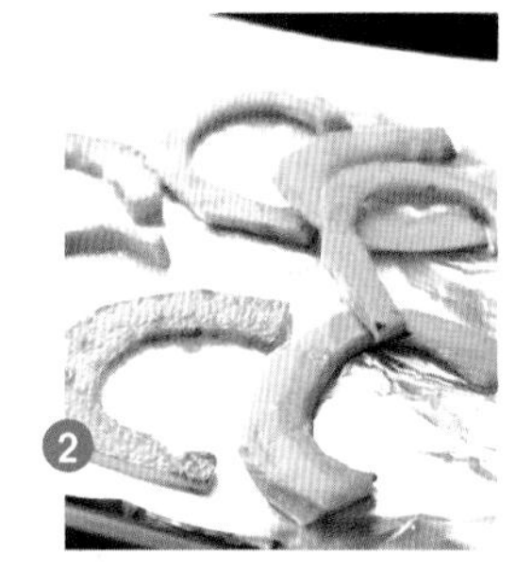

2 在预热后的烧烤架上烘烤南瓜。

3 将烘烤后的南瓜装盘，撒上白芝麻粉 2 和料酒 1，均匀搅拌。

令饱胀的肚子感觉轻松无比

橄榄黄瓜沙拉

清爽加上清香，一口咬下甜甜脆脆且倍感清凉，正是黄瓜造就了这一款沙拉。它令饱胀的肚子感觉轻松无比，同时又是一款富含维生素 C 的疲劳缓解剂。

Service Menu 3

2 人份（10 分钟）

主原料 黑橄榄 1/4 杯，黄瓜 1 根，盐少许

调味料原料 洋葱末 1，罗勒粉 0.3，橄榄油 1，醋 1，白糖 0.5，盐少许

难易度 ★☆☆

8 人份

主原料 黑橄榄 1 杯，黄瓜 3 根，盐少许

调味料原料 洋葱末 1/4 杯，罗勒粉 0.5，橄榄油 3，醋 3，白糖 1.5，盐少许

小贴士 较之青黄瓜，这道料理更适合使用白黄瓜，口感更香脆。

1 准备 1/4 杯无籽黑橄榄。

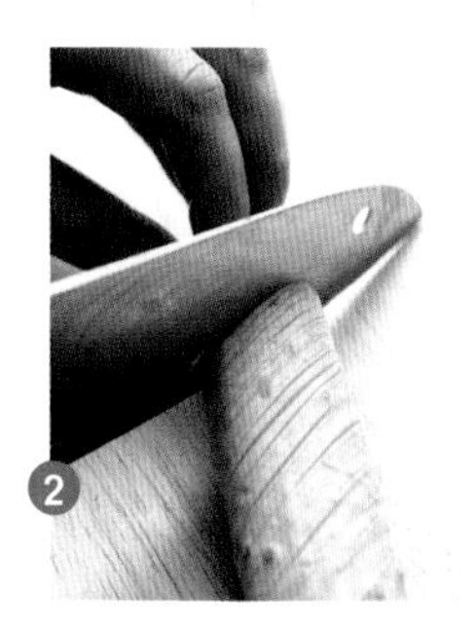

2 用削皮器去除 1 根黄瓜的凸起部分，斜着切出深深的、细密的刀口，相反一侧也切出相同的刀口。然后将黄瓜切成 2cm 长的段，撒上盐稍微腌制后沥干水分。

3 将洋葱末 1、罗勒粉 0.3、橄榄油 1、醋 1、白糖 0.5、盐少许混合搅拌，制成调味料。

4 将黑橄榄、黄瓜装入碗中，倒入调味料均匀搅拌即可。

充溢着爽口的感觉

紫色苤蓝白泡菜

清爽的白泡菜可以作为助消化的解酒食物，特别是在充满油腻的芝士以及煎炸食物的洋酒餐桌上更是如此。以苤蓝代替萝卜，腌制出别具风味的白泡菜，常温下放置一天后再放进冰箱保存，待食用之前取出，即可品味清凉的美味。

Service Menu 4

8 人份（3.5 小时）

主原料 白菜 1 棵，水 3 杯，粗盐 1/3 杯

馅料原料 紫色苤蓝（或萝卜）1 个，青葱 1/2 把，水芹菜 1 把，整蒜 1/2 头，姜 1/2 个，虾酱 1.5，粗盐少许

汤汁原料 矿泉水 1½ 杯，梨汁 1/2 杯，糯米糊 1/3 杯，蒜泥 2，盐少许

难易度 ★★☆

小贴士 糯米糊由 1 杯水加糯米粉 2 混合搅拌，煮熟后冷却制成。

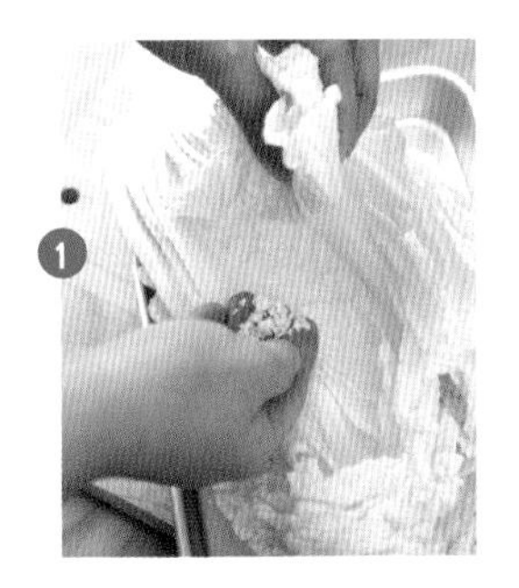

1 将 1 棵白菜去除外层叶片后，切成两半，再划出刀口。在 3 杯水中添加一半备好的粗盐，另外一半粗盐涂抹在白菜叶片上。将白菜泡制在盐水中，中间翻转一次，确保正反面腌制均匀。腌制 3 小时后，用凉水将白菜冲洗干净，沥干水分。

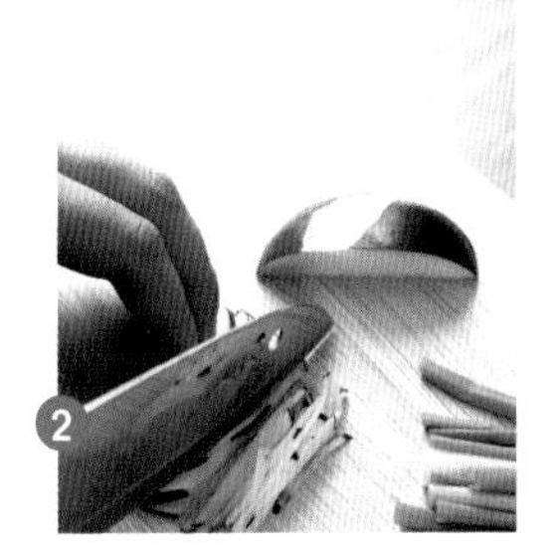

2 将 1 个紫色苤蓝、1/2 把青葱、1 把水芹菜清洗干净，切成 4cm 长的段，将 1/2 头整蒜、1/2 个姜去皮后清洗干净切碎。

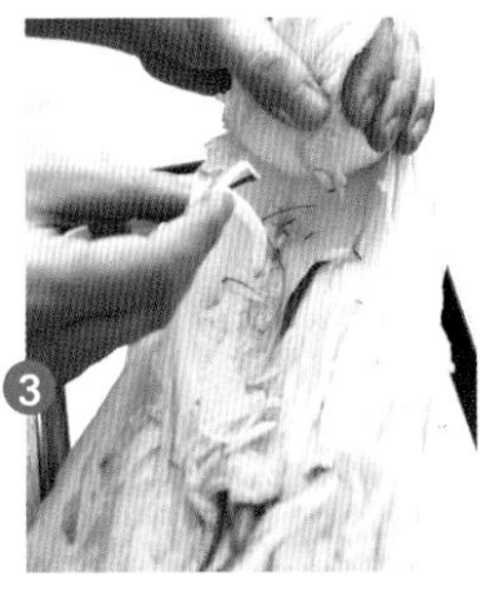

3 将❷放入碗内，倒入虾酱 1.5 和粗盐调味后制成馅料，填到白菜叶之间，然后用最外层白菜叶包裹妥当，整齐摆放进泡菜桶内。

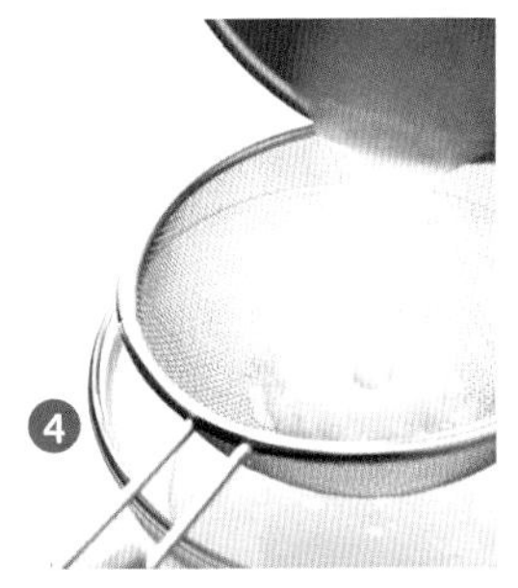

4 将矿泉水 1½ 杯、梨汁 1/2 杯、糯米糊 1/3 杯、蒜泥 2 均匀混合，用筛子过滤，如果味道较淡，再添加少许盐，然后倒入泡菜桶中。

为了健康不要油炸而要烤制

烤春卷

春卷主要是油炸后食用的。而这里，我尝试放进了香味独特的香菜，并涂抹了辛辣的调味料，烤制出了春卷。如果您不喜欢香菜，也可以选用欧芹粉或水芹菜叶、野菜叶、罗勒、芝麻菜等代替。

Service Menu 5

2人份（20分钟）

主原料 香菜（或香草）少许，春卷皮4张，食用油适量

调味料原料 辣椒酱1，塔巴斯科辣椒油（Tabasco）0.5，糖稀1

难易度 ★☆☆

8人份

主原料 香菜（或香草）少许，春卷皮16张，食用油适量

调味料原料 辣椒酱3，塔巴斯科辣椒油（Tabasco）2，糖稀3

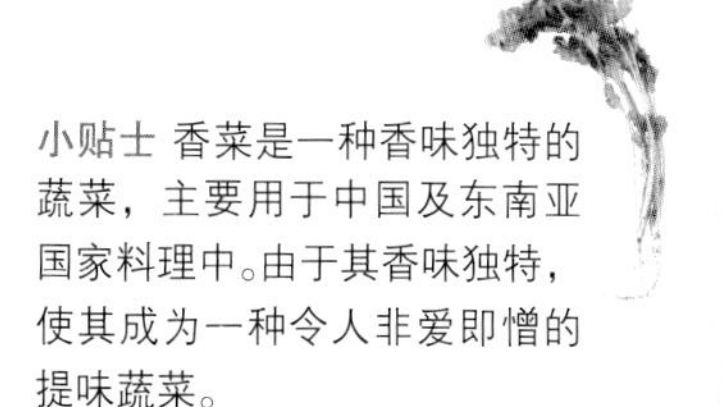

小贴士 香菜是一种香味独特的蔬菜，主要用于中国及东南亚国家料理中。由于其香味独特，使其成为一种令人非爱即憎的提味蔬菜。

1 准备少许香菜，取叶片待用。

2 将辣椒酱1、塔巴斯科辣椒油0.5、糖稀1混合搅拌制成调味料。

3 在1张春卷皮上涂抹一层薄薄的调味料，放上香菜叶后，再覆盖一张春卷皮。

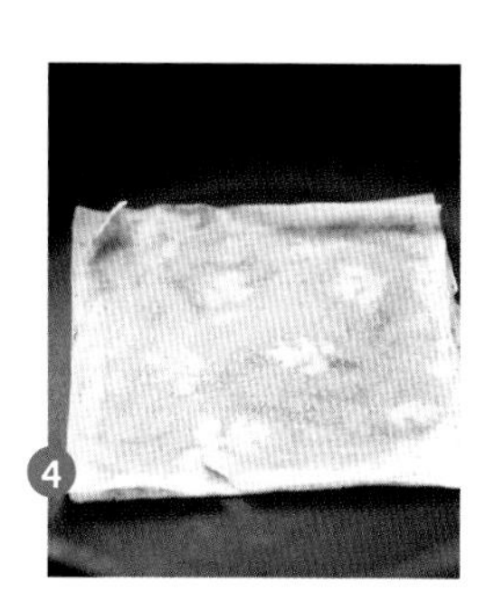

4 在热锅中倒入食用油，将春卷皮正反面均烤制到呈黄色后，切成便于食用的大小。

酒徒们最爱的洋酒

Danzka Vodka

曾经一提到伏特加，人们总是不由自主地想起充满魅惑的设计，具有轰动效应的广告，吸引人视线的“Ab***”某品牌。但近来，Danzka Vodka才是主流。这个品牌产自丹麦，100%全麦酿制，加上150年的悠久历史，造就了这一尊贵的伏特加品牌。有五种口味可供您选择，分别是原味Danzka Vodka，配以柠檬为原料的Danzka Citrus,添加了温和酸甜、独具魅力的木莓的Danzka Cranberyraz，具有天然西柚香味的Danzka Crapefruit,含有令人印象深刻的醋栗果香味的Danzka Currant。酒的度数为40度，您还可以搭配草莓汁、苹果汁或芒果汁等，制成多样的鸡尾酒享用。造型美观的铝制瓶也非常吸引眼球，喝完酒后，也可将酒瓶作为礼物送人。

Hazelnut Liqueur Frangelico

您是否听说过这款添加了榛果、可可、香草，具有无限魅力和独特口味的酒呢？不久前好友将它作为礼物送给我，品尝之后，我立刻就爱上了它，将它珍藏于我的爱酒清单中。一边感叹“实在是太独特了”，一边搜索了一番，才发现，原来它起源于17世纪意大利皮埃蒙特（Piedmont）地区的修道士采用当地盛产的榛果酿制出的利口酒。正因为如此，酒瓶的外观看起来真的挺像修道士的模样。该酒的度数是20度。曾获IWSC 2009(International Wine&Spirit Competition 2009)利口酒种类金奖以及同行业产品最优秀奖等。

1800 Tequila Reposado

您是否常喝龙舌兰酒呢？彻底颠覆龙舌兰酒是炮弹酒这一印象的应该说是至尊1800Tequila Reposado。由墨西哥哈里斯科（Jalisco）地区生长10年以上的蓝色龙舌兰制成，在法国或美国橡木桶中熟成3年的这款酒素有“龙舌兰酒中的人头马”一称。您可以加冰块饮用或配上橙子饮用。因为好奇1800的含义，我搜索了一番，原来这是熟成的龙舌兰酒最初发布的年度，同时也是为了纪念1795年龙舌兰最初获取商业销售的许可资格。

那个洋酒吧真的不错

Big mama ppippi

- **店名** Big mama ppippi
- **地址** 首尔西桥洞
- **特色** 西桥风情鸡尾酒吧
- **电话** 02-3141-4528
- **营业时间** 17:00~ 次日 05:00，全年营业
- **网址** cyworld.com/bigppippi

去素有“年轻人的街道”之称的弘大附近，常会产生迷路的错觉。举行派对的夜店因为有年龄限制，因此无法进入，琳琅满目的招牌下，真不知道该去向何方。在这时我的选择往往是西式鸡尾酒吧“Big mama ppippi”。在这里能够享用到多种多样的啤酒和鸡尾酒，从20岁到40岁的顾客在这里得以完美汇集，这里仿佛就是一个气氛活跃的游乐场。在这里享用种类繁多的啤酒与现场调制的鸡尾酒的同时，如果运气好的话，还能够欣赏到鸡尾酒秀。还有热情好客、性格开朗的店主，为客人筑起了友谊的桥梁。并且，这里的服务生也热情爽朗，令客人们不由得身心愉悦。当然下酒菜是不可或缺的！真不知道店家采用了什么诀窍，酥脆的炸土豆配以绿莹莹的欧芹粉，美味可口，当然，这也是我经常品尝的下酒菜。

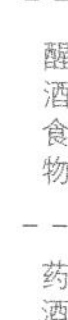

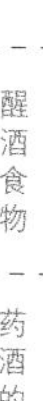

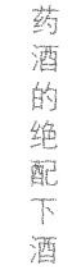
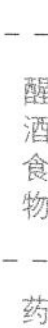

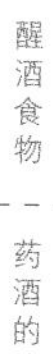

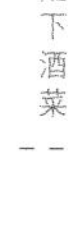
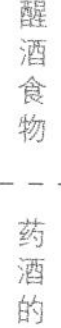

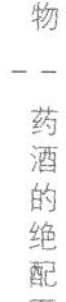

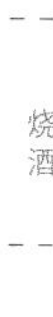

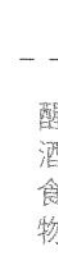

醒酒食物

令人疲惫的生活中，人们常借酒化解心中的苦闷，但酒也会令人的身体产生不适，所以最好能够适量饮酒。酒后第二天，我们也有必要准备消除身体不适的食物。只有这样才能够维持喝酒给我们带来的幸福感受。即使外面有山珍海味，也不及家中的一碗米饭。酒后在家中享用的解酒食物比补药还来得珍贵。粥、汤、面、健康饮品，各式各样经过爱酒之人充分鉴定的解酒佳选已经排列好了队伍，您只需要挑选适合自己口味的即可。

豆芽汤饭
明太鱼汤
冬葵大酱面片汤
海鲜汤面
泡菜素面
菠菜贝壳粥
解酒锅巴汤
裙带菜疙瘩汤
贝壳浓汤
豆芽拉面
蔬菜粥
牛肉盖饭
花生粥
梅子黄瓜冷汤
苹果芹菜汁
山药酸奶
茶泡饭
牡蛎汤饭
原参牛奶
泡菜乌冬面
鱿鱼萝卜汤
纳豆拌饭
谷物南瓜粥
土豆豆子浓汤
明太鱼粥
冷荞麦面
黑芝麻粥
四川汤面
裙带菜大酱粥
水芹菜猕猴桃汁

豆芽汤饭

小时候，每逢冬季，总是在豆芽笼屉中发豆芽来吃。豆芽能够判断主人究竟是懒惰还是勤快。因为如果不时常添水，豆芽很快就会发出很多须根。但须根也并非一无是处。须根中含有具有解毒功效的天门冬氨酸。如果您想用豆芽汤饭来解酒，可连同根部一同入锅。

难易度

★☆☆

2 人份（30 分钟）

主原料 豆芽 150g，水（或肉汤）4 杯，黄豆酱油 0.3，蒜泥 0.5，盐少许，米饭 1 碗，鸡蛋 2 个 **佐菜原料** 酸泡菜末 1/4 杯，青阳辣椒末 2，葱花 2，辣椒粉、芝麻、虾酱少许

1 在汤锅或石锅内添加 150g 豆芽，倒入 4 杯水后，盖上锅盖煮 5 分钟左右。

2 捞出豆芽，添加黄豆酱油 0.3、蒜泥 0.5、盐少许调味。

3 在汤汁中倒入 1 碗米饭，煮片刻后倒入先前捞出的豆芽，稍后倒入 2 个鸡蛋。

4 准备好 1/4 杯酸泡菜末、青阳辣椒末 2、葱花 2、辣椒粉、芝麻和虾酱，依据个人爱好，酌量添加进锅中。

倒入豆芽汤饭中的肉汤可以用 5 条鳀鱼、1 张 5cm×5cm 的海带加 4 杯水熬制而成，也可以用干明太鱼或香菇熬制。

韩国国民酒汤

明太鱼汤

每当父亲小酌几杯药酒归家后，第二天清晨，家中的饭桌上总会备有明太鱼汤。明太鱼脂肪含量低，味道鲜美，富含护肝的甲硫氨酸、赖氨酸、色氨酸等人体所需氨基酸，堪称解酒之首选。

原料

2 人份（30 分钟）

主原料 半干明太鱼 1 把，萝卜 1/2 个，豆腐 1/2 块，鸡蛋 1 个，大葱 1/4 根，水 3 杯，黄豆酱油 0.5，盐、胡椒粉少许

腌料原料 葱花 0.5，蒜泥 0.5，芝麻盐 0.5，香油 0.3，盐、胡椒粉少许

难易度 ★☆☆

小贴士

将半干明太鱼或明太鱼撕成条使用即可，明太鱼头不要丢掉，可以在熬肉汤时使用。此外，鸡蛋用大火煮容易变硬且无味。

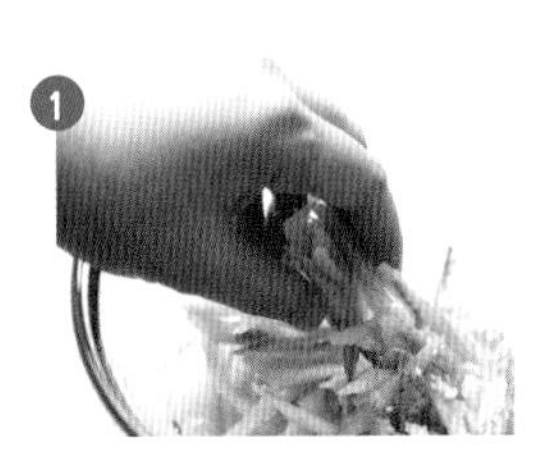

1. 将 1 把明太鱼干浸泡在水中片刻，捞出后沥干水分，添加葱花 0.5、蒜泥 0.5、芝麻盐 0.5、香油 0.3、盐和胡椒粉少许，轻缓搅拌腌制。

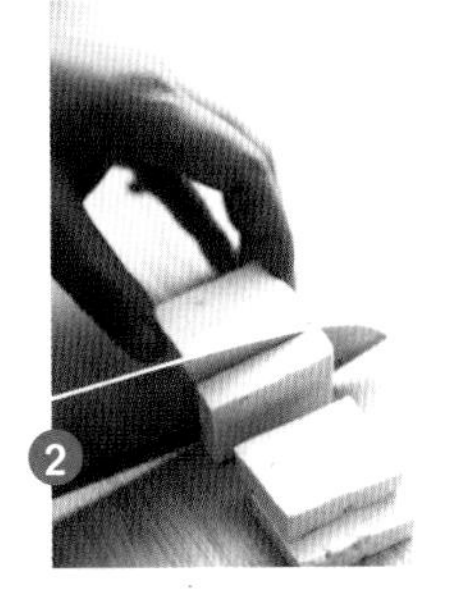

2. 将 1/2 个萝卜切成厚片，1/2 块豆腐切成厚片，1 个鸡蛋搅拌均匀，1/4 根大葱切成葱花。

3. 在锅内倒入腌制后的明太鱼干，翻炒片刻后倒入萝卜翻炒。添加 3 杯水，当汤汁煮沸、萝卜变软后，换用小火继续煮。

4. 添加豆腐，黄豆酱油 0.5，待汤汁颜色发生变化后倒入鸡蛋，稍后添加盐和胡椒粉调味，最后放入❷的葱花再稍煮片刻。

2人份（30分钟）

主原料 冬葵200g，海米1/4杯，大葱1/2根，水5杯，大酱3，蒜泥1，盐少许

面片原料 面粉1杯，水1/4杯，盐少许

难易度 ★★☆

解酒的同时解决一顿饭

冬葵大酱面片汤

都说冬季小掩柴门吃冬葵。冬葵的茎长，叶片像蒲扇，宽大舒展，和虾是绝配，将冬葵与虾煮成汤或粥，极其适合消化能力差的人食用。

冬葵茎比较坚硬，将外皮去除后撒上盐，用手搓洗，消除菜的异味。如果没有冬葵，也可使用茖莛菜或菠菜代替。

1 将200g冬葵的茎折断，抓住一侧，将透明的像线绳一样的外皮去除，叶片和茎干分开放置。将叶片放在碗中，用手捏揉，使其流出绿色汁液，去除菜的异味，用凉水反复投洗。

2 将1/4杯海米盛放进筛子，来回晃动去除杂质，将1/2根大葱切好。

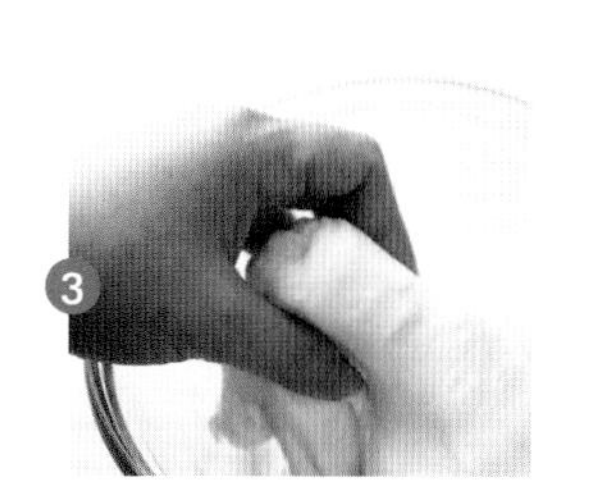

3 在碗中放入1杯面粉、1/4杯水，少许盐，揉成软乎乎的面团，再揪成面片。

4 在锅中倒入5杯水，放入海米、用筛子过滤后的大酱3、冬葵，煮至冬葵叶片和茎干变软。将面片掐成一个个小薄面片放入锅内煮，再添加切好的大葱和蒜泥1，并添加盐调味。

菠菜贝壳粥

2 人份（1 小时）

原料 大米 1/3 杯，菠菜 1/6 捆，贝壳肉 1/4 杯，盐少许，香油 1，水 3 杯，白芝麻粉 3

难易度 ★☆☆

宿醉的人最喜欢寻觅的就是有汤水的食物。饮酒伤肝，时常吃些护肝食物，对健康益处多多。

小贴士

要用木勺搅拌粥，粥才不会粥掉。此外适宜使用厚底的锅，小火慢煮直至大米充分膨胀开花。

将 1/3 杯大米清洗干净，浸泡在水中 30 分钟后，用筛子沥干水分。

将 1/6 捆菠菜收拾干净切好，将 1/4 杯贝壳肉浸泡在淡盐水中，清洗干净、沥干水分后切成小块。

在锅内倒入香油 1，放入浸泡过的大米，炒到大米变成透明状，添加贝壳肉翻炒后，倒入 3 杯水，用木勺一边搅拌，一边煮粥。

当大米粒膨胀饱满时，倒入菠菜和白芝麻粉 3，再稍煮片刻后，添加盐调味。

火辣辣热腾腾

海鲜汤面

2人份（30分钟）

原料 鱿鱼1/2条，菲律宾蛤仔1/2袋，小青菜2棵，洋葱1/3个，胡萝卜30g，木耳3g，辣椒油2，蒜泥1，姜末少许，辣椒粉2，虾1/2杯，鸡肉汤5杯，蚝油2，盐、胡椒粉少许，面条400g

难易度 ★★☆

在1杯食用油中添加少许辣椒粉，倒入沸水中，继续加热至温度达到150℃时再倒入1/4杯辣椒粉，关火待辣椒粉平复后，用细筛子或厨房毛巾过滤，即可制成辣椒油。

喝完酒后，总是不由自主地想起辛辣的汤汁。海鲜汤面与牛肉汤并称麻辣代名词的双璧。由辣椒粉制成的辣椒油煮出的海鲜汤面，只要一碗，便能消除宿醉。但为了健康，还是不要做得太辣哟。

将1/2条鱿鱼的内脏和外皮去除后，在内侧划出细密的刀口，然后切成4cm长的段，1/2袋菲律宾蛤仔用盐水浸泡去除污泥后，清洗干净。

将2棵小青菜冲洗干净，去除根蒂后将大片叶子切半。1/3个洋葱、30g胡萝卜切成4cm长的段，3g木耳用温水浸泡后，切成方便食用的大小。

在锅内倒入辣椒油2、蒜泥1、姜末少许，翻炒片刻加入辣椒粉2继续翻炒。添加1/2杯虾、鱿鱼、菲律宾蛤仔翻炒片刻后，再添加5杯鸡肉汤煮开。

当汤汁沸腾后，添加小青菜、洋葱、胡萝卜、木耳，煮片刻后添加蚝油2、少许盐和胡椒粉调味。将400g面条下锅，边煮边搅拌，煮熟后捞出，沥干水分并盛进碗中，倒入汤汁。

赶走醉意的伟大美味

裙带菜疙瘩汤

裙带菜与黄瓜堪称绝配。每到夏季，清爽的黄瓜凉汤总是能驱走酷暑。因为在滚烫的裙带菜汤中直接放入黄瓜会破坏黄瓜的口感，所以在糯米疙瘩中混合进黄瓜制成了面团。爽口的汤汁中于是飘逸出清新黄瓜香。

难易度

★★☆

2 人份（30 分钟）

原料 干裙带菜（切好的）1/4 杯，干香菇 2 个，黄瓜 1/4 根，糯米粉 1 杯，香油 2，黄豆酱油 1，水 3 杯，盐少许

冬季，将生裙带菜用手搓洗，在沸水中焯一下并用凉水冲洗后，即可蘸醋辣椒酱食用，也可以煮成散发着阵阵鲜香的生裙带菜汤。

1 将 1/4 杯干裙带菜浸泡在凉水中，待泡软后沥干水分，2 个干香菇用水泡软后，去除根蒂切好。

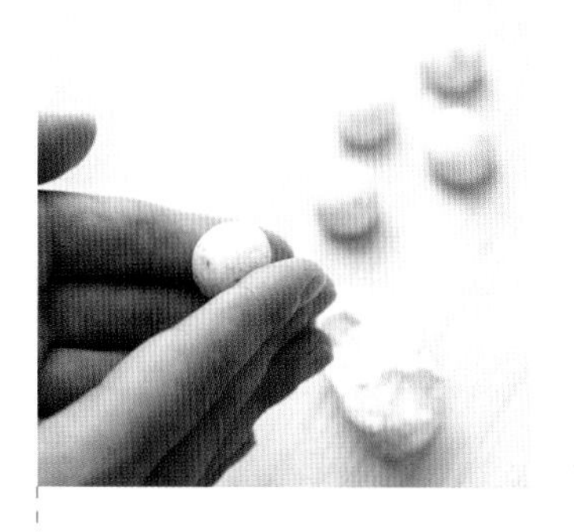

2 将 1/4 根黄瓜用水清洗干净，连同皮一起用礤床儿擦入 1 杯糯米粉中，和成软乎乎的面团，捏出一个个圆形的面疙瘩。

3 在锅内倒入香油 2，翻炒裙带菜和香菇，待裙带菜和香菇充分吸收香油后，添加黄豆酱油 1，再添加 3 杯水煮汤。

4 汤汁沸腾，裙带菜变软后，添加面疙瘩，当面疙瘩漂浮起来后，添加少许盐调味。

过度饮酒第二天

解酒锅巴汤

原料

2 人份（10 分钟）

原料 锅巴（市面销售）1 杯，水 3 杯

难易度 ★☆☆

这也算是料理？会不会要等 100 年之后才能成为人气料理呢？过去，由于觉得粘在锅中的锅巴扔掉可惜，于是就煮过再吃，但现在的电饭锅十分先进，不会产生锅巴，人们反而专门制作锅巴或买来吃。不知是否因为如此，这道料理就如同即食拉面一样。

小贴士

制作锅巴时，可以将米饭在没有撒上油的锅中平铺薄薄的一层，将正反面用小火烤至黄色即可，也可以将米饭在烘烤盘内平铺薄薄一层，放进烤箱内烘烤。在制作美味的锅巴时，还可加入坚果、黑米、各类谷物等，煮出来的锅巴汤足可以成为您的一顿正餐。

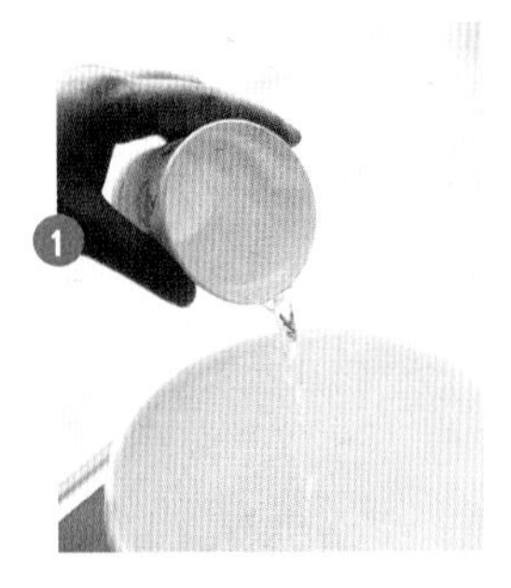

1 在锅内倒入 3 杯水煮汤。

2 水沸腾后添加 1 杯锅巴，煮至锅巴变软即可。

2 人份（30 分钟）

主原料 白菜泡菜 3 片，嫩南瓜 1/3 个，食用油适量，盐少许，素面 200g，凉水 2 杯，海苔丝 2

泡菜调味料原料 芝麻盐 0.5，香油 1

汤汁原料 水 5 杯，金枪鱼原汁 5，盐少许

难易度 ★☆☆

泡菜素面

比起泡菜素面这个名称，人们更熟悉的恐怕是在祭祀时吃得最多的祭祀面条了。南瓜能够帮助不是很适应面食的人消化，因此在制作面条料理的时候，请您不要忘记多加南瓜。

将用凉水冲过的面条盛盘并倒入汤汁时，先将面条盛放在筛子上，稍微在热汤汁中浸泡片刻后，再捞起盛盘。面越细，味道越鲜美，所以素面或细面味道更好。

将 3 片白菜泡菜切碎，添加芝麻盐 0.5、香油 1，混合搅拌，将 1/3 个嫩南瓜切好后，在倒入食用油的热锅中翻炒并加盐调味，盛出冷却。

在沸水中添加 200g 素面，素面煮沸后，再加入 1 杯凉水，煮沸两滚后，捞出并用余下的 1 杯凉水浸泡一次，沥干水分。

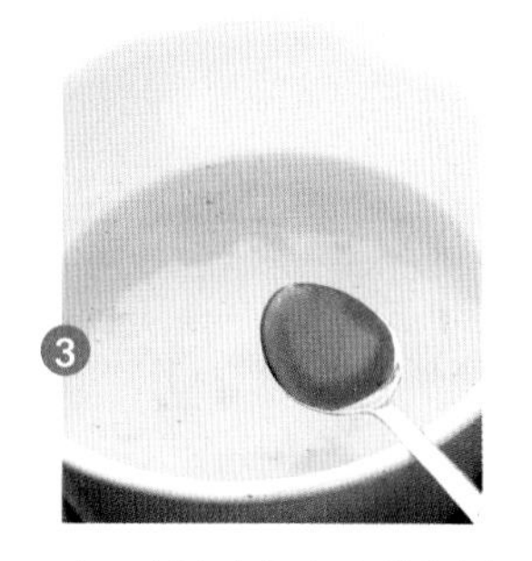

在 5 杯水中加入金枪鱼原汁 5，加盐，煮开。

在碗中倒入热汤汁后，再放入面条、泡菜、南瓜，并装饰上海苔丝。

裙带菜与大酱相遇的故事

裙带菜大酱粥

2 人份（20 分钟）

原料 干裙带菜 1/4 杯，细香葱 1 根，水 3 杯，大酱 3，米饭 1 碗

难易度 ★☆☆

晚餐时煮裙带菜汤，第二天早上添加少许酱油，就能够做成裙带菜粥，一样食物就能解决两顿饭。煮出大量的裙带菜汤虽然能够令裙带菜的味道发挥到极致，但反复热着吃，总会出现倒掉的浪费现象。不如将裙带菜汤变身为裙带菜粥吧。

为了使大酱能够充分溶解，添加前，用筛子进行过滤，但剩余的黄豆渣不要扔掉，直接放进汤中即可。

将 1/4 杯干裙带菜在凉水中浸泡开，切成 2cm 长的段，1 根细香葱清洗干净后切好。

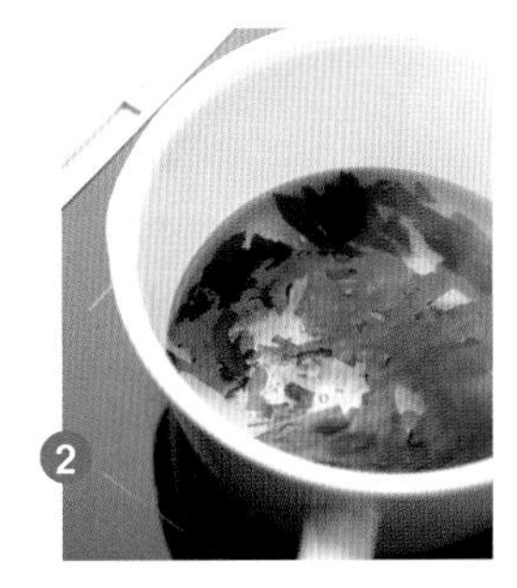

在锅内添加 3 杯水，并添加浸泡过的裙带菜煮汤。

汤汁沸腾后，用筛子过滤添加大酱，并添加 1 碗米饭。

当饭粒膨胀后，添加细香葱花，再煮片刻即可。

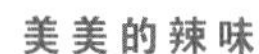

美美的辣味

四川汤面

看到纯净雪白的汤汁而漫不经心的人们，是否有过被辛辣的汤汁刺痛舌头的经历呢？添加海鲜、蔬菜所煮出的清爽四川汤面可谓顶级解酒食物。

原料

2 人份（30 分钟）

原料 鱿鱼 1/2 条，菲律宾蛤仔 1/2 袋，盐少许，小青菜 2 棵，洋葱 1/3 个，胡萝卜 30g，木耳 3g，食用油适量，干辣椒 3 个，蒜泥 1，姜末少许，虾 1/2 杯，鸡汤 5 杯，蚝油 2，胡椒粉少许，面条 400g

难易度 ★★☆

小贴士

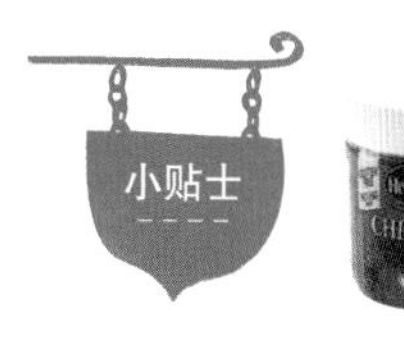

鸡汤是剔除鸡骨头后加凉水熬制而成的，也可以添加市售的 Chicken Stock（鸡精）。Chicken Stock 是可以替代鸡汤的调味料，有粉状制品，也有块状制品。主要在中国料理或韩国料理的汤汁中使用。

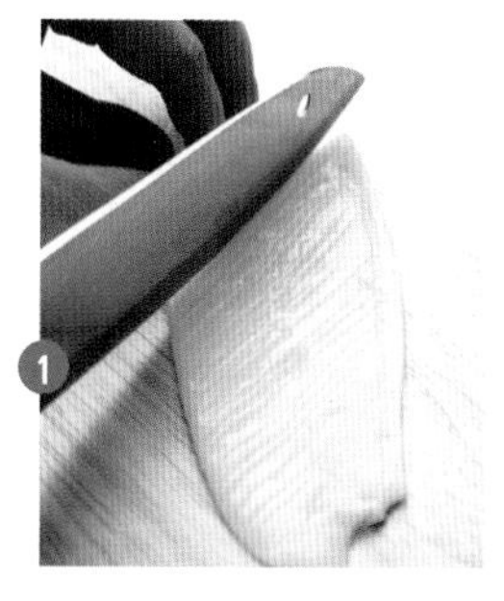

将 1/2 条鱿鱼的内脏和外皮去除后，在内侧划出细密的刀口，然后切成 4cm 长的段，将 1/2 袋菲律宾蛤仔用淡盐水浸泡，去除污泥后，清洗干净。

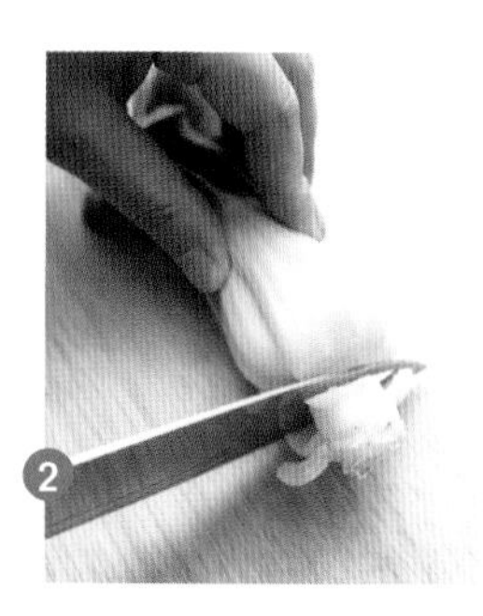

将 2 棵小青菜清洗干净，去除根蒂，大叶片切半。将 1/3 个洋葱、30g 胡萝卜切成 4cm 长的段，3g 木耳用温水浸泡后清洗干净，切成便于食用的大小。

在锅内倒入食用油，添加切成大块的 3 个干辣椒、蒜泥 1、少许姜末翻炒，再加入 1/2 杯虾、鱿鱼、菲律宾蛤仔，翻炒片刻后加入 5 杯鸡汤。

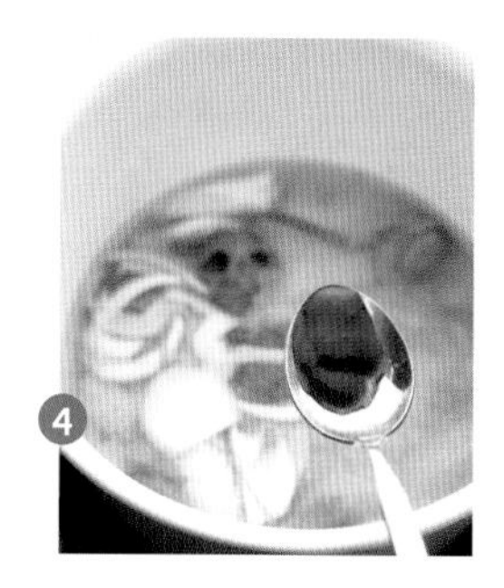

当汤汁沸腾后，捞出干辣椒，添加小青菜、洋葱、胡萝卜、木耳，片刻后添加蚝油 2、少许盐和胡椒粉调味。将 400g 面条添加入汤汁煮熟即可。

我呀，是别样的解酒食物

贝壳浓汤

在韩国，浓汤专营店的人气还不是很旺，但在日本，专营浓汤的店铺却着实大受欢迎。大概是因为韩国的各类粥铺和酱汤专营店较多的缘故吧。您不妨偶尔也尝试一下用鲜奶油和牛奶制作出的美味浓汤。

原料

难易度

★★☆

2 人份（30 分钟）

原料 巴非蛤 1 袋，水 1 杯，土豆 1/2 个，洋葱 1/4 个，黄油 1，面粉 2，牛奶 1 杯，鲜奶油 1/2 杯，盐、白胡椒粉、欧芹粉少许

❶ 将 1 袋巴非蛤用淡盐水浸泡去除污泥后，倒入锅内，添加 1 杯水，煮熟后用筛子进行过滤，汤汁待用。将 1/2 个土豆和 1/4 个洋葱去皮后，切成小四方形。

❷ 在锅内添加黄油 1、面粉 2，翻炒后制成白色面糊。倒入巴非蛤汤汁，均匀搅拌，避免面糊结块。

❸ 在❷的锅内添加巴非蛤、土豆、洋葱，煮沸后添加 1 杯牛奶、1/2 杯鲜奶油，再次煮沸后，添加盐、白胡椒粉调味。

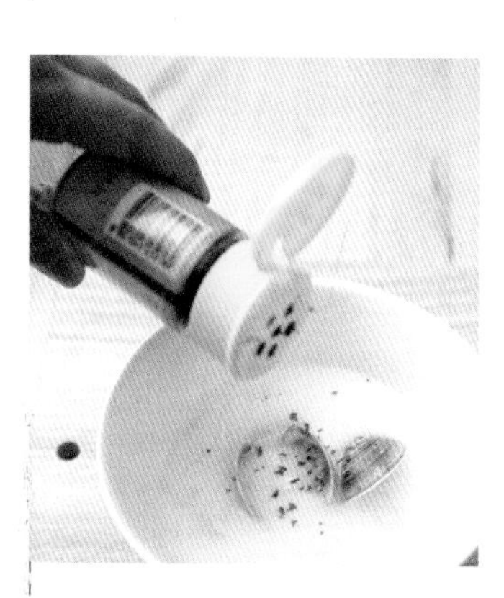

❹ 将贝壳浓汤盛碗后，撒上欧芹粉。

小贴士

用菲律宾蛤仔或红蛤代替巴非蛤制作汤汁，可以制作出更为多样化的贝壳浓汤。

牛肉盖饭

初次品尝牛肉盖饭时的感受奇妙无比。可能是盖饭的形式令人耳目一新的缘故吧。既不是搅拌着汤，也并非搅拌着米饭，虽说对这样吃饭很生疏，但还是吃得津津有味。口感柔软分量又足的饭到底还是要数牛肉盖饭。

2 人份（30 分钟）

主原料 牛肉（里脊肉）150g，鸡蛋 2 个，洋葱 1/2 个，金针菇 30g，红辣椒 1/2 个，细香葱 4 根，盐、胡椒粉少许，米饭 1 碗

汤汁原料 海带(10cm×10cm)1 张，水 $1\frac{1}{2}$ 杯，鲣鱼脯 5g，酱油 1/4 杯，料酒 1/4 杯，白糖 0.5

难易度 ★★☆

小贴士

用煎肉饼或炸虾代替牛肉，也能够做出一顿美味可口的正餐。米饭由于汤汁的缘故会膨胀，因此可按平时饭量再添加少许米饭。

将 150g 牛里脊肉切成薄片，将 2 个鸡蛋搅拌均匀。

将 1/2 个洋葱切半后切丝，30g 金针菇切除根蒂，1/2 个红辣椒切丝，4 根细香葱切成 3cm 长的段。

在锅内放入 1 张海带，倒入 $1\frac{1}{2}$ 杯水，煮沸后关火，放入 5g 鲣鱼脯。鲣鱼脯沉底后，用细筛子过滤出汤汁，在锅内倒入酱油 1/4 杯、料酒 1/4 杯、白糖 0.5，再次沸腾时，添加洋葱、金针菇、红辣椒、细香葱。

当蔬菜半熟时，放入牛肉，牛肉煮熟后，倒入鸡蛋，并用筷子搅拌片刻，从火上移下。盖饭汤汁中添加盐和胡椒粉调味，将 1 碗米饭盛进盘中。

2 人份（20 分钟）

原料 大米 1/3 杯，洋葱 1/4 个，小南瓜 1/5 个，胡萝卜（1cm 长）1 块，香菇 2 个，香油 1，水 4 杯，蚝油 1，盐少许

难易度 ★☆☆

完全消除醉意

蔬菜粥

在女儿断奶期间，这是我做给她吃得最多的粥。对成长期的孩子来说，这是道很有营养的食物，对成人也同样如此。只需将冰箱内剩余的食物切碎添加熬制，也能够做出这个了不起的解酒食物。不妨将其用于不时之需，作为改换口味之选吧。

也可用糯米熬制蔬菜粥，这需要预先将硬蔬菜煮软，然后再放入软蔬菜。

将 1/3 杯大米清洗干净浸泡在水中，将 1/4 个洋葱、1/5 个小南瓜、1 块胡萝卜、2 个香菇收拾妥当并切碎。

在锅中倒入香油 1，倒入浸泡过的大米翻炒。

当大米粒变得透明时，添加 4 杯水煮粥。为了不使大米粘锅，要时不时用汤勺搅拌。

当大米粒膨胀后，将切碎的蔬菜下锅，蔬菜煮熟后，添加蚝油 1、少许盐调味。

豆芽拉面

学校门口的小吃店中，豆芽拉面是极具人气的拉面之一。第一次点餐后，别提有多么期待了。虽然和朋友点的普通拉面相比，只是多出了一些豆芽，不免有些失望……但您尽可以在家中放入满满的豆芽煮出解酒拉面。

2人份（20分钟）

主原料 豆芽1/4袋，大葱1/4根，鳀鱼汤汁4杯，生拉面2人份，盐少许

调味料原料 辣椒粉1，黄豆酱油1，蒜泥1

难易度 ★☆☆

鳀鱼汤汁也可以用市面上销售的其他现成的汤汁代替，或使用干明太鱼头煮出的汤汁。也可以使用普通面条代替拉面。

将1/4袋豆芽用凉水冲洗，沥干水分，将1/4根大葱切成葱花。

在锅内倒入4杯鳀鱼汤汁，并放入豆芽煮汤。

豆芽汤煮熟后，添加辣椒粉1、黄豆酱油1、蒜泥1，用中火继续煮。

在❸中放入2人份生拉面，快熟时添加盐调味，最后放入葱花，稍煮片刻即可。

不要为了吃到它而故意醉酒呀

花生粥

2 人份（30 分钟）

原料 糯玄米（或玄米）1/3 杯，水 $4\frac{1}{2}$ 杯，生花生 1/2 杯，盐、切片杏仁少许

难易度 ★★☆

不知是否因在家只吃炒花生的缘故，不少人未曾尝过生花生的味道。就像有生黄豆一样，花生也有生的。花生也能像黄豆一样，既可以做菜吃，也可以研磨之后煎饼吃，至于那香醇的滋味到底如何，就等您来评判了。

花生粥可以用糯玄米、玄米或白米熬制。用糯玄米熬制时，比用白米熬制膨胀的速度慢，因此熬制过程中需要不断加水。

将 1/3 杯糯玄米清洗干净并浸泡在水中。

将浸泡后的糯玄米放入锅内，倒入 4 杯水，用小火煮，水分不足时，添加热水，直至米粒充分膨胀煮开。

将 1/2 杯生花生连皮倒入搅拌机，倒入 1/2 杯水，将花生搅碎。

糯玄米煮开后，倒入搅碎的花生，一边均匀搅拌，一边煮粥，当飘逸出花生的醇香味道时，添加盐和切片杏仁调味。

彰显淡雅清香的美味

土豆豆子浓汤

土豆百吃不厌。土豆中含有丰富的钙质，还是难得的高钾低钠食物，对预防和治疗高血压有特殊疗效。

2 人份（30 分钟）

原料 土豆 1 个，洋葱 1/8 个，大葱少许，橄榄油适量，水 1 杯，豌豆 1/4 杯，牛奶 1 杯，盐、胡椒粉少许

难易度 ★☆☆

小贴士

使用大葱的葱白部分，不仅能够保持浓汤的纯净色泽，而且葱白的甜味能够令浓汤更美味。

将 1 个土豆去皮并切成厚片，将 1/8 个洋葱、少许大葱切丝。

在锅内倒入橄榄油，翻炒洋葱和大葱，随后倒入土豆翻炒后，添加 1 杯水煮汤。

待土豆煮熟后捣碎，添加 1/4 杯豌豆、1 杯牛奶。

待土豆和豌豆都煮熟后，添加盐和胡椒粉调味。

2人份（10分钟）

原料 水3杯，绿茶（茶叶包）2包，盐0.5，酸黄瓜1/4根，紫菜1/4张，米饭1碗，Fulikakai 2

难易度 ★☆☆

1.Fulikakai是一种用紫菜粉、芝麻和咸鳀鱼混合制成的甜味料，撒在米饭上搅拌食用，也可撒在炒饭上。此外，还可以撒在清淡的乌冬面或素面上调味。

2.夏季是盛产黄瓜的季节，也请您多准备些腌制酸黄瓜的白黄瓜。水和盐按照13:1的比例调配好，盐水煮沸后，放入白黄瓜焯一下，10秒后将白黄瓜放进容器中，倒入热盐水，再在黄瓜上压上重物。一周后腌制好的酸黄瓜即可食用。

借鉴他国的解酒食物

茶泡饭

在绿茶中添加米饭的茶泡饭，是日本人的心灵美食（Comfort Food），和拉面一样被公认为是代表性的解酒食物。在韩国，人们在绿茶中添加各式各样的食材，依照食材的不同，可以制作出上百种不同的茶泡饭。在这里我添加了酸黄瓜。

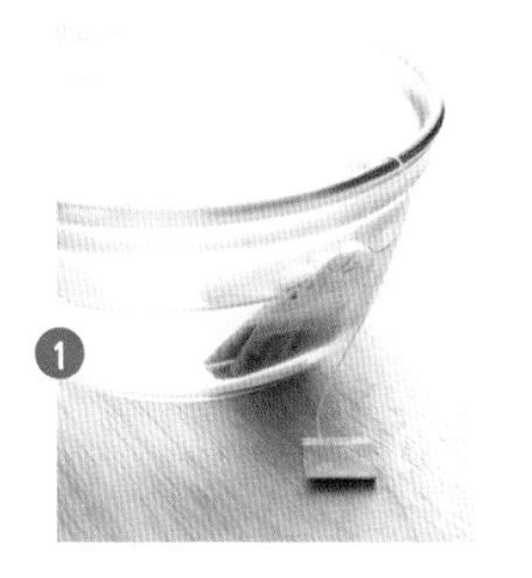

1 3杯水煮沸后，关火并泡入2包茶叶包，泡好茶后取出茶叶包，添加盐0.5调味。

2 将1/4根酸黄瓜切碎。

3 将1/4张紫菜在火上轻微烘烤后，用剪刀剪成3cm长的紫菜丝。

4 在1碗热饭中添加酸黄瓜，撒上Fulikakai 2，倒入绿茶水，再摆放上紫菜丝即可。

纳豆拌饭

纳豆是日式生豆瓣酱，豆子发酵后产生一种叫作纳豆激酶的黏稠成分。该成分对于软化堵塞血管的血栓，预防拉肚子和肠炎据说均有成效。饮酒后的第二天，吃点纳豆怎么样呢？

原料

2人份（10分钟）

主原料 紫菜1/4张，米饭$1\frac{1}{2}$碗，纳豆1袋，蛋黄2个，豆苗1/4袋

调味料原料 酱油2，芥末0.3，葱花1，香油0.5，芝麻盐0.5

难易度 ★☆☆

在制作调味料时，先将芥末添加在酱油中，搅拌至没有结块，再添加其他原料，利于混合。

将1/4张紫菜用剪刀剪成3cm长的丝。

在$1\frac{1}{2}$碗热饭上添加纳豆、2个蛋黄、1/4袋豆苗、紫菜丝。

将酱油2、芥末0.3、葱花1、香油0.5、芝麻盐0.5混合搅拌，制成调味料佐饭。

谷物南瓜粥

2 人份（40 分钟）

原料 小南瓜 1/2 个，高粱 1/4 杯，薏米 1/4 杯，水 4 杯，白糖、盐少许

难易度 ★☆☆

韩国的小南瓜在秋季最美味。因为看不见南瓜瓤，对于大小相似的南瓜，放在手里感受一下后，请选择重量较轻的。熟透的小南瓜较轻，较生涩的小南瓜水分含量大，所以较重。

小南瓜可以放在锅内蒸或用微波炉加热，蒸过的南瓜容易变质，应冷冻保存。

将 1/2 个小南瓜去子后，放进预热至 200℃的烤箱中烘烤约 20 分钟，去皮并趁热捣碎。

将 1/4 杯高粱、1/4 杯薏米清洗干净后，放入锅内，倒入 4 杯水煮粥。

当高粱和薏米膨胀煮开后，添加小南瓜继续煮。

当粥变得黏稠时，添加白糖和盐调味。

清晨，为了喜欢吃面的您

冷荞麦面

这是在炎炎夏日备受欢迎的食物，同时也是为那些一看到面食就走不动路的人准备的特别的解酒食物。预先将调味料做好，只需将荞麦面煮熟就可以立即享用。此外，荞麦面中含有凉性成分，请佐以萝卜食用。用礤床儿削好萝卜，添加进荞麦面，口感更佳。

难易度

★★☆

2人份（30分钟）

主原料 紫菜1张，细香葱2根，萝卜1/8个，芥末少许，荞麦面条300g **汤汁原料** 水3杯，酱油2/3杯，料酒5，白糖3，海带（10cm×10cm）1张，干鲣鱼1把

1 在锅内倒入水3杯、酱油2/3杯、料酒5、白糖3、海带1张、干鲣鱼1把，中火煮。在水沸腾前捞出海带，改用小火煮4~5分钟，用麻布过滤，将汤汁放进冰箱冷却。

2 将1张紫菜放在火上稍微烘烤后，用保鲜袋包裹住揉碎；将2根细香葱切成葱花，1/8个萝卜用礤床儿削好，沥干水分；用凉水冲开芥末后放置约15分钟。

3 将300g荞麦面条煮好并用凉水浸泡后，放进筛子，沥干水分，盛碗并撒上紫菜末。

4 在荞麦面上添加汤汁、芥末、葱花、萝卜。

也可用素面或宽面代替荞麦面，夏季的萝卜味道不新鲜时，也可使用豆苗。

泡菜乌冬面

泡菜是无论放置何处，与何种食材搭配都能相得益彰的性格温和的食物。即使只有泡菜下饭，我们也会狼吞虎咽吃一大碗饭。在乌冬面中添加泡菜煮出辛辣的汤汁，香辣爽口的味道令您的宿醉一扫而光。

原料

2人份（30分钟）

主原料 乌冬面2人份，白菜泡菜2片，金针菇1/2袋，大葱1/4根，虾4只，油豆腐2个，茼蒿、盐少许

汤汁原料 水5杯，海带（10cm×10cm）1张，干鲣鱼1把，酱油1/4杯，料酒5，盐少许

难易度 ★★☆

小贴士

汤汁煮的时间长些会特别有味。也可使用金枪鱼原汁代替乌冬面汤汁，使用起来更方便。

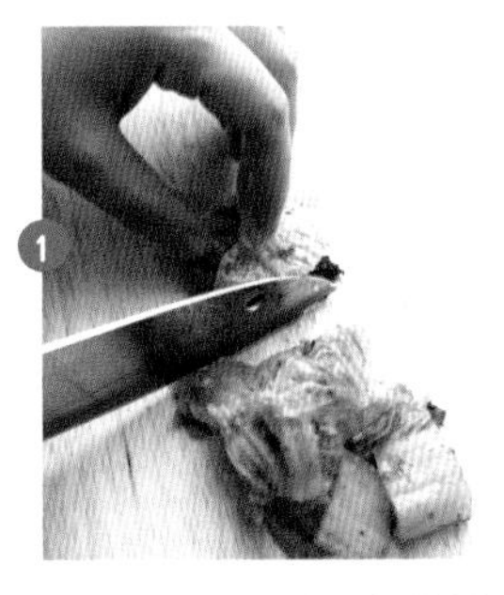

将2片白菜泡菜上的馅料清除后，稍微挤掉一些汁液，然后切成1cm长的段，去除1/2袋金针菇的根蒂并切段，将1/4根大葱切葱花。

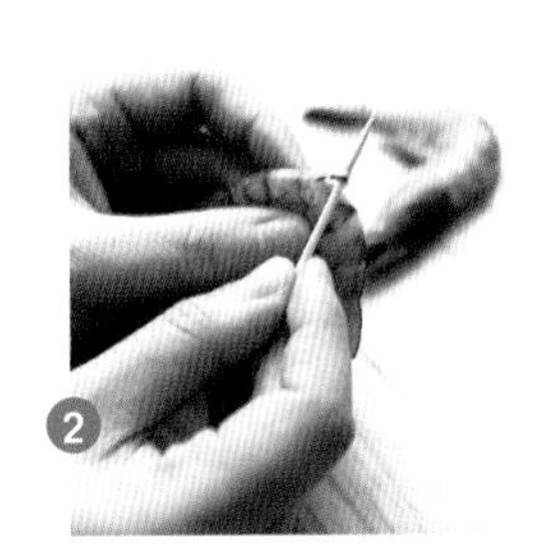

用牙签挑出4只虾的内脏，在水中清洗干净，沥干水分。

在锅内倒入5杯水、1张海带，汤汁沸腾后，添加1把干鲣鱼，煮约10分钟后，用细筛子过滤。在汤汁中添加1/4杯酱油、料酒5，再次煮沸后，添加盐调味。

在汤汁中添加白菜泡菜和虾，虾煮熟后放入乌冬面和2个油豆腐，加盐调味，再加入葱花、金针菇、茼蒿，稍煮片刻即可。

2 人份（20 分钟）

原料 鱿鱼 1 条，萝卜（2cm 长）1 块，青阳辣椒 1 个，红辣椒 1/2 个，蒜 2 瓣，大葱 1/4 根，水 5 杯，黄豆酱油 2，盐少许

难易度 ★☆☆

为了解酒而生

鱿鱼萝卜汤

平时常因消化不良而苦恼的人，可以在制作料理时添加天然消化剂——萝卜。秋季，当阳光明媚、微风细细的日子，把萝卜切好晾制成萝卜干，萝卜干中富含维生素 D，萝卜皮中含有大量消化酶和维生素 C，请将萝卜清洗干净并连皮一块制作料理。

也可使用牛肉代替鱿鱼，这样就能煮出牛肉萝卜汤，放入香菇，就能煮出香菇萝卜汤。

1 将 1 条鱿鱼清洗干净，划出细密刀口，再切成便于食用的大小。

2 将 1 块萝卜切成与鱿鱼同等的大小，1 个青阳辣椒和 1/2 个红辣椒切好，用凉水冲洗去籽。

3 将 2 瓣蒜切片，1/4 根大葱切成葱花。

4 在锅内添加 5 杯水，放进萝卜，沸腾后加入鱿鱼、蒜，再放入黄豆酱油 2、盐少许调味，最后添加青阳辣椒、红辣椒、葱花后再煮片刻即可。

时间紧迫的早晨狼吞虎咽的

山药酸奶

《东医宝鉴》中记载“山药根部能够补虚驱乏，强身健体，补五劳七伤（指精神、肉体方面的疲劳、痛苦和虚弱），宜煮食或熬粥食用”。将山药和酸奶搅拌混合食用，您将不再需要疲劳恢复剂。

2 人份（10 分钟）

原料 山药 1/4 根，酸奶 2 盒，蜂蜜适量

难易度 ★☆☆

小贴士

山药富含维生素，同时也是含有大量抗贫血的铁、钙的碱性食物。常吃山药能够补气，提高身体抵抗力，对改善胃肠动力效果尤为显著。

将 1/4 根山药清洗干净并去皮。

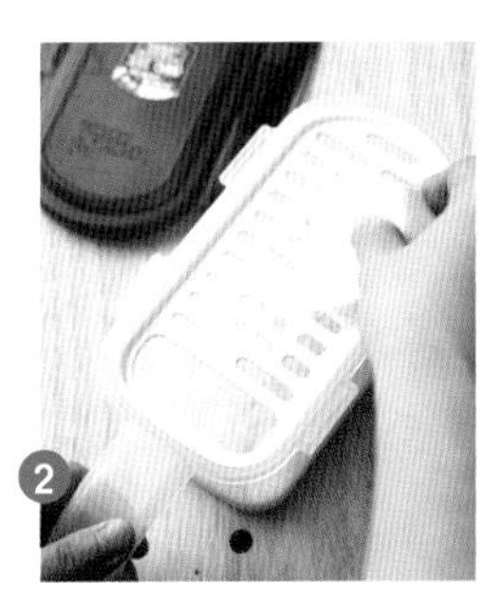

将山药放置在礤床儿上，像画圆一样，将山药削碎。

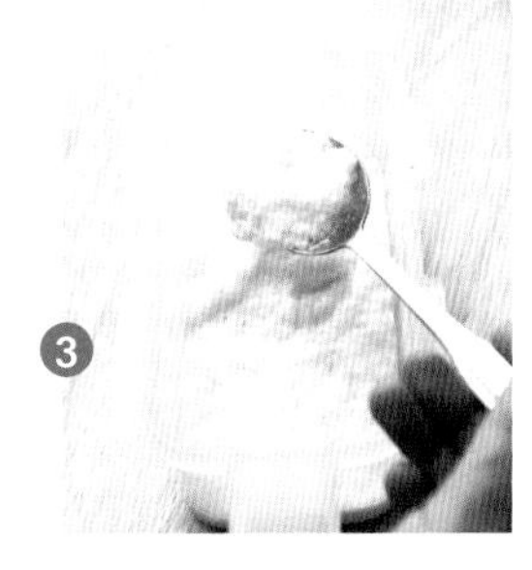

在削碎的山药中添加 2 盒酸奶，晃动使其均匀混合。

依照个人喜好添加蜂蜜。

2 人份（10 分钟）

原料 苹果 1 个，芹菜 1/3 棵，水 1 杯，糖稀少许

难易度 ★☆☆

一杯绿色维生素代替明太鱼汤

苹果芹菜汁

曾几何时因有益身体健康，青菜汁着实流行了一番。人们相互交流着应该添加何种食材，各种食材比例应如何调配才美味又营养，但如今这种风潮基本上已经销声匿迹。不如用一杯富含纤维质的健康果汁来驱赶宿醉吧。

糖稀是将白糖和水依照 1:1 的比例混合后，待白糖全部溶化制成的，冷却后使用。也可使用蜂蜜或低聚糖代替糖稀。
芹菜富含胡萝卜素、维生素 B_1、维生素 B_2、维生素 C 和铁元素，而且富含钾，对净化血液有良好的效果。

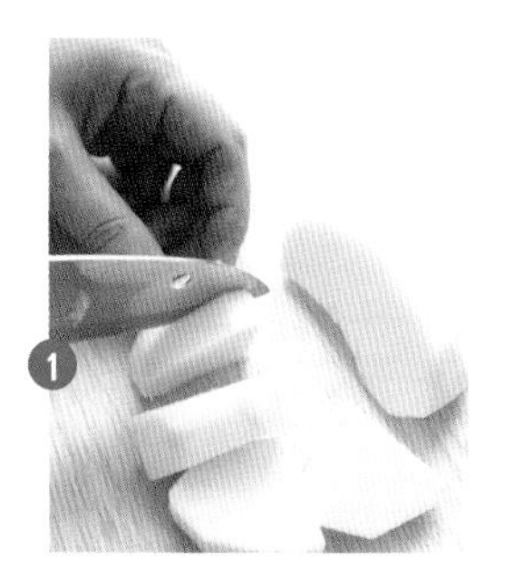

将 1 个苹果用水冲洗干净去皮，去果核后切成块。

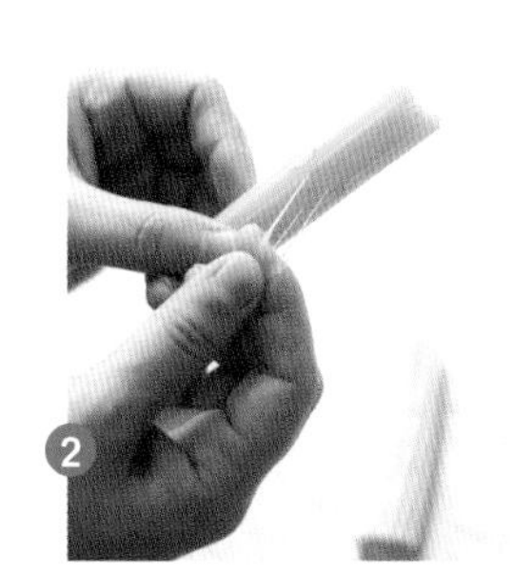

将 1/3 根芹菜撕掉外皮后大致切块。

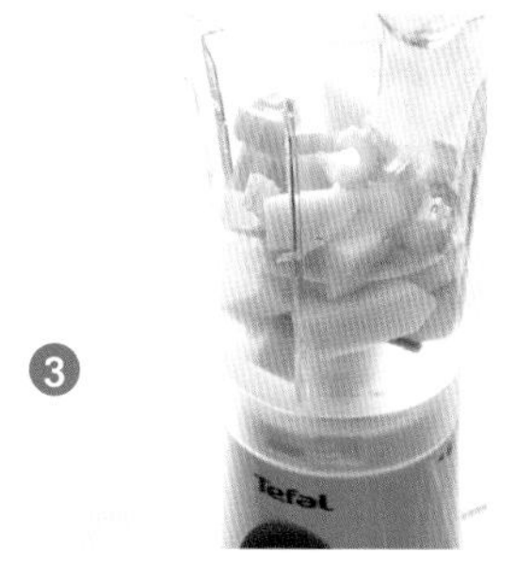

将苹果、芹菜、1 杯水倒入搅拌机搅碎。

依照个人喜好添加糖稀。

沉醉于猕猴桃的香气

水芹菜猕猴桃汁

猕猴桃是典型的后熟型水果，尚未成熟时酸味较浓，成熟后甜味浓重，可口无比。在水芹菜猕猴桃汁中，请一定放入成熟的猕猴桃。

2 人份（10 分钟）

原料 水芹菜 1/2 把，猕猴桃 2 个，水 1 杯，糖稀少许

难易度 ★☆☆

水芹菜富含维生素 C、钙质、胡萝卜素、食用纤维等，有预防贫血和便秘的功效，能够清脑提神、保护血液。水芹菜在沸水中焯过后，卷起来蘸醋辣椒酱吃，味道鲜美。水芹菜还能够化解河豚中的毒性，因此在制作河豚料理时，务必添加水芹菜。

1. 将 1/2 把水芹菜清洗干净，切成 5cm 长的段。

2. 将 2 个猕猴桃清洗干净去皮后，等分为 3~4 份。

3. 将水芹菜、猕猴桃、1 杯水倒入搅拌机搅碎。

4. 依照个人喜好添加糖稀。

2 人份（10 分钟）

原料 原参 1 根，牛奶 400mL，蜂蜜适量

难易度 ★☆☆

给借酒释怀的丈夫以宽慰

原参牛奶

牛奶是营养比较丰富全面的食品。如果牛奶中再添加一根原参，那么无论是香气，还是味道，抑或是制作者的款款深情都能够体现得淋漓尽致，它将成为一杯特别的牛奶。面对借酒消除压力的丈夫，与其一边喊着“我生气了”，一边大声敲打干明太鱼宣泄委屈，不如递给他一杯原参牛奶吧。

人参依照不同的加工方法、栽培手段以及栽种地区，区分为不同种类。以加工方法来区分，4~6 年根为生参即原参，去除原参外皮，在阳光下晒干或在 60℃以下风干的是白参，将原参熟制后得到的是红参。

1 将 1 根原参清洗干净后，等分为 2~3 份。

2 将原参和 400mL 牛奶倒入搅拌机搅碎，依照个人喜好添加蜂蜜。

秋冬季节的特定解酒食物

牡蛎汤饭

煮得香喷喷的牡蛎汤饭即使不添加特别的调味料，也能够散发出牡蛎的清香和鲜美的味道，是一道较为简易的料理。对于料理没有充分自信的人，为了在煮汤饭时不失败，请购买新鲜的牡蛎。选择时挑拣闪耀着牛奶光泽，肉质饱满的牡蛎即可。

2人份（30分钟）

原料 牡蛎1袋，盐少许，韭菜1/2把，红辣椒1/2个，水4杯，米饭1碗，虾酱1，蒜泥0.5，鸡蛋2个，香油0.5，芝麻盐少许

难易度 ★☆☆

小贴士

牡蛎在盐水中清洗干净后捞出，能够维持其原味，煮的时间过久会失去鲜美味道，稍煮片刻即可。此外，夏季的牡蛎味道欠佳，因此适宜在秋季或冬季制作牡蛎汤饭。

1 将1袋牡蛎在淡盐水中清洗干净，捞出后沥干水分。

2 将1/2把韭菜清洗干净后切成3cm长的段，将1/2个红辣椒连籽切半后再切丝。

3 在锅中倒入4杯水，水沸腾后加入牡蛎，用勺子去除表面的泡沫，牡蛎煮熟后添加1碗米饭。

4 汤汁沸腾后添加韭菜、红辣椒，再添加虾酱1、蒜泥0.5调味，随后放入2个鸡蛋、香油0.5、少许芝麻盐。

2 人份（30 分钟）

原料 黑芝麻 1/4 杯，水 $3\frac{1}{2}$ 杯，大米 1/3 杯，花生 10 个，盐少许，松子 2 个

难易度 ★★☆

酒后第二天向您推荐的健康粥

黑芝麻粥

黑芝麻又叫黑荏子，“荏子”是芝麻的意思。有说法称，长期食用芝麻不仅能够令人体态轻盈，而且能够青春永驻，即使不吃饭也不会产生饥饿感。特别是对于因脱发而痛苦万分的人们，将黑芝麻和黑豆一起研磨后，制成如同炒面的食物，坚持食用能够收到良好效果。

使用炒过的黑芝麻时，添水研磨即可。松子粥、银杏粥的做法也如同黑芝麻粥一样，研磨后熬粥即可。

将 1/4 杯黑芝麻清洗干净，倒入锅底较厚的锅中翻炒。将翻炒后的黑芝麻倒入搅拌机，再倒入 1/2 杯水搅拌。

将 1/3 杯大米清洗干净，用 2 杯水浸泡 20 分钟，连同 10 个花生倒入搅拌机搅碎。

将❶和❷分别用细筛子过滤。

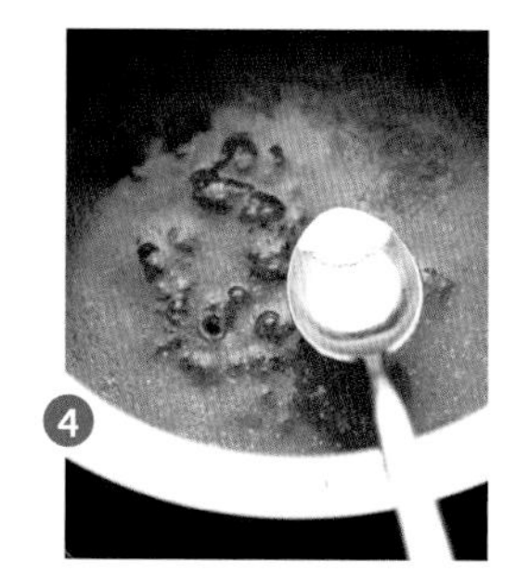

在锅底较厚的锅中，添加过滤后的❸，并倒入 1 杯水，煮片刻后添加盐调味，最后摆放上 2 个松子即可。

向手艺欠佳的酒徒推荐

明太鱼粥

用干明太鱼脯煮出的明太鱼粥，汤汁清爽、味道鲜美，是消解宿醉的佳选。再加入使清爽口感锦上添花的萝卜，一碗柔和的粥下肚，心情愉悦地上班吧。

2人份（40分钟）

主原料 大米1/2杯，干明太鱼脯1把，萝卜（2cm长）1/2块，细香葱2根，香油0.5，盐、胡椒粉少许

海带水原料 水6杯，海带（10cm×10cm）1张

难易度 ★★☆

小贴士

煮粥时即使只放一点米，最终的量也会增多，1杯大米添加8~12杯水，煮出来的粥足够4~5人享用。

将1/2杯大米清洗干净，浸泡约20分钟后沥干水分，将1把干明太鱼脯在凉水中清洗后立即捞出，沥干水分。将1/2块萝卜切成大块，2根细香葱切成葱花。

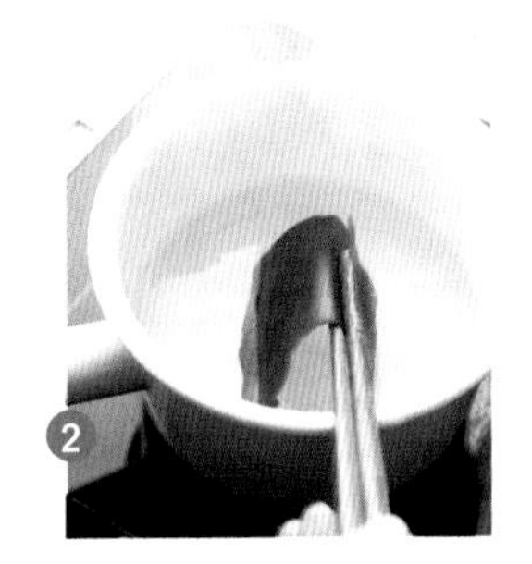

在锅中添加6杯水和1张海带，小火煮海带水，水沸腾后捞出海带。

在锅中倒入香油0.5，添加干明太鱼脯和大米翻炒，倒入海带水后，用木勺一边搅拌，一边煮粥。

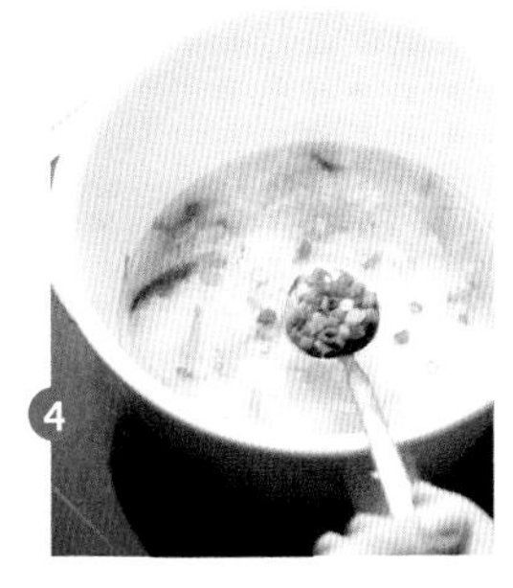

片刻后放入萝卜，粥变稠后添加细香葱花，加入盐和胡椒粉调味。

食欲不振的夏季身价倍增的菜单

梅子黄瓜冷汤

梅子在韩语名称中的含义是“结出令人惊艳的美丽花朵与果实的树木”。夏季，当没有胃口的日子，偏偏饮酒过度，建议您立刻制作梅子黄瓜冷汤吧。梅子能够排除人体内的毒素，具有杀菌作用，可以缓解食物中毒。

2 人份（20 分钟）

主原料 黄瓜 1/2 根，干裙带菜 1/4 杯

裙带菜调味料原料 蒜泥 0.3，黄豆酱油 0.5，辣椒粉 0.3，芝麻盐、香油少量

汤汁原料 水 2 杯，梅子精 2，黄豆酱油 1，白糖 1，醋 2，盐 0.3

难易度 ★☆☆

将梅子和白糖依照 1:1 的比例泡制，经过 3 个月后，捞出梅子，即制成了梅子精。也可使用市面上销售的梅子调味汁。

将 1/2 根黄瓜连皮清洗干净后切丝。

将 1/4 杯干裙带菜在水中浸泡后，用沸水焯一下，挤干水分后，添加蒜泥 0.3、黄豆酱油 0.5、辣椒粉 0.3、芝麻盐和香油少许，用手揉搓，使其充分入味。

将 2 杯水煮沸冷却后，添加梅子精 2、黄豆酱油 1、白糖 1、醋 2、盐 0.3，制成汤汁放进冰箱冷却。

在碗中倒入裙带菜和黄瓜，再倒入冰凉的汤汁即可。

Special Part

药酒的绝配下酒菜

草莓酒、葡萄酒、人参酒……如果家中爸爸或爷爷喜欢喝酒，那么在装饰柜中，妈妈亲手泡制的药酒肯定会占有一席之地。真正的爱酒之人，如果希望即使小酌一杯也能够沉醉在美酒之中，那么请多多关注药酒。接下来就要为您介绍用常见的蔬菜或水果，付出一定时间和心力泡制出的药酒，以及搭配药酒的下酒菜。

山刺老芽酒
石榴酒
松针酒
迷迭香酒
菊花酒
沙参酒
洋葱酒
草莓酒
苹果酒
金橘酒
炸红枣原参
烤辣椒酱明太鱼
苹果干
莲藕卷蔬菜
白芝麻与花生糖
烤芝士卷心菜
南瓜饼
鱿鱼蘑菇饼
紫薯沙拉
黄瓜芝士三明治

香味浓郁，意犹未尽

山刺老芽酒

（15 分钟）

原料 山刺老芽 500g，泡酒专用烧酒 1.5L

难易度 ★☆☆

● 补药酒

山刺老芽是经过一冬的严寒破土而出的清香植物。正如同带刺的玫瑰一般，山刺老芽的清香也蕴藏在刺中。略微苦涩而又清香的山刺老芽在春季能够调节人的胃口，是春季上好的青菜，同时在春季用山刺老芽泡制药酒，一年都能感受这份芳香。山刺老芽中含有散发苦涩气味的皂角成分，能够促进血液循环，有助于解除疲劳。因此，精神疲惫或心神不宁的人适合每天饮一两杯山刺老芽酒。没有发出新芽、外皮呈红色、饱满且较短的山刺老芽香气宜人，味道可口。

Service Recipe

黑芝麻酒

原料 黑芝麻 2 杯，泡酒专用烧酒 1.5L

将 2 杯黑芝麻在锅中稍微翻炒后，放入密封容器，倒入泡酒专用烧酒 1.5L，放置于阴凉处约 15 天，用细筛子过滤后，将酒盛入新瓶子中。

1 将 500g 山刺老芽收拾干净后用水冲洗。

2 完全拭干山刺老芽上的水分。

3 将山刺老芽放入密封容器中，倒入 1.5L 泡酒专用烧酒，在室温下放置 3~4 个月，用筛子过滤，仅饮用药酒即可。

原料

山刺老芽酒的“元配”

炸红枣原参

2人份（10分钟）

原料 红枣10个，原参2根，煎炸粉1/4杯，水1/4杯，煎炸油适量

难易度 ★☆☆

8人份

原料 红枣40个，原参8根，煎炸粉1杯，水1杯，煎炸油适量

小贴士

人们因味道甜美而食用炸红枣原参，更因其香气扑鼻而百尝不厌。请准备纯净的煎炸油，并在180℃下制作，达到面糊掉落在油面上马上即可煎炸成形的效果。

将10个红枣用干布擦拭干净外皮，转圈削除枣核。

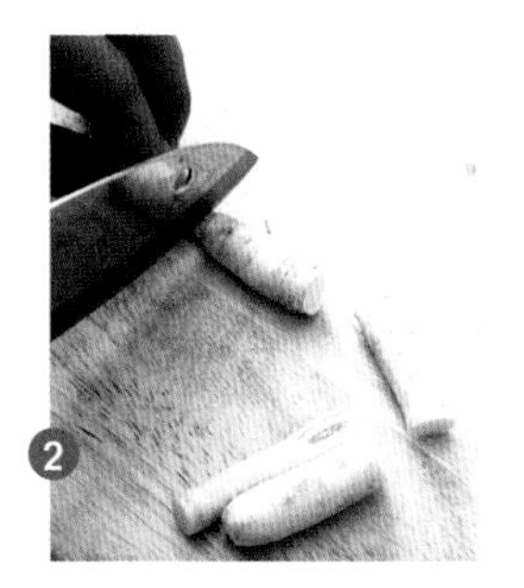

将2根原参清理干净后切半，再切成4cm长的段。

将原参包裹在红枣中间。

将1/4杯煎炸粉和1/4杯水混合搅拌，包裹在❸的外部，放进180℃的油锅，炸至酥脆。

越久越醇

沙参酒

原料

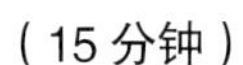

（15 分钟）

原料 带皮沙参 400g(5~6 根)，泡酒专用烧酒 1.5L

难易度 ★☆☆

准备 400g 带皮沙参，用烹饪用刷子在水中清洗沙参。

彻底擦拭干净沙参的水分。

将沙参放入密封容器，倒入泡酒专用烧酒 1.5L，在室温下密封放置 6 个月，仅饮用药酒即可。

● 补药酒

沙参虽然与桔梗相似，但香味更浓，因此更加珍贵。沙参中不仅富含纤维质，且钙、磷、铁等无机物及维生素含量丰富。特别是截断时溢出的白色液体，富含人参中的药用成分——皂角，能够降低血液中的胆固醇和脂肪含量。

选择沙参时，应选择那些纹路多、细小根须少、外形直挺的。此外还应选择去皮后能够清晰看到毛茸茸纤维结的。可将干沙参研磨成粉用热水冲泡，或与酸甜的梅子酒、石榴酒混合饮用。

Service Recipe

黑豆酒

原料 黑豆 2 杯，泡酒专用烧酒 1.5L

将 2 杯黑豆倒入锅中，翻炒至外皮脱落，随后放入密封容器，倒入 1.5L 泡酒专用烧酒，放置在阴凉处约 1 个月，用细筛子过滤后，盛入新瓶子即可。

烤辣椒酱明太鱼

2人份（10分钟）

主原料 干明太鱼1条，食用油1

调味料原料 辣椒酱1.5，辣椒粉0.3，糖稀1，白糖0.3，葱花1，蒜泥0.5，香油1

难易度 ★☆☆

8人份

主原料 干明太鱼4条，食用油3

调味料原料 辣椒酱1/4杯，辣椒粉1.5，糖稀3，白糖2，葱花3，蒜泥2，香油3

为了避免辣椒酱入锅烘烤时葱、蒜被烤煳，应将葱、蒜切碎后添加。当烘烤的量较多时，注意在完成一次烘烤后，用厨房毛巾将锅擦拭干净，再进行下一次烘烤。

将1条干明太鱼鱼皮朝下放置，用凉水浸泡。

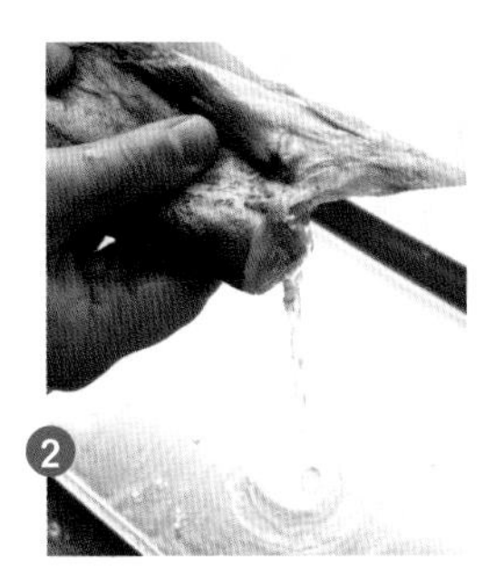

当干明太鱼变软后，挤干水分，用剪刀剪掉头部和毛刺部分。

将辣椒酱1.5、辣椒粉0.3、糖稀1、白糖0.3、葱花1、蒜泥0.5、香油1混合搅拌，制成调味料。

将调味料均匀涂抹在干明太鱼的正反面，将食用油1倒入锅内，烘烤干明太鱼，注意避免烤煳，烤好后切成便于食用的大小。

洋葱酒

（10 分钟）

原料 洋葱 500g（或 3~4 个），泡酒专用烧酒 1.5L

难易度 ★☆☆

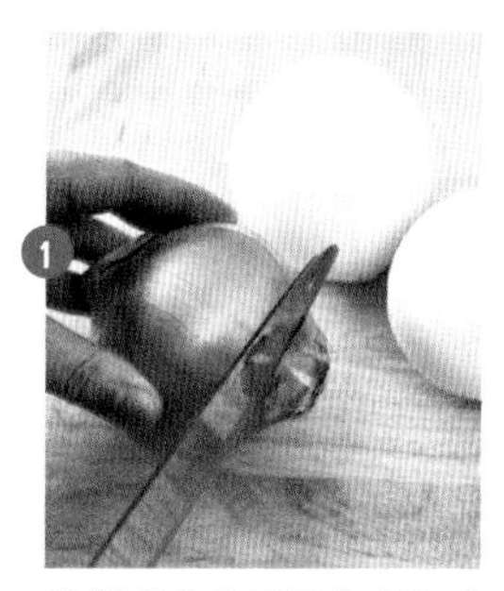

将洋葱去皮后用水冲洗干净。

沥干水分后将洋葱四等分，小洋葱可二等分。

将洋葱放入密封容器内，倒入 1.5L 泡酒专用烧酒，在室温下密封约 4 个月，饮用药酒即可。

补药酒

洋葱辛辣刺激的气味源自硫化丙烯，这同时也是洋葱具有某些药效的秘密。硫化丙烯能够促进消化液的分泌，加快新陈代谢，促进血液循环。但洋葱一旦经过翻炒，硫化丙烯成分发生改变，甜味随即加重。

选择洋葱时，适宜选择坚硬、外皮呈现鲜亮橘黄色的，此外葱头突出的“公洋葱”久置易腐烂，应选择葱头平滑的“母洋葱”，便于储藏。洋葱和苹果搭配食用，能够起到降低胆固醇的功效，在饮用洋葱酒时，除了可以搭配鱿鱼蘑菇饼，还可以搭配苹果干或苹果沙拉等。

Service Recipe

生姜酒

原料 姜 400g，泡酒专用烧酒 1.5L

将 400g 姜去皮后切成 0.3cm 厚的片，放入密封容器，倒入 1.5L 泡酒专用烧酒，在阴凉处放置约 2 个月，将药酒过滤后，盛入新瓶子中。

为洋葱酒增添甜美

鱿鱼蘑菇饼

原料

2人份（10分钟）

原料 鱿鱼爪（1条鱿鱼的量），蚝菇1/4袋，苦椒1/2个，红辣椒1/2个，黑芝麻1，煎饼粉1/4杯，水2~3，食用油适量

难易度 ★☆☆

8人份

原料 鱿鱼爪（2条鱿鱼的量），蚝菇1袋，苦椒2个，红辣椒2个，黑芝麻3，煎饼粉1杯，水8，食用油适量

在制作鱿鱼料理时，经常使用的是鱿鱼身子，鱿鱼爪因此常常剩下，不妨用剩余的鱿鱼爪搭配蔬菜，制成饼。在面粉中只需添加少量水即可，因为鱿鱼和蚝菇中水分含量多，如果面粉过稀，不仅影响味道，而且饼不易成形。如果制作的量较多，可以将鱼身和鱼爪放进搅拌机搅碎后使用。

将鱿鱼爪（1条鱿鱼的量）切碎。

将1/4袋蚝菇清洗干净，沥干水分，用手撕成细丝后切碎，添加连籽切碎的1/2个苦椒、1/2个红辣椒。

将鱿鱼、蚝菇、苦椒、红辣椒、黑芝麻1混合搅拌，倒入1/4杯煎饼粉，均匀搅拌后添加水2~3，制成黏稠的面糊，入油锅煎至黄色。

松针酒

（15 分钟）

原料 鲜嫩松针 300g，泡酒专用烧酒 1.5L

难易度 ★☆☆

准备 300g 鲜嫩松针，清洗干净。

沥干水分。

将松针放入密封容器内，倒入 1.5L 泡酒专用烧酒，在室温下泡制 6 个月，过滤后保存即可。

补药酒

在中国，存在食用松叶、松针、松子能够长生不老的记载，据说僧人们在禁食期间，仅食用一把松针便继续潜心修行。松针中含有散发出特有清香的芸香烯，以及使其具有生涩口感的丹宁，能够降低胆固醇，有效预防高血压及心肌梗死。松针还普遍使用于料理之中，装饰有厚厚松针的松糕不仅可口，且营养丰富。松针具有防腐、杀菌功效，因此用松针包裹住年糕，可以防止其硬化或腐烂。松花粉和松针粉可以在素食销售商店买到，松针可以在农产品市场买到。

Service Recipe

薄荷酒

原料 薄荷 50g，柠檬 2 个，泡酒用烧酒 1.5L

将 50g 薄荷清洗干净后沥干水分，2 个柠檬去皮后切成厚片。将薄荷和柠檬放入密封容器，再倒入 1.5L 泡酒专用烧酒，放置在阴凉处，浸泡好后，将酒用筛子过滤并盛装入新瓶子即可。

2 人份（20 分钟）

主原料 炒白芝麻 2 杯，花生 2 杯

糖浆原料 水 3，白糖 5，糖稀 6

难易度 ★☆☆

坚守松针酒的清香

白芝麻与花生糖

除炒白芝麻、花生外，还可以添加南瓜子、葵花子等，制作出口味更多样化的甜点来享用。

1. 将 2 杯炒白芝麻和 2 杯花生分别准备妥当。

2. 将水 3、白糖 5、糖稀 6 倒入锅内，煮成糖浆。

3. 将煮好的糖浆分别倒入炒白芝麻及花生中，并快速搅拌。

4. 在凝固之前，倒入模具中或制作成四方形，然后切成便于食用的大小。

难以忘怀那份清爽

迷迭香酒

（20 分钟）

原料 新鲜迷迭香 50g，泡酒专用烧酒 1.5L

难易度 ★☆☆

将 50g 新鲜迷迭香浸泡在水中清洗。

用筛子沥干水分。

将迷迭香放入密封容器，倒入 1.5L 泡酒专用烧酒，在室温下泡制 3 个月，过滤后保存即可。

补药酒

迷迭香常被用来制药或制成香水，虽然香气扑鼻，但口感并不浓重，可用来泡茶或泡酒饮用。将迷迭香煎服，可促进血液循环，排出体内毒素，缓解身心疲劳，提高记忆力和注意力。也可在腌制肉类时添加迷迭香。

Service Recipe

薰衣草酒

原料 干薰衣草花朵 30g，白葡萄酒 500mL，泡酒专用烧酒 1L

将 30g 干薰衣草花朵放入密封容器内，倒入 500mL 白葡萄酒和 1L 泡酒专用烧酒。存放在阴凉处，泡制约 1 周后，将酒用筛子过滤并盛装入新瓶子即可。

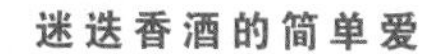

迷迭香酒的简单爱

苹果干

原料

2 人份（10 分钟）

原料 苹果 1 个

8 人份

原料 苹果 4 个

在制作苹果干时，利用去果核工具将苹果核去掉，外形会更美观。没有工具时，也可以连果核一起切片制作。剩余的苹果干，可以仿照萝卜干的食用方法，凉拌食用。

Service Recipe

凉拌苹果干

原料 苹果干(1 个苹果的量)，辣椒酱 0.5，辣椒粉 0.5，糖稀 1，酱油 0.5，芝麻盐 0.3

将苹果干切成便于食用的大小，浸泡在水中片刻，捞出后挤干水分，将辣椒酱 0.5、辣椒粉 0.5、糖稀 1、酱油 0.5、芝麻盐 0.3 混合搅拌，制成调味料，将苹果干佐以调味料食用即可。

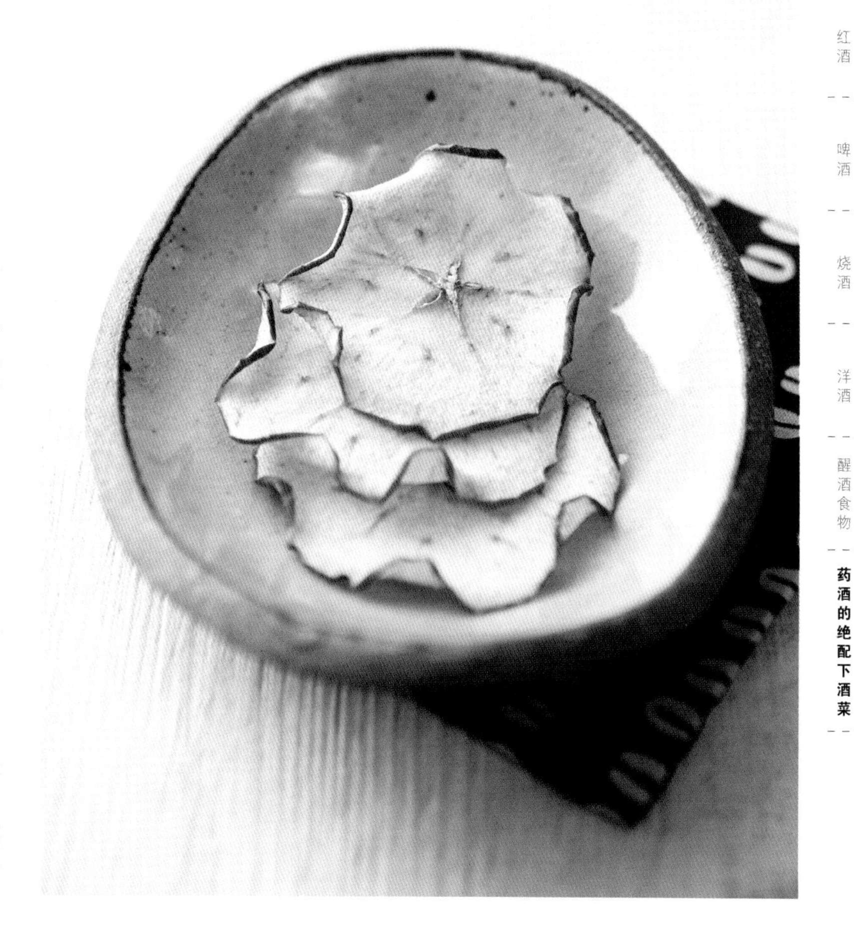

1 将1个苹果连皮清洗干净，沥干水分。

2 将苹果连皮切成 0.2cm 厚的片状。

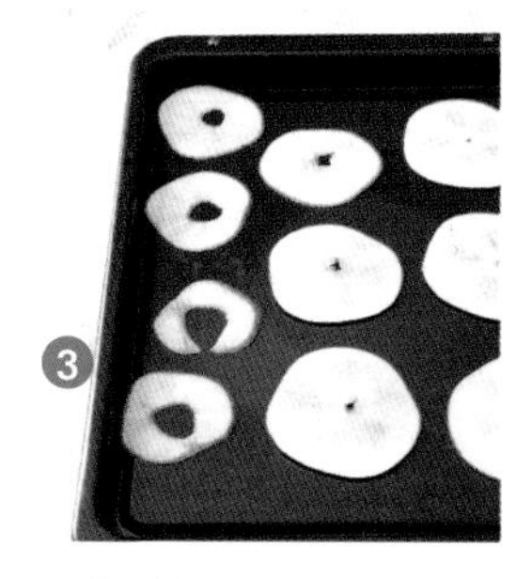

3 利用蔬菜干燥机或烤箱的干燥功能，烘干苹果。

4 尽管苹果经干燥后制成了苹果干，仍要保存在密封容器内。

菊花酒

（20 分钟）

原料 干菊花 100g，泡酒专用烧酒 1.5L

难易度 ★☆☆

将 100g 干菊花用水清洗干净。

用筛子沥干水分。

将菊花放入密封容器，倒入 1.5L 泡酒专用烧酒，在室温下泡制约 4 个月，过滤后保存即可。

◎ 补药酒

在韩国，重阳节那天，文人墨客边饮菊花酒，边以枫叶和菊花为主题吟诗唱和。此外，春天有杜鹃花花煎游戏（韩国一种传统的女性宴饮游戏。在春季，女人们采来花瓣做成煎饼，以供野外游玩时食用——译者注），秋天则有菊花花煎游戏。

菊花全身是宝，春天可食萌芽，夏天可食叶片，秋天可食花朵，冬天可食根茎。菊花中富含维生素 B_1、氨基酸、琥珀酸，具有抵抗各类病毒的功效，还有提神、治疗头痛的效果。

Service Recipe

红花酒

原料 红花 30g，白糖 100g，泡酒专用烧酒 1.5L

将 30g 红花、100g 白糖放入密封容器，倒入 1.5L 泡酒专用烧酒，存放在阴凉处，泡制约 1 个月，将酒用细筛子过滤并盛装入新瓶子即可。

2 人份（20 分钟）

主原料 莲藕 1/4 根，盐少许，杏鲍菇 2 个，豆苗 1/4 袋，菊苣少许

腌汁原料 栀子 1/2 个，醋 2，白糖 1，盐 0.3，水 2

难易度 ★☆☆

8 人份

主原料 莲藕 1 根，盐少许，杏鲍菇 6 个，豆苗 1 袋，菊苣少许

腌汁原料 栀子 1 个，醋 1/3 杯，白糖 1/4 杯，盐 1.5，水 1/4 杯

色香均与菊花酒为天生一对

莲藕卷蔬菜

将莲藕削片时尽量保证厚度一致。做好的莲藕卷蔬菜可依照个人喜好，搭配芥末醋或醋辣椒酱食用。

1 将 1/4 根莲藕去皮后削成薄片，在添加少量盐的沸水中焯一下，沥干水分。将 2 个杏鲍菇分成 6~8 等份，在添加少量盐的沸水中焯一下，沥干水分。

2 将 1/4 袋豆苗的根部稍切除少许，将菊苣切成豆苗的长度。

3 将 1/2 个栀子切开后浸泡在水中，约 10 分钟后捞出，添加醋 2、白糖 1、盐 0.3、水 2，均匀混合后，放入莲藕腌制。

4 当莲藕染上栀子的黄色后，捞出并沥干水分，在莲藕中包裹杏鲍菇、豆苗、菊苣即完成。

石榴酒

（30 分钟）

原料 石榴 400g（2 个），白糖 200g，泡酒专用烧酒 1.5L

难易度 ★☆☆

将 400g 石榴去皮后，挖出石榴子待用。

将石榴子和 200g 白糖倒入容器内。

将 1.5L 泡酒专用烧酒倒入密封容器内，在室温下泡制约 3 个月，过滤后保存即可。

补药酒

石榴的原产地在伊朗北部、印度西北部、喜马拉雅山一带。据说在伊朗和印度，民间流传着用石榴汁治疗肚子痛的偏方。石榴从皮到根均可食用，特别是果实中富含糖质、植物雌激素、维生素等，对于保养肠道、美容、改善更年期症状等具有良好效果，因此被公认为适宜女性食用的水果。石榴还能够治疗胃炎、消化不良，将干石榴子研磨成粉，用卷心菜汁冲服，能够有效地治疗慢性胃炎。

Service Recipe

无花果酒

原料 无花果 600g，柠檬 2 个，白糖 100g，泡酒专用烧酒 1.5L

将 600g 无花果清洗干净沥干水分后四等分，2 个柠檬切成 0.3cm 厚的片状，将无花果和柠檬片放入密封容器内，添加 100g 白糖，再倒入 1.5L 泡酒专用烧酒，在阴凉处存放，泡制约 2 个月后，将酒用筛子过滤并盛装入新瓶子即可。

为了酸甜的石榴酒而制作

黄瓜芝士三明治

2人份（15分钟）

原料 嫩黄瓜1/2根，粗盐少许，黑橄榄2个，奶油芝士1/4杯

难易度 ★☆☆

8人份

原料 嫩黄瓜2根，粗盐少许，黑橄榄6个，奶油芝士2/3杯

小贴士

奶油芝士在室温下变绵软后使用，依照个人喜好可选用水果口味的奶油芝士。可用笋尖或红灯笼辣椒代替黄瓜，制作别样美味。

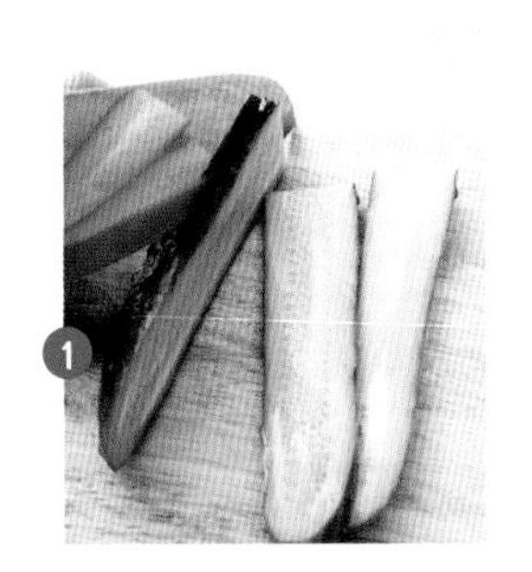

1 准备1/2根嫩黄瓜，用粗盐揉搓清洗后，纵向切成厚度均匀的片状，再撒上少许粗盐。

2 将2个黑橄榄切碎。

3 在1/4杯奶油芝士中添加切碎的黑橄榄，均匀搅拌。

4 在黄瓜切面上涂抹厚厚一层奶油芝士后，再覆盖一片黄瓜，切成便于食用的大小。

甜蜜，甜蜜，好甜蜜

草莓酒

（20 分钟）

原料 草莓 600g，白糖 300g，泡酒专用烧酒 1.5L

难易度 ★☆☆

将 600g 草莓冲洗干净后切除根蒂，用筛子沥干水分。

将草莓和 300g 白糖放入容器内。

倒入 1.5L 泡酒专用烧酒，在室温下泡制约 3 个月，用筛子过滤后保存即可。

补药酒

在水果中，草莓的维生素 C 含量颇高，是苹果的 10 倍，橘子的 1.5 倍。维生素 C 在人体内能够产生一种叫干扰素的抑制病毒的成分，从而增强人体免疫力，还能够强化杀灭癌细胞的能力，达到抗癌效果。在挑选草莓时，应挑选那些外形饱满、呈均匀的锥形、整体呈鲜亮的红色、叶子鲜绿的草莓。草莓在水中浸泡过久会变软，因此应盛放在竹篮中快速清洗，并去除根蒂即可。

Service Recipe

蓝莓酒

原料 蓝莓 500g，柠檬 1 个，白糖 200g，泡酒专用烧酒 1.5L

将 500g 蓝莓清洗干净后沥干水分，1 个柠檬切成 0.3cm 厚的片状，柠檬在下，蓝莓在上，放入密封容器内。添加 200g 白糖，再倒入 1.5L 泡酒专用烧酒。在阴凉处存放，泡制约 2 个月，过滤后保存即可。

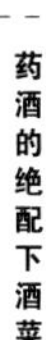
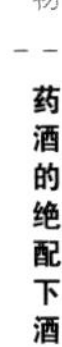

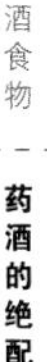
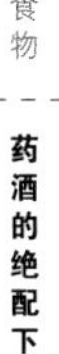

与草莓酒展开甜蜜比拼

南瓜饼

2 人份（30 分钟）

原料 小南瓜 1/4 个，盐少许，面粉 1/2 杯，食用油适量

难易度 ★☆☆

8 人份

原料 小南瓜 1 个，盐少许，面粉 1½ 杯，食用油适量

在制作南瓜饼的过程中，南瓜内部产生的水分足够和面时所需水分，因此无须另外添加水。此外，南瓜饼过熟，会像糯米一样变软，因此不宜煎太久。

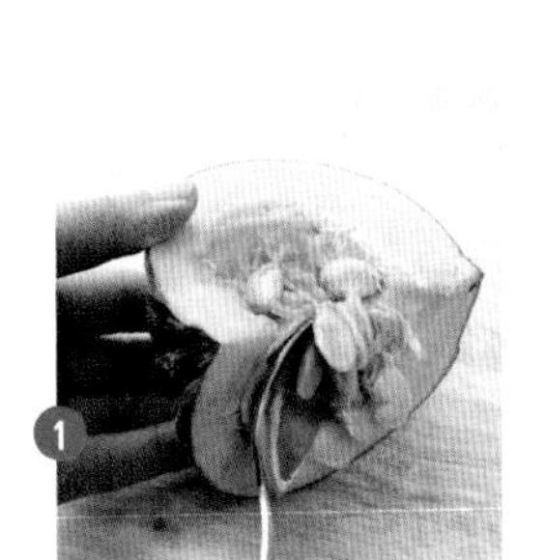

将 1/4 个小南瓜去子并去皮。南瓜中丝状物质不用丢弃，同样可以食用。

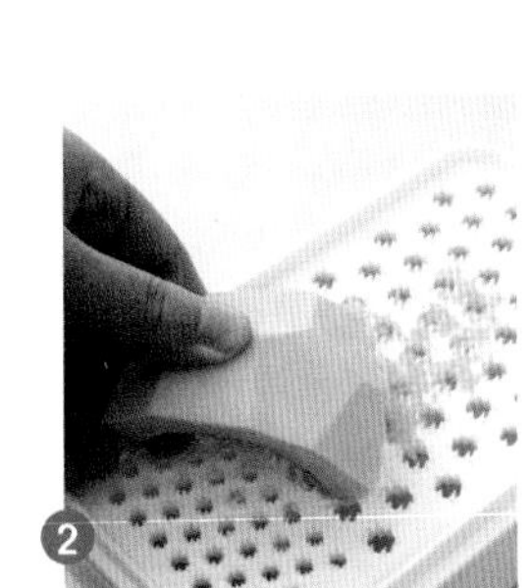

将 1/4 个南瓜的 2/3 切丝，剩余部分用礤床儿擦碎。

在南瓜丝中添加少许盐，稍揉搓使其产生水分后，添加 1/2 杯面粉，再添加擦碎的南瓜，混合搅拌。

在锅内倒入食用油，用勺子将面糊舀入锅内，正反面煎至黄色即可。

只要苹果美味，失败概率为零

苹果酒

原料

（10分钟）

原料 苹果600g（4个），白糖300g，泡酒专用烧酒1.5L

难易度 ★☆☆

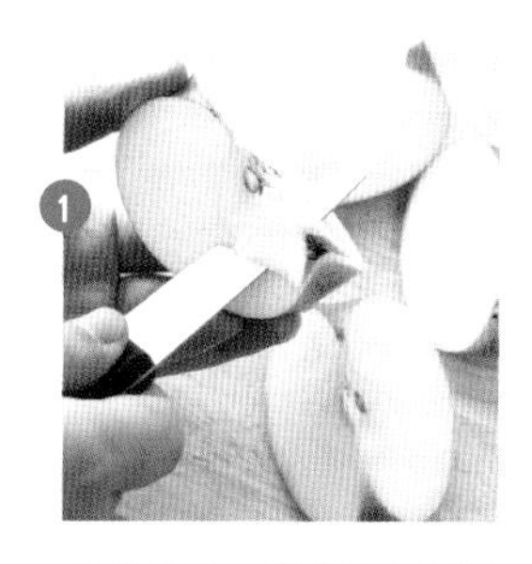

❶ 将苹果连皮清洗干净后沥干水分，四等分后去除果核。

❷ 将苹果和300g白糖放入密封容器内。

❸ 倒入1.5L泡酒专用烧酒，在室温下泡制约3个月，过滤后保存即可。

补药酒

俗话说"一天一苹果，疾病远离我"，苹果富含果胶，能够有效治疗便秘。拉肚子时，将苹果搅碎后使用，身体倍感畅快。苹果中含有丰富的维生素C、维生素E以及胡萝卜素，能够缓解疲劳。苹果所含的有机酸能够净化肠道，消除便秘，调节血压。苹果的香甜味道以果核为中心向外扩散，因此纵向切着吃更美味。

Service Recipe

猕猴桃酒

原料 猕猴桃8个，柠檬1个，白糖300g，泡酒专用烧酒1.5L

将8个猕猴桃清洗干净沥干水分，连皮切半，将1个柠檬切成0.3cm厚的片状。依照柠檬、猕猴桃、柠檬的顺序放入密封容器后，添加300g白糖，再倒入1.5L泡酒专用烧酒。放置于阴凉处，泡制约2个月，将酒用筛子过滤并盛装入新瓶子即可。

以清纯映衬苹果酒的甜美

烤芝士卷心菜

2人份（20分钟）

原料 卷心菜4片，洋葱1/8个，双孢菇1个，食用油适量，比萨芝士1/2杯，盐、罗勒少许

难易度 ★☆☆

8人份

原料 卷心菜1/4棵，洋葱1/2个，双孢菇4个，食用油适量，比萨芝士2杯，盐、罗勒少许

卷心菜茎干部分较厚，削薄后使用。此外，还可以添加香脆的笋尖或西蓝花。

将4片卷心菜冲洗干净，大叶片切半。

将1/8个洋葱切丝，1个双孢菇切片。

在锅内倒入食用油，层层放入卷心菜、洋葱、双孢菇、1/2杯比萨芝士，撒上少许盐和罗勒。

盖上锅盖，用小火熔化芝士，焖熟食材。

品位高贵

金橘酒

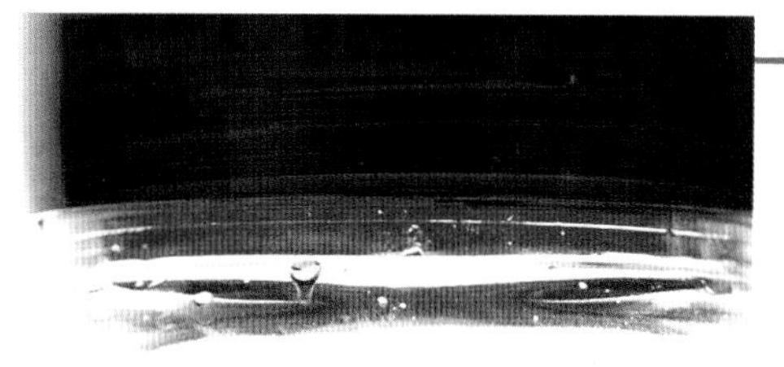

原料

（10 分钟）

原料 金橘 600g，白糖 300g，泡酒专用烧酒 1.5L

1 将 600g 金橘冲洗干净后去除根蒂，用筛子沥干水分。

2 将金橘和 300g 白糖放入密封容器。

3 倒入 1.5L 泡酒专用烧酒，在室温下泡制约 3 个月，过滤后保存即可。

补药酒

金橘是闪耀金黄色光泽的小橘子。金橘可以连皮生吃，也可浸泡在白糖中腌制成蜜饯。此外还能解酒毒并消除口渴。特别是消化不良或食欲不振时，宜食金橘。
购买时应选择根蒂新鲜，表面无疤痕的金橘。

Service Recipe

西红柿酒

原料 西红柿 6 个，柠檬 1 个，泡酒专用烧酒 1.5L

将6个西红柿冲洗干净切半，将1个柠檬切成0.3cm厚的片状。依照西红柿、柠檬、西红柿的顺序放入密封容器后，倒入1.5L泡酒专用烧酒。在阴凉处存放，泡制约1个月，将酒用筛子过滤并盛装入新瓶子即可。

面对金橘酒的甜蜜诱惑

紫薯沙拉

2 人份（10 分钟）

原料 紫薯 1/2 个，黄灯笼辣椒 1/6 个，红灯笼辣椒 1/6 个，橄榄油 1，香醋 0.5，盐、胡椒粉少许

难易度 ★☆☆

8 人份

原料 紫薯 2 个，黄灯笼辣椒 1/2 个，红灯笼辣椒 1/2 个，橄榄油 4，香醋 2，盐 0.5，胡椒粉少许

也可使用雪莲果或山药代替紫薯。

1. 将 1/2 个紫薯去皮并切成方块。

2. 将 1/6 个黄灯笼辣椒、1/6 个红灯笼辣椒切成紫薯块大小，连同紫薯块盛入碗中。

3. 在紫薯和辣椒中添加橄榄油 1、香醋 0.5，均匀搅拌。

4. 添加盐和胡椒粉调味。

著作权合同登记号：图字16—2012—096

图书在版编目(CIP)数据

食全酒美：230道日韩酒屋人气下酒菜，家中惬意的对酌时光 / （韩）李美静著；郑丹丹译. —郑州：河南科学技术出版社，2014.1
ISBN 978-7-5349-6672-9

Ⅰ.①食… Ⅱ.①李… ②郑… Ⅲ.①菜谱 Ⅳ.①TS972.12

中国版本图书馆CIP数据核字（2013）第263651号

出版发行：河南科学技术出版社
地址：郑州市经五路66号　邮编：450002
电话：（0371）65737028　65788613
网址：www.hnstp.cn
策划编辑：李　洁
责任编辑：杨　莉
责任校对：许　静
封面设计：张　伟
责任印制：张艳芳
印　　刷：北京盛通印刷股份有限公司
经　　销：全国新华书店
幅面尺寸：190 mm × 260 mm　印张：19　字数：320千字
版　　次：2014年1月第1版　2014年1月第1次印刷
定　　价：68.00元

肉质饱满
智利顶级帝王蟹
肴易食
肴易食突破生鲜食品传统贸易模式，应用现代冷藏冷冻宅急便物流，通过互联网电子商务模式，让家庭用户足不出户即可享用到健康、经济、多样化的生鲜食品。
让浪漫与激情在美味中升华……
让新鲜美食不再遥远，在每一个想到的时刻与味蕾完美邂逅……
享受高品质生活，肴易食与您同行！
顶级美味
新鲜三文鱼中段

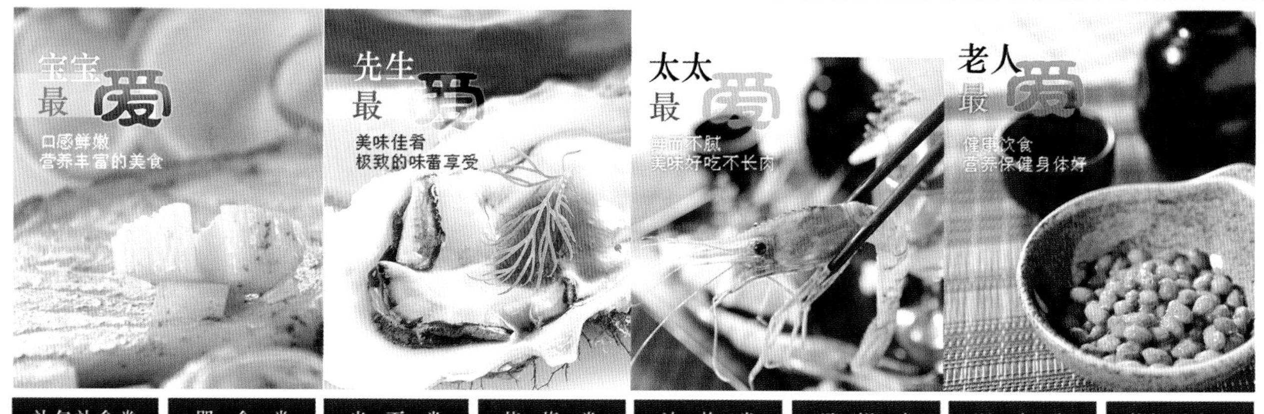
宝宝最爱
口感鲜嫩
营养丰富的美食
先生最爱
美味佳肴
极致的味蕾享受
太太最爱
鲜而不腻
美味好吃不长肉
老人最爱
健康饮食
营养保健身体好